磷石膏最新装配式建筑墙板技术及产业化

尹伯悦 编 著

中国建筑工业出版社

图书在版编目（CIP）数据

磷石膏最新装配式建筑墙板技术及产业化 / 尹伯悦编著 . — 北京：中国建筑工业出版社，2020.9
ISBN 978-7-112-25394-4

Ⅰ. ①磷… Ⅱ. ①尹… Ⅲ. ①磷石膏 — 装配式构件 — 墙板 — 研究 Ⅳ. ① TU33

中国版本图书馆 CIP 数据核字（2020）第 168594 号

责任编辑：张礼庆
责任校对：李美娜

磷石膏最新装配式建筑墙板技术及产业化
尹伯悦 编著
*
中国建筑工业出版社出版、发行（北京海淀三里河路9号）
各地新华书店、建筑书店经销
北京点击世代文化传媒有限公司制版
北京市密东印刷有限公司印刷
*
开本：787毫米×1092毫米 1/16 印张：16 字数：320千字
2020年12月第一版 2020年12月第一次印刷
定价：58.00元
ISBN 978-7-112-25394-4
（36386）

本书组织委员会

主要编写单位： 成都上筑建材有限公司

中国城市科学研究会

参与编写单位： 北京世纪天创智业系统集成技术有限公司

河北雪龙机械有限公司

中铁五局集团建筑工程有限责任公司

贵州蓝图新材料股份有限公司

武汉理工大学

中国建材联合会石膏分会

利废科技（北京）有限公司

大连英之杰建筑工程有限公司

阳地钢（北京）装配式建筑设计研究院有限公司

郑州玛纳房屋装备有限公司

山东华之业新材料科技有限公司

四川华磷科技有限公司

本书编委会

序 | PREFACE

磷石膏是磷化工业在生产磷肥和磷酸过程中产生的主要废渣，是我国继粉煤灰之后的第二大工业固体废弃物，它造成了水源、土壤及空气的污染，制约了环境保护和生态文明建设。目前我国正在大力推动资源的循环利用，践行绿色发展伟大战略，我们要抓住这一有利时机，加快磷石膏综合利用产业快速健康地发展。

磷石膏资源化、无害化利用是国内外关注的焦点。然而，目前国内外尚缺少磷石膏高附加值综合应用的书籍，尤其在建筑领域。这本《磷石膏最新装配式建筑墙板技术及产业化》一书的出版非常及时，具有重要的指导意义。

磷石膏含有较多的有害杂质，性能劣于天然石膏，不能直接应用于石膏制品及建筑材料。本书较系统地阐述了磷石膏的来源、物理性能、分布、危害及综合利用的现状和难题；分析了磷石膏杂质及其影响、原材料预处理、高强石膏制备工艺、综合改性、自流平砂浆等技术；总结了磷石膏墙板生产工艺及其在装配式建筑中的应用技术；列举了多个应用案例；整理了磷石膏制品、装配式建筑的国家、地方标准和政策。本书有助于增强人们对磷石膏资源化利用的认识。

磷石膏资源化利用需要建筑企业管理人员、科研人员以及政府工作人员的密切配合，本书的出版将有助于同仁系统、全面地了解相关知识、标准和政策，为磷石膏资源化再利用做出贡献。

江欢成

（江欢成：中国工程院院士、中国勘察设计大师、上海东方明珠广播电视塔设计总负责人）

前　言 | PREFACE

磷肥是用于补充土壤中的可吸收磷元素以提高农作物产量的一种肥料。在磷肥生产过程中产生大量的磷工业废渣——磷石膏。磷石膏中的游离酸将引起土壤、水系、大气的严重污染，因此，对磷石膏的再利用显得尤为重要。据不完全统计，世界范围内磷石膏累计排放量已超过 60 亿 t，每年新排放量达到 2 亿~ 3 亿 t，综合利用率仅 15% 左右。我国磷石膏累计堆存量约 6 亿 t，每年排放量 8000 万 t 以上，综合利用率仅 30% 左右。

目前，国内外对磷石膏综合利用尚处于初级阶段，主要以生产低附加值、科技含量低的产品为主，适用于就近利用，产品运输半径小，科技研究和应用前景受限。我国的磷石膏主要产生于磷矿资源丰富、磷化工行业密集的云、鄂、贵、川、湘五省（占全国磷石膏总副产量的 85% 左右），当地直接消纳磷石膏综合利用产品的能力有限，急需扩大综合利用产品的运输半径，这就对相关产品的科技含量和附加值提出了更高要求。因此，开发符合我国国情的磷石膏高值化、高科技含量的研究和应用方案，具有显著必要性与紧迫性。

磷石膏目前在建筑材料方面的应用主要有水泥矿化剂、水泥缓凝剂、制硫酸联产水泥、道路基层材料、建筑石膏粉、纸面石膏板、石膏砌块等，在附加值较高的新型墙板体系和新型建筑材料的应用还没有达到较高的技术和产能。发达国家在磷石膏建筑材料应用方面研究水平较高，但基本没有进入生产阶段。只有提高技术产业化和提升装备生产效率才能实现磷石膏在建筑材料方面的大量应用。近年来，市场对高性能建筑材料需求的不断提高，各企业对磷石膏材料的研发也在不断深化，设备、工艺的自动化程度不断提高。随着绿色建材、装配式建筑、建筑信息化政策的推行，磷石膏在建筑材料领域的应用也越来越广泛。

为了帮助从事建筑垃圾及工业固废资源化利用人员、企业管理者、大学生、环保爱好者等解决工作之急需，了解磷石膏最新资源化利用的科技研究、政策法规、工程技术，本书将介绍磷石膏最新建筑装配式墙板技术及产业化应用。

目　录 | CONTENTS

序
前　言

第 1 章　绪　论 ………… 1
1.1　磷石膏概述 ………… 1
1.2　磷石膏综合利用 ………… 4

第 2 章　磷石膏原材料处理及综合改性 ………… 15
2.1　磷石膏的杂质及影响 ………… 15
2.2　磷石膏原材料的预处理 ………… 18
2.3　α 型高强石膏 ………… 20
2.4　磷石膏综合改性 ………… 28

第 3 章　磷石膏墙板及自流平技术 ………… 39
3.1　磷石膏墙板综合技术 ………… 39
3.2　磷石膏基自流平砂浆技术 ………… 50

第 4 章　磷石膏建筑隔墙板生产技术 ………… 63
4.1　磷石膏内隔墙板生产技术 ………… 63
4.2　磷石膏复合墙板生产技术 ………… 70

第 5 章　磷石膏墙板在装配式建筑中的应用 ………… 73
5.1　装配式建筑概述 ………… 73
5.2　磷石膏墙板装配式建筑施工技术 ………… 92

第 6 章　磷石膏工程应用案例 ………… 141
6.1　自流平砂浆的应用 ………… 141
6.2　磷石膏内墙板的应用 ………… 144

6.3 磷石膏外墙板的应用 …… 170
6.4 磷石膏各种市政部品件的应用 …… 172

第 7 章 磷石膏制品装配式建筑的国家及地方标准和政策汇总 …… 175
7.1 我国磷石膏及石膏相关标准 …… 175
7.2 国家层面装配式建筑及磷石膏制品相关政策 …… 178
7.3 地方层面磷石膏制品相关政策 …… 180
7.4 地方层面关于装配式建筑的规划目标和补助方案 …… 183

第 8 章 文献导读及专利介绍 …… 188
8.1 文献导读 …… 188
8.2 专利介绍 …… 216

附件 …… 224
附 1 文件汇编 …… 224
附 2 磷石膏制品相关政策 …… 225
附 3 装配式建筑相关政策 …… 236

参考文献 …… 242

第1章　绪　论

1.1　磷石膏概述

1.1.1　磷石膏的来源

磷元素是生命体必需元素，紧密参与各种生物、化学反应，对于维持生命活动不可或缺。在生物圈中，植物摄取磷元素主要是从土壤中获得，人和动物摄取磷元素主要是从食物中获得。土壤中的磷元素以难溶磷为主，难以被农作物吸收利用，因此通过施用磷肥来补充土壤中的可吸收磷元素，对提高农作物产量有重要意义。磷肥一般由磷矿石通过一定的磷化工工艺转变而成，世界范围内的磷矿石约 80% 转化为磷肥及相关复合肥料。

磷化工的主要产品为磷肥与磷酸。通过硫酸分解磷矿粉，再经过提纯净化，制得磷酸或磷肥类产品，在提纯净化过程中产生大量磷石膏废渣。因为反应过程中温度、酸浓度等方面差异会副产不同水合结晶状态的磷石膏（$CaSO_4 \cdot nH_2O$）。

2018 年我国磷石膏排放量接近 8000 万 t，利用率仅约 30%。磷石膏已成为我国继粉煤灰后第二大工业固体废弃物，其资源化利用已成为磷肥和建筑建材行业重大课题。

1.1.2　磷石膏的物理特性及分级

1. 磷石膏的物理特性

从形态上看，磷石膏主要以颗粒形状存在，其颗粒大小取决于磷矿石的来源和磷酸生产条件，半径为 0.045 ~ 0.250mm。磷石膏自由水含量一般为 15% ~ 25%，垂直渗透系数为 $2 \times 10^{-5} \sim 1 \times 10^{-3}$，烘干状态下为粉状，几乎没有可塑性。不同来源的磷石膏中自由水的含量差异较大，这取决于磷石膏堆放方式、堆放年限和当地气候条件。磷石膏的溶解度取决于温度及溶液的 pH 值。颗粒磷石膏的密度为 2.27 ~ 2.40g/cm^3，块状磷石膏的密度为 0.9 ~ 1.7g/cm^3。干基磷石膏主要成分为二水硫酸钙（$CaSO_4 \cdot 2H_2O$，DH）。二级磷石膏的二水硫酸钙含量在 80% 以上，所生产出的建筑石膏粉是一种具有良好力学性能，且杂质含量较少的胶凝材料，这一特征使得磷石膏具备替代天然石膏生产石膏类制品的潜力。

与天然石膏相比，磷石膏粒径呈正态分布，颗粒分布高度集中，分布在

91～311μm 范围达 71%。磷石膏中二水石膏晶体粗大，多呈板状或针状，长宽比为 3∶2～4∶2。磷石膏这一颗粒特征是磷酸生产过程中，为便于磷酸过滤、洗涤而刻意形成的。这种颗粒结构的胶凝材料流动性很差，物理力学性能变差。

作为湿法磷酸的副产物，磷石膏常含有残余的未完全分解的磷矿、氟化物、磷酸、有机质、酸不溶物、铁铝化合物等杂质，所以被认为是一种酸性副产品（pH<3），同时含有超标的 Cl^-、P_2O_5、F、Al_2O_3、Fe_2O_3、SiO_2、有机物等杂质及少量铀、镭、镉、铅、铜等元素。

2. 磷石膏的分级

磷石膏以预处理后生产出的磷石膏指标等级的高低进行分级。磷石膏国家标准中明确以磷石膏附着水含量、二水硫酸钙含量作为磷石膏等级的判定依据。并且对部分有害杂质的含量进行了限制，包括水溶性五氧化二磷、水溶性氟离子及水溶性氧化镁、水溶性氧化钠、氯离子。其中，一级磷石膏的品位（二水硫酸钙含量）较高，且所含杂质较少，生产出的建筑石膏制品性能稳定，具有优异的性能指标。

按照指标体系的分级方法，国内约 75% 的磷石膏可以达到二级以上标准，其中符合一级标准的约 20%，剩余约 25% 不符合指标体系要求的磷石膏，可通过优化磷酸生产工艺，生产出满足指标体系要求的磷石膏。

1.1.3 磷石膏的分布

1. 国内主要分布地

中国是世界上主要的磷矿产地之一，磷矿储量仅次于摩洛哥，居世界第 2 位。磷石膏在我国所有地区均有分布，其中西南部地区，不仅磷矿多、量大，而且质量佳，该地区共有磷矿产地 121 处，保有储量 66.77 亿 t，占全国总储量的 44%，其中 P_2O_5 大于 30% 的富矿探明储量为 9.7 亿 t，占全国富矿总储量的 86%。其次为中南部地区，共有磷矿产地 159 处，保有储量 51.49 亿 t，占全国总储量的 33%，P_2O_5 大于 30% 的富矿保有储量仅为 1.3 亿 t。第三为华北地区，其后依次为华东地区、西北地区、东北地区。

按各省磷矿储量丰度排列，湖北居首位。该省磷矿产地 102 处，保有储量 33.55 亿 t，占全国储量的 22%，但 P_2O_5 大于 30% 的富矿仅 1.3 亿 t。第二位为云南，磷矿产地 35 处，保有储量 31.95 亿 t，占全国总储量的 21%，该省的磷矿不仅量大且矿石质量较优，P_2O_5 大于 30% 的富矿为 3.7 亿 t，占全国富矿总储量的 33%。第三位为贵州，保有储量 26.22 亿 t，占全国总储量的 17%，P_2O_5 大于 30% 的富矿保有储量为 4.9 亿 t，占全国富矿保有储量的 43%。第四位为湖南，保有储量为 17.3 亿 t，占全国磷矿保有储量的 11%，但矿石质量不佳。四川居第五位，保有储量 8.6 亿 t，占全国保有储量的 5.3%，其中富矿 1 亿 t。具体地说，中国磷矿主要分布在以下 8 个区域：云南滇池地区，贵州开阳地区，贵州瓮福地区，四川金河—清平地区、马边地区，湖北宜昌地区、胡集地区、保康地区。除上述 4 个省以外，余下的 22% 的储量分散在山东、陕西、河北、青海、山西等 21 个省区内。

2. 国外主要分布地

世界上几乎所有的国家都有磷矿床分布，但只有为数不多的国家拥有经济意义较大的磷矿资源。根据美国地质调查局（USGS）统计，世界磷矿石基础储量为 500 亿 t，经济储量为 180 亿 t，主要分布在亚洲、非洲、中东、北美、南美等 60 多个国家和地区，其中 70% 以上集中分布在摩洛哥（包括西撒哈拉），因该国磷矿储量达 500 多亿吨，占世界总储量的 3/4，出口量占世界的总输出量的 40%，都居世界第一位，称为“磷矿王国”。

1.1.4　磷石膏的危害

随着我国磷肥工业的发展，湿法磷酸行业最近十年发展较快，导致行业固体工业废弃物磷石膏的排放量逐年攀升。磷石膏的排放占用了大量土地，并对环境造成严重的危害，主要表现在堆存直接危害及间接污染两方面。

1. 直接危害

堆积如山的磷石膏大量占用土地资源，长期雨水淋溶可能导致磷石膏渣场的垮塌，严重时还会出现滑坡和泥石流现象，造成人为地质灾害。

2. 间接污染

磷石膏中含有少量未分解磷矿、残留磷酸以及氟化钙、酸不溶物、有机质、放射性物质和稀土元素等多种成分。在磷石膏长期露天堆放过程中，由于日晒、雨淋、风化、分解等物理化学作用，堆放渣场会形成以含磷酸及残留硫酸、氯离子为主的酸性废水，并携带其他酸不溶物及有机质渗透到地下，导致土壤、地表水及浅层地下水的淋溶污染，从而影响土壤环境和水环境。磷石膏中含有的放射性物质对周边环境会造成严重危害，在利用磷石膏做原料或掺料生产建材制品时，制品中放射性元素也会对环境造成污染。目前，美国环境保护署已经将磷石膏列为放射性固体废弃物，因此，在考虑使用磷石膏制品时应首先对制品中放射性物质含量进行评估、检测和控制。此外，磷石膏中还含有砷、铅、汞等重金属和其他有害成分，在农业中大量使用磷石膏可能导致有害组分在土壤中残留富集，对土地造成污染，进而又污染水环境，或者通过农作物吸收而富集，通过食物链危害人类。磷石膏中某些有毒有害物质在酸性环境下，可释放出有毒有害气体，如硫化物和氟化物等（图 1-1）。

图 1-1 磷石膏堆存的危害

从环境保护和可持续发展角度出发，磷石膏资源化无害化利用必然成为迫切需要解决的问题。将磷石膏应用于生产高附加值的建材产品，不仅可以变废为宝、保护环境、减少不可再生资源的消耗，也可以为磷肥行业的可持续、健康发展提供有力的保障。

1.2 磷石膏综合利用

1.2.1 磷石膏综合利用难点

磷石膏的综合利用不仅可以解决磷石膏排放难问题，而且还能减少环境污染，具有一定环境经济效益。目前，磷石膏的综合利用是一个世界性难题，其难点主要体现在以下几方面：

1. 杂质多、处理成本高、效果不佳

磷石膏虽然品位较高，是可利用的再生石膏资源，但由于含有较多有害杂质，性能劣于天然石膏，不能直接应用于石膏制品及建材的生产。磷石膏中含有残留的磷酸、氯化物、氟化物等酸性物质，导致其 pH 值低，容易腐蚀设备。为此，磷石膏资源化利用时需经过净化除杂等工艺处理后才能进行利用。然而，除杂工艺处理增加了应用成本和利用难度，如水洗，不仅消耗大量水资源，而且还会造成二次污染。与天然石膏相比，预处理后磷石膏在应用中也不一定能达到满意的效果，如：煅烧后用作粉刷石膏，颜色泛黄，白度不够。与硅酸盐水泥相比，磷石膏胶凝材料的强度低，而强度和工作性能较高的高端磷石膏制品生产成本高，限制了其资源化利用。

2. 品质不稳定、后延产品附加值低

同一厂家不同时期排放的磷石膏性质有所波动，不同生产厂家排放的磷石膏成分波动较大。由于各个厂家生产工艺的差异，可能导致磷石膏中二水硫酸钙的结晶状态也存在差异。此外，磷石膏综合利用后延产品存在：附加值低、同质化严重；市场竞争激烈，企业资源整合能力差、融资能力薄弱；企业及装置规模偏小，缺乏产品品牌效益，规模效益尚未体现，短期内难以成为新的经济增长点。

3. 区域之间发展不平衡，运输半径受限

不同地区磷石膏生产、堆存及综合利用情况差异较大。石膏消耗主要集中在建筑石膏需求量大、水泥产量大的地区。中西部一些地区的磷石膏产生企业地处偏僻，虽然磷石膏产生量大，但周边的市场对石膏制品市场需求有限。这些地区离沿海发达省份距离较远，这导致磷石膏制品从产地到市场的距离远远大于它的合理运输半径，从而限制其发展。

4. 基础研究薄弱，企业技术支撑能力不足

一方面，如何有针对性地消除杂质对磷石膏的不利影响，如何大量、有效地利用磷石膏等一系列问题目前尚未有成熟理论。另一方面多数企业研发能力较弱，技术人员不足，缺乏环保、可行的磷石膏无害化预处理技术、节能高效质量稳定的煅烧技术和装备、制备 α 高强石膏及其制品的技术与装备，尤其缺乏行业亟需的、经济适用的化学法处理磷石膏技术与装备，从而在很大程度上制约了磷石膏综合利用产业的深入发展。

5. 标准体系不完善、市场活力不足

磷石膏标准体系不完善，缺乏磷石膏制品在不同应用领域的相关标准，只能参照同类建材标准，市场认可度低。

由于受行业间壁垒阻碍、新型石膏建材应用的标准规范滞后等因素影响，市场开拓难度较大，市场认知度低，导致已建成的利用装置开车率低，装置能力未充分发挥。

6. 财税政策支持力度不够

现有税收优惠政策激励作用不强，财税政策支持力度不够，缺乏针对磷肥行业特点以及磷石膏特性的优惠政策，一些磷石膏综合利用产品尚未列入税收优惠目录，部分磷石膏综合利用的产品长期处于亏损状态，企业综合利用的积极性受挫。此外，综合利用项目不能为项目所在地增加税收收入，因此在征地、公用工程配套等方面受阻。

1.2.2 磷石膏综合利用现状

磷石膏综合利用途径很多，但是与天然石膏相比，磷石膏存在需要预处理的问题，这将增加应用成本，对磷石膏应用造成较大的障碍。目前，磷石膏利用最好的是一些天然石膏资源缺乏的国家。在我国，虽然天然石膏资源较为丰富，但磷石膏的利用率还很低。为了降低磷石膏堆放对环境的影响，我国在磷石膏利用方面已经做了一定的研究工作，并取得了一定的成果。目前磷石膏利用主要集中在建材业、化工业和农业三个方面，具体如图 1-2 所示。

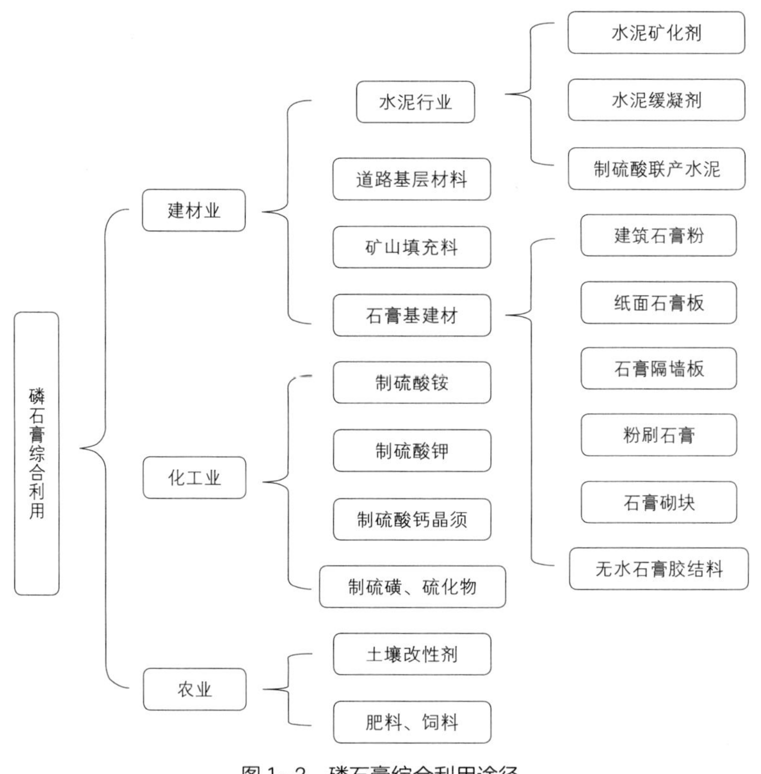

图 1-2 磷石膏综合利用途径

1. 建材方面利用

（1）水泥行业的应用

1）水泥矿化剂

水泥生料中掺入含硫、氟、磷等成分的矿物，可以促进生料中碳酸钙的分解，使熟料形成过程中液相提前出现，降低烧成温度和液相黏度，促进液相结晶，有利于固相及液相反应，从而生成有利于熟料矿物的过渡相，促进 $C_2S+CaO \rightarrow C_3S$ 的反应进行，C_3S 晶体得到良好发育。当生料掺入适量的磷石膏后，磷石膏中的 P_2O_5 在较低温度下与 CaO 作用生成磷酸钙盐，这些钙盐能与 C_2S 生成固溶体 C_7PS_2 和 C_9PS_3，从而稳定高温型 C_2S。这些固溶体具有较大的液相值，也能降低液相温度，增加液相含量，形成利于 C_3S 生成的环境。

2）水泥缓凝剂

磷石膏替代天然石膏用作水泥缓凝剂是其消纳量最大的领域。在水泥水化过程中，石膏溶解的 SO_4^{2-} 与水化铝酸钙反应生成水化硫铝酸钙晶体，沉淀覆盖在水泥熟料颗粒表面，减少水泥熟料与水的接触面积，延缓水泥熟料颗粒水化，磷石膏中的可溶性磷、氟等杂质会延缓水泥早期的水化速度达到缓凝目的。磷石膏制备水泥缓凝剂工艺简单、整体设备投资不高、市场需求量较大。水泥缓凝剂在水泥生产过程中使用量为水泥质量的3%～5%。我国每年水泥产量在23亿t左右，缓凝剂的需求量很大。但是，因磷石膏生产水泥缓凝剂附加值很低，相关磷化工厂家一般亏损经营，制约该应用的进一步推广。此外，由于磷石膏杂质成分与含量波动大等特点，也易导致缓凝剂性能波动。

与天然石膏相比，磷石膏会降低水泥的早期强度，提高后期强度，显著延长水泥的凝结时间。由于可溶磷、氟在水泥水化的碱性环境中与钙离子反应生成难溶的磷酸钙和氟化钙，这些物质会吸附在单矿物表面的扩散双电层上，降低双电层对水分子的渗透性，从而延缓水化硅酸钙和钙矾石的生成，导致水泥缓凝和早期强度降低。

经过一定温度煅烧的磷石膏作为水泥缓凝剂，能够显著提高水泥的强度。高温煅烧将可溶磷转化为惰性物质，消除了可溶磷对水泥性能的不利影响。此外，高温煅烧使磷石膏发生脱水和晶型转变，增加了石膏内部结构的缺陷，提高了其反应活性。在水泥比表面积和 SO_3 含量相近的情况下，磷石膏相比天然石膏延长了水泥的凝结时间，掺磷石膏的水泥与掺天然石膏的水泥相比，与萘系、聚羧酸减水剂相容性较好，而与氨基磺酸盐减水剂相容性略差，采用磷石膏制备的水泥在配制混凝土时没有出现异常现象。

3）制硫酸联产水泥

水泥是最为重要的建筑材料，磷石膏除作为水泥缓凝剂外，还可作为水泥生产的主要原材料，从而大幅度提高磷石膏的利用率。通过高温煅烧将磷石膏中 $CaSO_4$ 分解为 SO_2 和 CaO，分别作为生产硫酸和硅酸盐水泥的原材料，即磷石膏制硫酸联产水泥。该技术不仅可以消耗大量磷石膏，而且能够缓解硫酸需求量日益增长的现状。

采用磷石膏制硫酸联产水泥的设想在1967—1969年由英国、奥地利等国首先提出，并在1969年建成投产。我国磷石膏制硫酸联产水泥技术发展至今已有多年的历史。20世纪90年代由原化工部在30kt/a磷铵装置上进行了扩大试点，并先后在山东、四川、湖北等地建成了共计7套40kt/a磷石膏制酸联产60kt/a

水泥生产线，简称“三四六”工程。该工程基本实现了企业内部硫资源的大循环，每年仅补充10%左右的硫，整个工艺过程实现废渣的零排放。

我国磷石膏制硫酸联产水泥的技术经过了几十年的研究，并且，经过生产实践的证明，利用磷石膏制硫酸联产水泥的技术在工艺上具有可行性。但是，由于磷石膏分解反应的机理比较复杂，目前磷石膏分解的基础理论还不完善，生产投资成本高、工艺路线长、能源消耗高、操作管理难度较大，导致该技术在实际应用中出现很多问题，加大了该技术在我国推广应用的难度。

（2）道路基层材料

磷石膏用作路基材料是消纳量较大的综合利用方法。我国具有丰富的石灰及粉煤灰资源，而这些原料是良好的路用材料。采用粉煤灰－石灰－磷石膏可直接改善二灰土强度过低的问题,并不同程度改善二灰土的其他性能。粉煤灰－石灰－磷石膏稳定碎石材料保留了二灰土后期强度发展良好的优点，使其保持更持久。新型路面材料充分利用工业固体废弃物，节约堆场，改善了生活环境。利用磷石膏与水泥配合加固软土地基或改善半刚性路基，其加固强度比单纯用水泥加固成倍提高，降低固化成本。对单纯用水泥加固效果不好的泥炭质土，磷石膏的增强效果更加明显，从而拓宽了水泥加固技术适用的土质条件范围。

磷石膏一般按照一定的比例掺入相关材料体系中，但是，如果控制不当将会削弱胶凝材料的力学强度，导致材料防水性能下降、耐久性变差等问题。此种磷石膏应用方式也存在附加值低的缺点，适合应用于较小的运输半径内，应用推广会受到一定限制（图1-3）。

图1-3　磷石膏用作路基材料

（3）矿山填充料

以磷石膏作为充填骨料对磷矿山采空区进行充填，不仅为磷石膏的处理找到了一条新的途径，而且可提高磷矿回采率，减少开采对地表的破坏，获得较好的经济效益和环境效益，推广应用前景良好。

（4）石膏基建材

制备石膏基建筑材料也是目前应用较广的磷石膏利用方式，其中以制备 β 型半水石膏及其制品为主，主要包括 β 型建筑石膏粉、纸面石膏板、石膏砌块等（图 1-4）。

图 1-4 磷石膏基建材

1）建筑石膏粉

由磷石膏原料经过 150 ~ 180℃的煅烧制备得到 β 型半水石膏，β 型半水石膏的比表面积大、标准稠度用水量偏高（0.65 左右），使其硬化体强度偏低。此类应用中普遍存在产品性能波动较大、生产设备损耗较大的问题，加之产品附加值偏低、运输半径有限，造成了大部分相关企业生产动力不足，技术推广受到一定的制约。

2）其他石膏基建材料

我国利用磷石膏制备石膏基建材，主要有石膏隔墙板、装饰石膏板（天花板）、石膏腻子、石膏砌块等。随着机械喷涂抹灰石膏的发展，2013 年后抹灰石膏在国内得到较快速的发展。2018 年抹灰石膏的用量已达到 340 万 t 左右，国内多家公司已利用磷石膏制备抹灰石膏。随着建筑行业的转型，装配式建筑的快速发展，装配式磷石膏隔墙板应用也得到快速发展，如成都上筑建材公司已在全国建厂 3 个。

2. 化工业方面利用

（1）制硫酸铵

磷石膏经水洗处理后，加入碳酸氢铵（或 $NH^{3+}CO$），经复分解反应生成碳酸钙沉淀和硫酸铵溶液，固液分离后滤液浓缩结晶生产硫酸铵，分离出来的沉淀物用作水泥生产原料，转化率可达98%以上。由于前几年硫酸铵价格较低，且通常是尾气处理别的产物制得，成本较低，所以磷石膏生产硫酸铵工艺并未在国内推广。磷石膏制硫酸铵工艺的关键是生产成本能否占优。

（2）制硫酸钾

硫酸钾是重要的无氯钾肥，国内需求量很大，世界对磷石膏生产硫酸钾和硫基复合肥的研究很多。目前石膏转化法制硫酸钾主要有一步法和两步法两种工艺。其中，两步法流程较简单，能耗低，投资省，基本无“三废”排放，且工艺条件稳定，产品质量稳定。

（3）制硫酸钙晶须

硫酸钙晶须属于非金属材料，因其具有完善的结构、完整的外形，强度接近于材料原子价键间的理论强度，集无机填料和增强纤维的优势于一身，是现有复合材料中最高档的填充和增强材料，在阻燃、涂料、油漆及沥青改性和造纸工业中有着广泛的应用前景。以前主要采用水热法，以天然石膏为原料生产硫酸钙晶须，不仅生产速度慢，生产成本高，且天然石膏资源有限。近年，不少学者研究用磷石膏等副产石膏制备高品质、低成本硫酸钙晶须。以盐酸分解磷矿石生产湿法磷酸联产磷石膏晶须的工艺所得副产物磷石膏变为高附加值的新材料石膏晶须，既降低了磷酸生产成木，又减少了副产物磷石膏排放所造成的环境污染。

（4）制硫磺及硫化物

磷石膏制硫磺是实现硫资源循环利用及化工行业大规模利用磷石膏的有效途径之一。我国是世界上最大的硫磺进口国，近年来国际市场硫磺价格波动剧烈，对湿法磷酸工业的正常生产和盈利造成很大影响。因此，如何从磷石膏出发制硫磺，实现硫资源循环利用，降低企业对进口硫磺的依赖，受到越来越多湿法磷加工企业的重视。

3. 农业方面应用

（1）土壤改性剂

施用适量磷石膏对植物生长有促进作用。磷石膏作为磷肥工业的副产物，其中富含植物生长所必须的P、Mg、S、Fe、Si等营养成分，在缺磷的盐地使用时，可达到磷肥的效果。目前已经确定磷石膏能够促进植物生长，提高植物的产量和品质。磷石膏施用于大豆，每亩用量不超过50kg，增产幅度可达12%～19%；施用于油菜、芝麻，每亩用量30～50kg，增产幅度超过15%。磷石膏还可以增强农作物的抗病和抗旱能力，对于一些有机质含量不高，土壤养分不均衡的土壤，施用适量磷石膏可以有效改善土壤养分状况（图1-5）。

图 1-5 磷石膏土壤调理剂

此外，磷石膏制备土壤调理剂对土壤有较好的修复效果，可改善土壤盐碱化。盐碱地的形成主要是土壤积盐作用的结果，磷石膏本身呈酸性，可以替代石膏用来改良盐碱土壤。磷石膏富含的钙、磷大部分都以离子的形式存在，Ca^{2+} 可与土壤中游离的 Na_2CO_3 作用，生成 $Ca(HCO_3)_2$、$CO_3(PO_4)_2$、Na_2SO_4，既降低了土壤的碱性，也消除了碳酸盐对农作物的毒害。华北地区的碱性土壤，每亩施用磷石膏 10 ~ 20kg，稻谷可增产 5% ~ 15%。

磷石膏还可用于酸性土壤的改良。磷石膏、沸石是近年来人们发现的改良效果优于石灰的新的土壤改良剂。磷石膏在改良亚表层土壤酸性和作物的增产效果上优于石灰。我国现有大面积的耕作碱土、牧草碱土以及盐碱荒地，利用磷石膏来改良内陆盐碱地及滨海盐渍土有广阔的前景。

但是，磷石膏作为一种工业副产物，其杂质含量较高，施用于土壤后可能会带来污染风险以及农产品安全风险，这就要求应用中对磷石膏进行严格的有害物测试与风险评估。

（2）肥料、饲料

磷石膏可作为提供钙和硫的矿物质添加剂被加入到家禽饲料中，在蛋鸡饲料中添加 1% 和 3% 的磷石膏作为矿物质添加剂，持续一定时间后鸡蛋质量、鸡肉、肝脏和骨骼中的氟含量与饲料中不添加磷石膏的空白处理组相比较，得到的检测结果均在食品安全标准允许的范围内，由此得出磷石膏可以作为蛋鸡饲料中的矿物质添加剂的结论。按照添加量 1% 计算，20 万只鸡每年可消耗 100t 磷石膏，这是磷石膏又一潜力巨大的应用。

1.2.3 磷石膏综合利用取得的主要成效

1. 循环经济理念逐步树立，认识不断提高

在保证我国粮食安全、为社会提供优质肥料的同时，必须承担起应尽的社会责任，必须对祖国的青山碧水负责。在外部形势倒逼和经济成本增大的高压态势下，按照减量化、再利用和资源化的原则，努力加大磷石膏资源化利用的氛围已

在全行业内形成。

2. 我国为磷石膏综合利用指明了方向

综合利用量稳步提高，初步实现磷石膏由“以储为主”向“储用并举”方向的转变。

3. 综合利用装置建设加快，利用途径多元化融合

“十三五”以来，各企业根据国家有关部委发布的重点鼓励发展项目，结合当地条件，克服重重困难，积极实施综合利用项目建设，已经形成一定产能规模的装置，为促进磷石膏利用打下坚实基础。从目前各种利用途径的利用量汇总分析看，利用途径呈现多元化融合，磷复肥企业不仅自身开发利用，很多企业还采取与建材专业品牌生产厂家联营、合作等多种方式，扬长避短，发挥了各自的优势，扩大了磷石膏利用量，实现了“双赢”，联营、合作的利用途径越走越宽。2015年磷石膏外售或外供占比为23.1%，用于生产水泥缓凝剂占比为21.6%，用于制备石膏板占比为16.7%，用于筑路或充填占比为14.4%，用于制备建筑石膏粉占比为6.6%，用于制备土壤调理剂占比为5.5%，用于制取硫酸占比为4.9%，用于石膏砌块占比达4.0%。

4. 技术创新力度逐年加大

一些企业采取自主研发或走产学研相结合的路子，加强与科研院校的合作开发，加大对磷石膏无害化清洁预处理技术、化学法分解磷石膏技术、磷石膏制石膏模盒、磷石膏制 α 高强石膏技术、磷石膏制装配式石膏隔墙板技术等消耗磷石膏量大、利用途径广的新技术开展研发攻关。与此同时，加大先进适用技术的推广应用。磷石膏制硫酸联产水泥创新技术、磷石膏免成球生产水泥缓凝剂技术、石膏板石膏砌块除盐霜技术、磷石膏制蒸压标砖生产技术、连续浇铸移动成型磷石膏制石膏砌块技术和装备等一批先进适用技术得到了推广应用。

5. 典型企业的示范作用明显发挥

近几年来，行业内一些企业在磷石膏综合利用方面不仅利用思路清晰、途径广阔、利用率高，探索出适应于磷复肥行业新常态下的循环经济发展道路，而且通过宣传推广经验做法，为全行业推进磷石膏综合利用树立了榜样，拓宽了途径；为改变“大量生产、大量消费、大量废弃”的传统增长方式，发挥引领示范作用。

1.2.4 磷石膏综合应用的发展方向

“十三五”期间，由于行业发展内外部环境已发生重大变化，发展方式、发展

动力以及增长速度都将产生较大转变，磷酸生产企业面临资源环境约束加剧、生产要素成本上升以及传统比较优势日趋弱化等问题。磷石膏行业也进入转型升级的发展阶段。

1. 加快磷石膏综合利用产品的结构调整、转型升级

（1）综合利用路线要向大量化、多途径方向调整。针对磷石膏产生量大的特点，综合利用在保持现有利用途径的规模外，应逐步向化学法分解、石膏基胶凝材料等大用量、多种途径的方向适度调整。

（2）综合利用产品要由低值化、通用型向高质化、技术含量高的方向发展。目前，磷石膏制备石膏砌块、石膏模盒等技术已得到成功应用；磷石膏制备 α 高强石膏、自流平石膏、内外墙板、市政交通工程产品以及造纸填料等技术研发和应用得到了发展，这为产品结构调整打下了基础。

（3）为迎合石膏建材发展的调整，由墙体材料向装饰材料共同方向发展。目前，住房建筑已进入平缓发展期，墙体材料需求将趋缓，而装饰材料的发展将有巨大的空间。一般来说，室内墙面面积为建筑面积的 1.7 ~ 2.2 倍，顶棚为建筑面积的 0.8 倍左右，因此石膏装饰材料如抹灰石膏、石膏腻子和石膏线条等用量十分可观，需求正处于上升阶段。

2. 着力实施技术创新和应用

（1）做好科研成果转化的对接工作。做好磷石膏制备高端建材资源化技术有关科研成果转化的对接，可以达到“借脑发展”、事半功倍的成效。

（2）研发多功能、多品种的石膏装饰材料。随着人们生活水平的提高，住房面积增大，室内装饰的要求也随之提高，但目前室内装饰材料的新品种滞后，缺少个性化、多样化、多功能的室内装饰和雕塑制品。开磷集团新近开发的磷石膏制备仿大理石、木纹装饰板，既改善了室内环境、增加了人文气息，又节省了天然资源、拓宽了利用途径。

（3）关注研发新动向，努力捕捉“蝴蝶效应”。近年来，有关工业副产石膏利用的研究逐渐增多，相关从业人员应善于捕捉信息，举一反三，拓宽思维。

3. 提高认识，不断提高磷石膏品质

磷复肥企业要树立起“磷石膏是产品而不是废弃物”的观念，深刻认识到磷石膏中杂质在各种利用途径中产生的负面影响。在生产工艺和管理中采取措施，从源头上降低磷石膏中磷、氟及盐类杂质，为促进磷石膏的利用创造有利条件。

4. 创新服务模式，加大市场开拓力度

磷石膏制品市场占有率低一直是突出的短板。为此，一方面必须要强化管理，严格按照标准来指导生产，确保综合利用产品的质量稳定性；另一方面将“产品＋服务”的模式延伸到磷石膏制品售后服务上。

第 2 章　磷石膏原材料处理及综合改性

2.1　磷石膏的杂质及影响

磷石膏中杂质按对石膏应用或环境性能的影响程度可分为有害和无害两大类。磷石膏中的有害成分通常是可溶的，这些成分在水中溶解后，一方面很容易进入环境中，对水体和土壤产生不良影响，另一方面对石膏制品的性能产生不利影响。无害成分通常是难溶的，对性能影响较小。随着湿法磷酸所用原料磷矿质量的不同，产生的磷石膏的成分也不相同。

1. 磷石膏主要杂质成分

由于磷矿石的来源和磷酸生产工艺的不同，不同地区磷石膏杂质含量也存在差异，但总体来说，磷石膏化学成分中的有害成分包括：

（1）K^+、Na^+

它们会在干燥的石膏制品表面形成晶花，含量≤ 0.002%。钠离子在制品中形成 $Na_2SO_4 \cdot 10H_2O$，在 32℃最稳定。当制品干燥温度 >32℃时，它会脱水成为 Na_2SO_4；当温度 <32℃时，则吸收空气中的水分，重新形成 $Na_2SO_4 \cdot 10H_2O$（即芒硝），在制品表面结晶形成隔离层，给下一道工序带来困难。钾离子含量超标时与钙离子形成复盐 $CaSO_4 \cdot K_2SO_4 \cdot H_2O$，也会在石膏制品表面形成晶花。

（2）$Mg2^+$

镁离子以 $MgSO_4$ 的形式存在，它是可溶性物质，也会析晶到石膏制品表面。

（3）$C1^-$

氯离子以 NaCl 形式在石膏中存在，也会析晶在石膏制品表面。

（4）水溶性五氧化二磷，水溶性氟（F）

《磷石膏》GB/T 23456 中 4.1 规定，水溶性五氧化二磷（P_2O_5）含量（质量分数）不超过 0.8%；水溶性氟（F）含量（质量分数）不超过 0.5%。

2. 影响磷石膏性能的杂质

目前，杂质对磷石膏性能影响机理的研究主要集中在两个方面：一是磷石膏用作水泥缓凝剂时，杂质对水泥凝结硬化的影响；二是磷石膏中杂质对建筑石膏性能的影响。对磷石膏性能影响较大的杂质主要为磷、氟、碱金属盐、有机物、放射性物质等。

（1）磷

磷是磷石膏中的主要杂质，以可溶磷、共晶磷和难溶磷三种形式存在，其中可溶磷和共晶磷对磷石膏性能影响较大。可溶磷由磷酸引入，主要以 H_3PO_4、$H_2PO_4^-$、HPO_4^{2-} 三种形式存在。共晶磷是由于 HPO_4^{2-} 同晶取代部分 SO_4^{2-} 进入硫酸钙晶格而形成的，$CaHPO_4 \cdot 2H_2O$ 与 $CaSO_4 \cdot 2H_2O$ 均属单斜晶系，晶格常数也非常相似，所以两者易形成固溶体。$CaHPO_4 \cdot 2H_2O$ 在炒制或煅烧时以 $CaHPO_4$ 形式释放出来，水化时转化为 $Ca_3(PO_4)_2$，降低 pH 值，延缓凝结时间，降低石膏硬化体的强度。

（2）氟

磷石膏中的氟来源于磷矿石，磷矿石经硫酸分解时，磷矿石中的氟有 20% ~ 40% 夹杂在磷石膏中，以可溶氟 NaF 和难溶氟 CaF_2、Na_2SiF_6 两种形式存在。

（3）碱金属盐

碱金属盐带来的主要危害是当磷石膏制品受潮时，碱金属离子沿着硬化体孔隙迁移至表面，水分蒸发后在表面析晶，产生粉化、泛霜。

（4）有机物

有机物来源于磷矿石中的有机杂质和生产工艺中所加入的有机添加剂，主要为乙二醇甲醚乙酸酯、异硫氰甲烷、3- 甲氧基正戊烷等。这些杂质通常分布在二水石膏晶体表面，当磷石膏作为胶凝材料使用时会显著增加需水量，同时也会削弱二水石膏晶体间的接合，使硬化体结构疏松，强度降低。

（5）放射性物质

多数磷矿中还含有少量的放射性元素。磷矿酸解制酸时，铀化合物溶解在酸中的比例较高，铀的自然衰变物镭以硫酸镭的形态与硫酸钙一起沉淀，镭像氡等一样有放射性。镭 -226、钍 -232、钾 -40 等放射性元素会释放出 γ 射线，镭 -226 和钍 -232 衰变中也会放出放射性气体氡，这些放射性物质一旦超出标准将对人体产生极大危害。由于磷石膏主要用途是在建筑行业，因此磷石膏中放射性物质的含量是需重视的问题，放射性比活度超标的磷石膏不宜利用。按《磷石膏》GB 23456—2018 中建筑主体材料天然放射性核素镭 -226、钍 -232、钾 -40 的放射性比活度应同时满足 $I_{Ra} \leq 1$，$I_r \leq 1$。

3. 磷石膏杂质对水泥性能的影响

经过多年的研究和生产实践表明，磷石膏用于水泥缓凝时，影响水泥水化性能的主要杂质是水溶性 P_2O_5 与水溶性 F。采用一些预处理措施可一定程度上降低杂质造成的不利影响，但是仍然不能完全消除，导致磷石膏作为水泥缓凝剂使用受限。此外，由于杂质的存在，磷石膏从二水形式转变为半水和无水石膏的温度相比天然石膏有所降低，导致磷石膏在水泥粉磨温度下可能产生半水石膏甚至无水石膏，这会导致水泥使用时出现假凝，也会在混凝土中应用时影响外加剂的作用效果。二水石膏经脱水后可生成半水石膏或无水石膏等类型的胶凝材料。磷石膏中杂质会对半水石膏胶凝材料的水化硬化产生不利影响。其中，磷石膏中可溶性 P_2O_5 会明显延缓建筑石膏胶凝材料的凝结时间；可溶性氟也会与石膏发生反应，释放一定的酸性，如用于某些需要碱性环境水化的胶凝材料系统，会对材料的水化环境产生不利影响。

磷石膏中杂质对磷石膏脱水得到的半水石膏胶凝材料水化硬化体结构产生较大影响。天然石膏制备的半水石膏硬化体为自形程度很高的长柱状二水石膏晶体，且有无定形的胶凝物质，而磷石膏制备的半水石膏硬化体结晶程度很差，结构也比较松散，这种差异决定磷石膏胶凝材料的强度要低于天然石膏胶凝材料。

此外，磷石膏中杂质还对磷石膏胶凝材料水化硬化后得到的制品外观形貌有较大影响。钠和钾离子会在石膏制品表面结晶；有机物含量过高时，会引起石膏制品颜色加深，对磷石膏胶结材外形造成较大影响。

4. 磷石膏杂质对建筑石膏的影响

（1）可溶性 P_2O_5

可溶性 P_2O_5 在建筑石膏水化时转化为 $Ca_3(PO_4)_2$ 沉淀，覆盖在半水石膏晶体表面，降低二水石膏析晶过饱和度，使二水石膏晶体粗化，表现为建筑石膏的凝结时间显著延长，强度大幅度降低。三种形态可溶性 P_2O_5 的影响程度为 $H_3PO_4>H_2PO_4^->HPO_4^{2-}$，共晶 P_2O_5 对性能的影响规律与可溶性 P_2O_5 类似。延长凝结时间、降低硬化体强度，其影响程度小于可溶性 P_2O_5 的 H_3PO_4 形态。

（2）可溶性氟

可溶性氟使建筑石膏凝结时间缩短，随 F^- 掺量增加，促凝作用增强。F^- 含量较低时，对建筑石膏强度影响较小，当其含量超过 0.3% 时，强度随 F^- 掺量增加而迅速降低。

（3）有机物

有机物使建筑石膏需水量增加，凝结硬化减慢，削弱二水石膏晶体间的结合，使硬化体结构疏松，强度降低。

晶型的转变及结晶接触点的减少是造成磷石膏硬化体强度降低的原因，可溶性杂质是最严重的影响因素，要使建筑石膏强度损失率 <10%，需限制可溶性 P_2O_5<0.1%，可溶性 F^-<0.1%。因此，从磷石膏用于生产建筑石膏的角度而言，杂质的不利影响非常明显。目前解决这种影响的方法是对磷石膏进行预处理。较多的研究结果显示，杂质去除后，磷石膏制备的胶凝材料凝结时间有所缩短，强

度提高，有些磷石膏经预处理后煅烧得到的胶凝材料性能已接近天然石膏胶结材。

2.2 磷石膏原材料的预处理

磷石膏中的可溶性磷、氟及有机物等杂质成分对磷石膏制备的胶凝材料的性能有很大的影响，一般要经过预处理后才能使用。磷石膏的预处理工艺有多种方法，主要采用物理、化学或物理化学结合的方法。磷石膏预处理工艺使磷石膏的各种有害杂质去除或降低其含量，使其能够成为可利用的可再生资源。磷石膏预处理方法主要有水洗净化、石灰石中和、浮选、煅烧、球磨处理、陈化及柠檬酸处理等。

1. 磷石膏预处理工艺

（1）水洗净化

水洗净化工艺可以除去磷石膏中细小的不溶性杂质，如游离的磷酸、水溶性磷酸盐和氟等，但是水洗不能消除共晶磷、难溶磷等杂质。水洗法主要问题是生产线一次投资大、能耗高，水洗后污水排放造成二次污染。我国磷石膏建材资源化完全依赖水洗工艺是不现实、不合理的，只有当磷石膏可溶性杂质与有机物含量高，且生产线超一定规模时，水洗工艺才是一种好的选择。

（2）石灰石中和

通过在磷石膏中掺入石灰等碱性物质，改变其酸碱度，使磷石膏中可溶性磷、氟转化成惰性的难溶磷，使磷石膏胶结材的凝结硬化趋于正常。

磷石膏胶凝材料性能对预处理的石灰掺量较敏感，在不适宜范围内的掺量使胶凝材料强度大幅降低，控制好石灰掺量是石灰中和预处理的关键。国内磷石膏品质一般波动较大，采用石灰中和预处理工艺时，必须对磷石膏进行预均化处理。石灰中和工艺简单、投资少，效果显著，是非水洗预处理磷石膏的首选工艺，特别适用于品质较稳定、有机物含量较低的磷石膏。

（3）浮选

分级处理可除去磷石膏中细小不溶性杂质，如硅砂、有机物以及很细小的磷石膏晶体。这些高分散杂质会影响建筑石膏的凝结时间，同时黑色有机物还会影响建筑石膏的外观颜色。磷、氟、有机物等杂质并不是均匀分布在磷石膏中，不同粒度磷石膏的杂质含量存在显著差异，可溶磷、总磷、氟和有机物含量随磷石膏颗粒度增加而增加。筛分工艺取决于磷石膏的杂质分布与颗粒级配，只有当杂质分布严重不均，筛分可大幅度降低杂质含量时，该工艺才是好的选择。

（4）煅烧

磷石膏只有在600～800℃下煅烧才可以消除有机物的影响。磷石膏在高温下煅烧时，其共晶磷可转化为惰性焦磷酸盐，同时，有机物蒸发。经石灰中和、高温煅烧制备的Ⅱ型无水石膏，其性能与同品位天然石膏制备的无水石膏相当。Ⅱ型无水石膏胶凝材料强度与耐水性均优于建筑石膏，是磷石膏有效利用方式之一。由于一般的预处理不能消除共晶磷影响，共晶磷含量较高的磷石膏特别适用于该工艺制备无水石膏胶凝材料。

（5）球磨处理

球磨使磷石膏中二水石膏晶体规则的板状形貌和均匀的尺寸遭到破坏，其颗粒形貌呈现柱状、板状、糖粒状等多样化形状。一般胶凝材料比表面积增加，其需水量相应增加。但对于磷石膏，球磨增大比表面积后，其需水量大幅降低，是球磨改善颗粒形貌与级配的结果，这种改善大大增加了磷石膏胶凝材料的流动性，使其标准稠度水膏比降低，硬化体孔隙率高、结构疏松的缺陷得以根本解决，球磨后磷石膏的比表面积增加，进一步增加比表面积的改性效果不明显。由于球磨不能消除杂质的有害影响，球磨应与石灰中和、水洗等预处理结合。

（6）陈化

磷石膏的短期陈化对其使用性能的改善不明显，而随时间的延长，陈化效果才能突显出来，特别是与生石灰进行中和后长期陈化，效果会更加明显。

（7）柠檬酸处理

柠檬酸可以把磷、氟杂质转化为可以水洗的柠檬酸盐、铝酸盐以及铁酸盐。

2. 磷石膏预处理工艺特点

（1）水洗

就消除有害杂质影响而言，水洗是最有效的方式。但水洗工艺存在一次性投资大、能耗高、污水排放的二次污染等问题，只有当磷石膏年利用量达到一定规模时，该工艺才具备竞争力。

（2）石灰中和

石灰中和可消除可溶磷、氟的影响，经济、实用而有效。有机物含量不高时，石灰中和工艺尤其适用。由于磷石膏胶凝材料性能对石灰量很敏感，磷石膏品质应较稳定。在石灰中和预处理前应进行预均化处理。

（3）浮选

浮选预处理可除去有机物，从而消除有机物有害作用。当有机物含量较高且采用非水洗预处理工艺时，浮选为可供选择的工艺。

（4）煅烧

煅烧工艺法主要是利用 P_2O_5 在高温（200 ~ 400℃）下可分解为气体或部分转化为惰性的、稳定的难溶性磷酸类化合物，如焦磷酸钙，从而降低磷杂质对产品性能的不利影响。少量有机磷经过高温转变为气体排出，无机磷则在高温下与钙结合为惰性的焦磷酸钙，同时还可以保证二水硫酸钙的正常脱水反应。

采用该技术生产的建筑石膏性能优良，整个工艺流程简单、容易控制，可避免二次污染。

（5）球磨

适度的球磨可有效改善磷石膏的颗粒形貌与级配，增加其胶凝材料流动性，大幅降低需水量，从根本上改善硬化体孔率高、结构疏松的缺陷。球磨与石灰中和工艺结合，可制备优等品建筑磷石膏，是非水洗预处理工艺的最好选择。

（6）陈化反应

熟石膏煅烧完后，物料内含有少量可溶无水石膏和性质不稳定的二水石膏，物相不稳，内含能量（热能）较高，吸附活性高，从而出现熟石膏标准稠度需水量大，强度低，凝结时间不稳定。通过陈化可以得到很大改善。

1）陈化中可溶性无水石膏Ⅲ，吸水转变成半水石膏，残留二水石膏因共热环境，继续脱水转变成半水石膏。

2）熟石膏经过陈化后，相变趋于稳定，物相趋于均化，提高了半水石膏的含量，降低了比表面积和内部能量。促使标准稠度需水量降低，强度得到提高，有利于建筑石膏制品的正常生产。

3）陈化分陈化有效期和失效期。上述（1）、（2）中所讲的是陈化有效期，其吸附水含量小于1.5%；反之大于1.5%时，陈化处于无效期。此时半水石膏开始吸水向二水石膏转化。陈化时间与空气湿度、存放方式有关，有些实验室用带密封的铁皮桶进行存放，有效期会延长。

2.3 α型高强石膏

2.3.1 α型半水石膏制备现状方法

二水石膏生成α型半水石膏的条件是在饱和水蒸气中或在一定的温度、压力的液态水溶液中，使二水石膏脱去1.5个水分子并以液态水溶液排出，然后半水石膏溶解于其中达到过饱和，经成核作用或在晶种作用下形成α型半水石膏晶体。就脱水方式而言，α型半水石膏制造方法可以分为蒸压法、水热法以及这两种方法的结合。

1. 蒸压法

按脱水与干燥是否在同一设备内进行。蒸压法又可分为以下两种：

（1）块状石膏的蒸压与干燥不在同一设备内进行

将块状石膏置于金属网篮中放入蒸压釜内，在1.3～3个大气压蒸煮6～8h，待釜内压力降至常压后，再取出网篮使之进入干燥设备内加热干燥，待附着水挥发殆尽，取出冷却进行粉磨。

（2）块状石膏的蒸压与干燥在同一设备内进行

分解二水石膏所用蒸汽可直接通入釜内，或由外部加热使二水石膏脱水。经蒸压处理后再在釜内通入热空气进行干燥，干燥后的物料再经粉磨。

采用以上方法时，若用工业副产石膏为原料，均应压制成块状再进行蒸压，为获得晶形合适的 α 型半水石膏，应在蒸压前将块状石膏在加有转晶剂的溶液中预先浸泡。

2. 水热法

水热法又称水溶液法，使磨细的二水石膏或粉状的工业副产石膏在某些酸类或盐类的水溶液中通过加热蒸煮进行脱水，转变温度为 97 ~ 107℃。根据蒸煮时的压力，又可分为常压法与加压法两种方法。

（1）常压法

使石膏粉在常压下，在一定浓度、一定温度的酸类或盐类溶液中转变成 α 型半水石膏后，再经过滤、洗涤、干燥与粉磨。由于酸类溶液有一定腐蚀性，常用某些盐类溶液。为获得晶形合适的 α 型半水石膏，在溶液中应加入转晶剂。

常压法是将磨细的二水石膏加到氯化钙的水溶液中（浓度为 20% ~ 25%），并掺入 0.1% ~ 6% 溶液的纸浆废液或亚硫酸酵母麦芽汁与 $FeCl_3$ 或 KC1 组成的复合转晶剂，在常压及 108 ~ 138℃温度下进行脱水制得 α 型半水石膏，接着进行清滤、洗涤、干燥及粉磨。为了加速与简化清滤、洗涤（必要情况时）及干燥工序，同时为了减少生成二水石膏或可溶无水石膏的概率，必须使用结晶较粗大的 α 型半水石膏干燥后，强制粉磨至适宜的颗粒。

（2）加压法

将石膏粉加入到含有转晶剂的水溶液中制成悬浮液，对此悬浮液进行加压、加热并不断搅拌，再经过滤、洗涤、干燥与粉磨。为加速二水石膏脱水并获得较粗大的 α 型半水石膏，可在悬浮液中加入晶种（α 型半水石膏结晶体）。此法更适用于工业副产石膏、次生石膏和含大量杂质的天然石膏。

用水热法制备 α 型半水石膏时，可采用湿粉成型或湿料成型的方法。这两种成型方法均能够得到稳定的、优质的石膏制品。该方法省去石膏粉干燥工序，可降低 40% 的热耗，且有利于生产环境。用水热法制备 α 型半水石膏，单掺转晶剂时具有很好的转晶效果，能够使 α 型半水石膏的晶体形状转变为短柱状或六方粒状，并能显著地提高 α 型半水石膏的强度。

对于石膏制品的湿粉抗压强度来说，水热法制备 α 型半水石膏的工艺参数中料浆浓度影响较大，α 型半水石膏的制备工艺参数为：料浆浓度 30% ~ 40%；蒸压温度 135 ~ 155℃；蒸压时间 1 ~ 1.5h。

水热法制取 α 型半水石膏时主要受 pH 值、转化温度与时间、转晶剂、固液比、盐溶液浓度及搅拌速度的影响。

（1）pH 值

反应中 pH 值的影响是极其重要的。当 pH 值在 3 以下时得到的晶体是针状的，在 4 ~ 5 范围内是棒状晶体，并且随着 pH 值的增大得到更好的晶形结构。对晶体而言，从针状到棒状到短柱状，晶体的抗压与抗拉强度逐渐增大，但反应时间也变长。pH 值为 4 时，晶体是长棒状的，形成的时间较短。pH 值为 4.5 时，晶体为长棒状和立方颗粒的混合状。pH 值为 5 时，晶体绝大部分是立方颗粒状，也存在极少数的长棒状，形成时间较长。pH 值接近中性时，形成 α 型半水石膏的时间长，工业上不实用。pH 值对反应只是在前期阶段起作用，前阶段 pH 值低，晶体就呈针状，即使在后阶段增大 pH 值，晶体形状也不发生改变。

（2）转化温度与时间

二水石膏在水溶液中转化为 α 型半水石膏并能稳定存在主要取决于温度，当温度达到 150℃以上时会导致半水石膏转变成无水石膏。当有转晶体存在时，因对二水石膏转化为半水石膏有抑制作用并改变了原有晶体的习性，使结晶中心减少，结晶速度迟缓，因而可形成粗大的晶体，转化时间要显著延长。因此，转化温度宜在 140℃左右，恒温时间在 90 ~ 120min 之间。

（3）转晶剂

采用水热法制作 α 型半水石膏，必须加入某种转晶剂来改变 α 型半水石膏的结晶形态。转晶剂在晶体的某个晶面上有选择性的吸附，阻碍某一晶面的生长，而其他晶面的生长仍然正常。由于不同的转晶剂对半水石膏晶体的晶面有不同的吸附作用，这导致所生成的 α 型半水石膏晶体形态和大小有明显的差异，为此，必须通过试验来选定合适的转晶剂。

（4）固液比

固液比是影响石膏脱水速度的次要因素，但对晶体的生长有不容忽视的影响。固液比越高，传质阻力越大，只能生成细小的不均匀的颗粒。但固液比越小时，产量相应减少，实际应用价值不大。所以固液比一般应控制在 1∶3 ~ 1∶5 之间。

（5）盐溶液浓度

加入的盐溶液浓度升高时，沸点升高，晶型转化加快。但浓度升高会造成新的废液污染，导致后处理难度增大，故盐溶液浓度一般应控制在 18% ~ 25%。

（6）搅拌速度

搅拌可加速物质从溶液主体向晶体表面扩散，从而使表面液体层厚度减小。

2.3.2　常压水热法制备 α 型高强石膏预处理技术

磷石膏常压水热法制备高强 α 型半水石膏是在常压酸类或盐类的水溶液中二水石膏的溶解和 α 型半水石膏的再结晶过程，通过加入一定的媒晶剂使 α 型半

水石膏具有较为理想的粗大短柱状形态和优越的性能。

用磷石膏做原料时，磷石膏所含的可溶性杂质在水热过程中会改变母液成分，不溶性杂质固溶在晶格内部或以其他形式存在对结晶习性都会产生不同程度的影响。杂质离子通常可能选择性地吸附在雏晶的某些晶面、生长台阶或扭折部位，也可能嵌入或替换晶格中的离子，对成核过程和晶体生长动力产生抑制或促进作用。磷石膏所含的磷酸、氢氟酸等酸性杂质和成分波动不仅降低了媒晶剂的作用效果，还会降低产品性能。为了用磷石膏生产出较低成本、高性能 α 型半水石膏，就需要对磷石膏进行预处理改性。

如上节所述，磷石膏制备半水石膏过程中消除有害杂质影响的主要方法有水洗净化、石灰石中和、浮选、煅烧、球磨处理、陈化及柠檬酸处理等方法。这些方法可以根据原料性质灵活应用于磷石膏制备水泥、砖或者砌块、板材、矿物外加剂、β 型半水石膏的干燥脱水，但是对于常压水热溶液环境中磷石膏制备高强 α 型半水石膏的脱水过程，这些改性方法存在工艺复杂、产品性质不稳定的问题，因此需要针对常压水热法的工艺过程和产品性能采用更加有效的磷石膏预处理技术。

1. 预处理技术

在吸附水含量为 0 ~ 30%、干基二水硫酸钙含量≥ 90%、杂质中可溶磷含量≥ 0.8%、可溶氟含量≥ 0.5%、pH 值为 2 ~ 5 的磷石膏中分层均匀加入氢氧化钙含量大于 90% 的电石泥渣搅拌均匀，陈化 6 ~ 24h 后得到 pH 值为 5 ~ 7、可溶磷含量小于 0.8%，且可溶氟含量小于 0.5% 的磷石膏，即可用于常压水热法制备高强 α 型半水石膏的原料。

电石泥渣中的氢氧化钙与磷石膏中的磷酸、氢氟酸等酸性杂质进行部分反应，生产磷酸氢钙、磷酸二氢钙、氟化钙等，使磷石膏的酸性减弱，可以消除磷石膏中杂质对半水石膏胶凝材料性能的影响，同时提高媒晶剂的调控效果。

为了形成较好的结晶形态，将二水石膏在反应介质（氯化钙、氯化镁、氯化锌、氯化钠、氯化钾、硫酸钠、硫酸钾的一种或几种）的溶液中，在常压条件下进行脱水，并加入适当的媒晶剂，诱导二水石膏脱水时晶体形态向某方向发展。常用的媒晶剂有氯盐、硫酸盐、羧酸及其衍生物、烷基类磺酸盐等，含有羧酸基团（COOH）的酸和盐类效果较好，能大大提高二水石膏溶液的过饱和度，而且热盐溶液使二水石膏粒子间能产生强烈的热传递，使二水石膏受到均匀加热，析出水分（$3/2H_2O$），快速地进行液态半水石膏的重结晶，经过溶解重结晶过程，可以由二水石膏转化为半水石膏（图 2-1）。

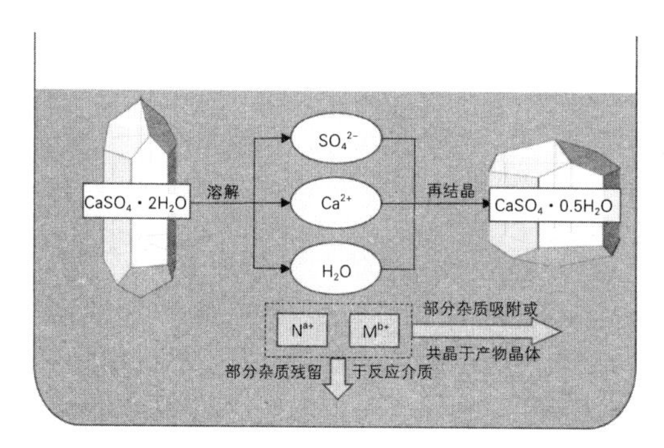

图 2-1　磷石膏制备高性能胶凝材料的晶相转变及杂质迁移路径

媒晶剂通过在半水石膏晶体进行选择性吸附、改变晶体对介质的表面，能使半水石膏的晶体形态由细长针、柱状转向短柱状转变，起到对半水石膏进行晶形调控的作用，当半水石膏形成粗大的短柱状晶体或立方晶体时，晶体的比表面积小，标准稠度需水量小，石膏制品密实，强度高（图 2-2）。

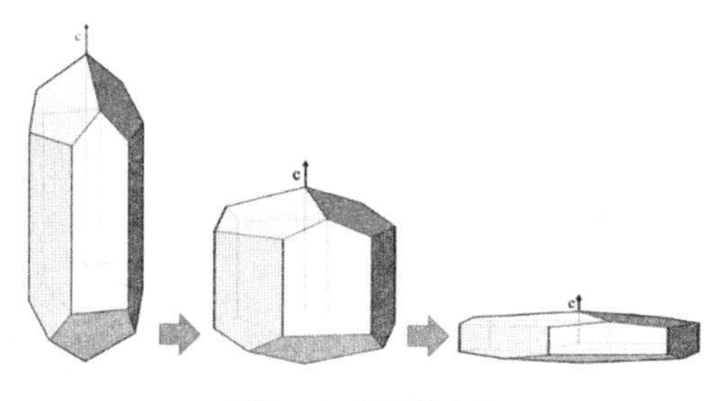

图 2-2　晶型转变图

媒晶剂影响 α 型半水石膏结晶形态的作用机理如图 2-3 所示。媒晶剂在晶体的某个晶面上选择性的吸附，或改变晶面的比表面自由能，阻碍该晶面晶体的生长，而其他晶面方向的生长发育正常。不同的媒晶剂在石膏晶体各个晶面上发生的不同吸附作用，会引起半水石膏晶体形态和晶体大小存在明显差异。

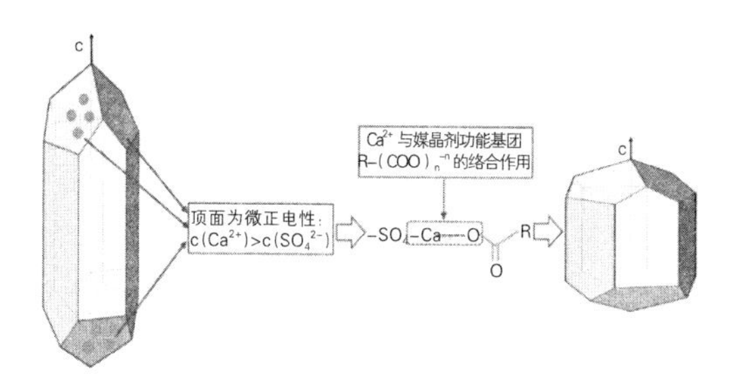

图 2-3　媒晶剂作用机理图

在同一种转化制度下，不同的媒晶剂其作用效果不同。由于石膏晶体各个交接面发生添加物的不同吸附作用，不同媒晶剂的吸附（或转晶）作用不同，结果会导致半水石膏晶体形态和大小以及性能均存在明显差异。由于二水石膏原始结晶形态很复杂，当选择了一种认为是最佳的媒晶剂时，可能只适应在实验中的那种二水石膏效果最佳，而不一定适用于所有不同原始结晶的二水石膏，所以针对不同的材料要选取不同的媒晶剂（图 2-4、图 2-5）。

图 2-4　不同媒晶剂掺量晶型调控效果图

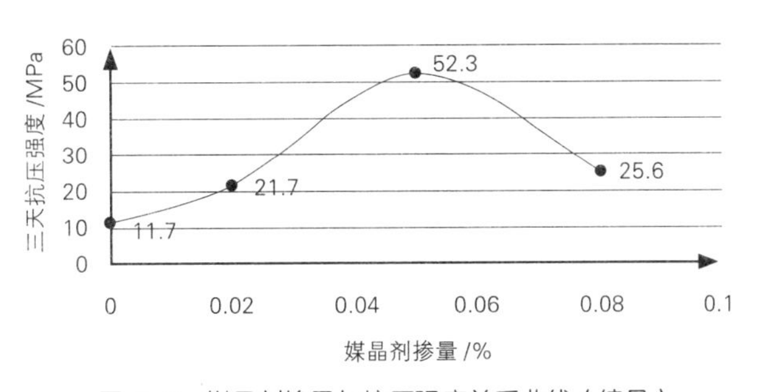

图 2-5　媒晶剂掺量与抗压强度关系曲线（编号）

2. 生产工艺

（1）常压水热反应工艺

将预处理得到的磷石膏浆体、媒晶剂加入含有二价或一价金属离子溶液混合均匀形成料浆，将料浆在 80 ~ 105℃下动态保温反应 1h 到 10h。其中：媒晶剂（丁二酸或柠檬酸的有机多元酸、丁二酸钾、丁二酸钠、柠檬酸钾或柠檬酸钠的有机多元酸盐）掺量为磷石膏干基质量0.02%～2%；表面活性剂（十二烷基苯磺酸钠或单硬脂酸甘油酯）掺量为磷石膏干基质量0.02%～2%；三价金属的可溶性硫酸盐（可溶性硫酸盐为硫酸铝或硫酸铁）掺量为磷石膏干基质量的1%～10%的;二价或一价金属离子（氯化钙、氯化镁、氯化锌、氯化钠、氯化钾、硫酸钠和硫酸钾中的任意一种或多种的混合）溶液（摩尔浓度为0.05～4mol/L）掺量与磷石膏质量比为1：9～3：2。

（2）浆体制备工艺

动态保温反应（80～100℃）后得到的浆体经热水洗涤，固液分离后，得到高活性α型半水石膏浆，所得洗液经处理后循环利用。

（3）高活性半水石膏胶凝材料与石膏制品制备工艺

将所得高活性α型半水石膏浆干燥（干燥温度为60～130℃，干燥时间为1～2h）制得高活性半水石膏胶凝材料（图2-6）。

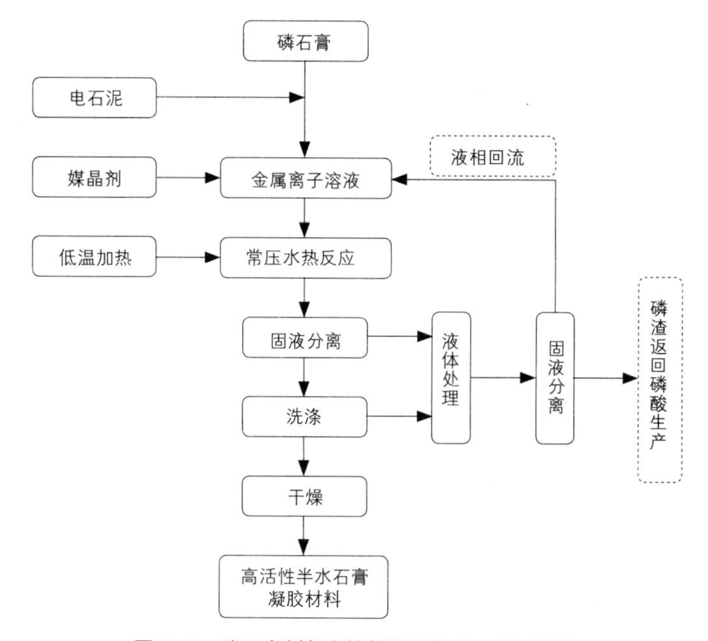

图2-6　磷石膏制备高性能胶凝材料工艺流程图

3. 实例

实施例1：选用磷石膏原材料，其吸附水含量为15%，干基二水硫酸钙含量为95%，可溶磷含量为0.88%，可溶氟含量为0.45%，pH值为3.4。电石泥渣含水量为60%、Ca（OH）$_2$含量为95%，按照100g干基磷石膏：2.0g干基电石泥渣的比例取磷石膏和电石泥渣，其中磷石膏与电石泥渣分层加入，磷石膏层的厚度为50cm，电石泥渣按照预定量均匀喷洒在磷石膏料层上，经改性处理后采用铲车纵向竖直取料，陈化 6h 后，磷石膏的 pH 值为 6.1，可溶磷含量为 0.17%，可溶氟含量为 0.05%，将其在 95℃的水热氯化钙溶液和媒晶剂丁二酸作用条件下脱水反应 6h 制备得到晶形发育良好的短柱状 α 型半水石膏。

实施例 2：选用磷石膏原材料，其吸附水含量为 10%，干基二水硫酸钙含量为 93%，可溶磷含量为 1.02%，可溶氟含量为 0.21%，pH 值为 2.7，电石泥渣含水量为 80%、$Ca(OH)_2$ 含量为 90%，按照 100g 干基磷石膏：2.5g 干基电石泥渣的比例取磷石膏和电石泥渣，其中磷石膏与电石泥浆分层加入，磷石膏层的厚度为 100cm，电石泥浆按照预定量均匀喷洒在磷石膏料层上，经改性处理后采用铲车纵向竖直取料，陈化 8h 后，磷石膏的 pH 值为 7.0，可溶磷含量为 0.02%，可溶氟含量为 0.01%，将其在 98℃的水热氯化钙溶液和媒晶剂柠檬酸作用条件下脱水反应 6h 制备得到晶形发育良好的短柱状 α 型半水石膏。

实施例 3：选用磷石膏原材料，其吸附水含量为 20%，干基二水硫酸钙含量为 92%，可溶磷含量为 0.98%，可溶氟含量为 0.42%，pH 值为 2.2，电石泥渣含水量为 50%、$Ca(OH)_2$ 含量为 93%，按照 100g 干基磷石膏：3.0g 干基电石泥渣的比例取磷石膏和电石泥渣，其中磷石膏与电石泥渣分层加入，磷石膏层的厚度为 40cm，电石泥渣按照预定比例均匀平铺在磷石膏料层上，经改性处理后采用铲车纵向竖直取料，陈化 24h 后，磷石膏的 pH 值为 5.0，可溶磷含量为 0.32%，可溶氟含量为 0.07%，将其在 98℃的水热氯化钙溶液和媒晶剂丁二酸钠作用条件下脱水反应 5h 制备得到晶形发育良好的短柱状 α 型半水石膏。

实施例 4：选用磷石膏原材料，其吸附水含量 30%，干基二水硫酸钙含量为 98%，可溶磷含量为 0.68%，可溶氟含量为 0.76%，pH 值为 5.0，电石泥渣含水量为 15%、$Ca(OH)_2$ 含量为 98%，按照 100g 干基磷石膏：0.5g 干基电石泥渣的比例取磷石膏和电石泥渣，其中磷石膏与电石泥渣分层加入，磷石膏层的厚度为 30cm，电石泥渣按照预定比例均匀平铺在磷石膏料层上，经改性处理后采用铲车纵向竖直取料，陈化 12h 后，磷石膏的 pH 值为 6.5，可溶磷含量为 0.09%，可溶氟含量为 0.02%，将其在 98℃的水热氯化钙溶液和媒晶剂柠檬酸作用条件下脱水反应 6h 制备得到晶形发育良好的短柱状 α 型半水石膏。

实施例 5：选用磷石膏原材料，其吸附水含量为 5%，干基二水硫酸钙含量为 95%，可溶磷含量为 0.92%，可溶氟含量为 0.69%，pH 值为 4.1，电石泥渣含水量为 30%，$Ca(OH)_2$ 含量为 95% 的电石渣，按照 100g 干基磷石膏：1.5g 干基电石泥渣的比例取磷石膏和电石泥渣，其中磷石膏与电石泥渣分层加入，磷石膏层的厚度为 60cm，电石泥渣按照预定比例均匀平铺在磷石膏料层上，经改性处理后采用铲车纵向竖直取料，陈化 18h 后，磷石膏的 pH 值为 5.6，可溶磷含量为 0.14%，可溶氟含量为 0.04%，将其在 98℃的水热氯化钙溶液和媒晶剂柠檬酸钾作用下脱水反应 6h 制备得到晶形发育良好的短柱状 α 型半水石膏。以上实例数据见表 2-1。

实例汇总表　　表 2-1

	序号	1	2	3	4	5
磷石膏原材料参数	吸附水含量（%）	15	10	20	30	5
	干基二水硫酸钙含量（%）	95	93	92	98	95
	可溶磷含量（%）	0.88	1.02	0.98	0.68	0.92
	可溶氟含量（%）	0.45	0.21	0.42	0.76	0.69
	pH 值	3.4	2.7	2.2	5	4.1
电石泥渣参数	含水量（%）	60	80	50	15	30
	$Ca(OH)_2$ 含量（%）	95	90	93	98	95
电石泥渣预处理	磷石膏层厚度（cm）	50	100	40	30	60
	电石泥渣比例	2	2.5	3	0.5	1.5
	陈化时间（h）	6	8	24	12	18
处理效果	pH 值（%）	6.1	7	5	6.5	5.6
	可溶磷含量（%）	0.17	0.02	0.32	0.09	0.14
	可溶氟含量（%）	0.05	0.01	0.07	0.02	0.04
常压水热反应	水热溶液	氯化钙	氯化钙	氯化钙	氯化钙	氯化钙
	水热温度（℃）	95	98	98	98	98
	媒晶剂	丁二酸	柠檬酸	丁二酸钠	柠檬酸	柠檬酸钾
	反应时间（h）	6	6	5	6	6
产品参数	初凝时间（min）	6.5	5	5.5	6	5
	终凝时间（min）	15	16	14	13	14
	2h 抗折强度（MPa）	4.7	3.9	5	5.3	4.9
	绝干抗压强度（MPa）	34	32.2	35.7	32.6	37.9

相比传统的水洗法、石灰中和法等磷石膏预处理工艺，利用电石工业废弃物电石泥渣改性预处理磷化工废弃物磷石膏，再基于常压水热法制备高强 α 型半水石膏具有“以废治废”、高效和针对性更强的特点，非常符合国家可持续发展的战略需求，具有良好的市场前景。

2.4 磷石膏综合改性

2.4.1 改性技术原理

二水磷石膏受热脱水过程中，根据条件不同，可得到性能和结构不同的半水

石膏和无水石膏的五个相、七个变体，分别是：二水石膏（$CaSO_4 \cdot 2H_2O$，DH）、半水石膏（α-$CaSO_4 \cdot 1/2H_2O$，和 β-$CaSO_4 \cdot 1/2H_2O$，α-HH 和 β-HH）、Ⅲ型无水石膏（α-$CaSO_4 \cdot$ Ⅲ和 β-$CaSO_4 \cdot$ Ⅲ，α-AⅢ和 β-AⅢ）、Ⅱ型无水石膏（$CaSO_4$ Ⅱ，AⅡ）Ⅰ型无水石膏（$CaSO_4$ Ⅰ，AⅠ），具体见式 2-1。

$$CaSO_4 \cdot 2H_2O \xrightarrow{160\text{–}170℃} \left\{ \begin{matrix} \text{蒸压} \quad \alpha\text{-}CaSO_4 \cdot \frac{1}{2}H_2O \xrightarrow{<240℃} \alpha\text{-}CaSO_4(III) \\ \text{常压} \quad \beta\text{-}CaSO_4 \cdot \frac{1}{2}H_2O \xrightarrow{<240℃} \beta\text{-}CaSO_4(III) \end{matrix} \right\} \xrightarrow{>350℃} CaSO_4(II) \rightleftharpoons CaSO_4(I) \tag{2-1}$$

由图 2-7 可以看出，半水硫酸钙主要有 α 型和 β 型两种。半水石膏与水拌和的浆体重新形成二水石膏，在干燥过程中迅速凝结硬化，但遇水则软化。

根据我国国家标准 GB/T 9776—2008 规定，建筑石膏是以天然石膏或工业副产石膏经脱水处理制得的 β 型半水石膏为主要成分，不预加任何外加剂的粉状胶结料，主要用于制作石膏建筑制品。其中半水硫酸钙的质量分数不应小于 60%。按照原材料又可将建筑石膏分为天然建筑石膏（N）、脱硫建筑石膏（S）、磷建筑石膏（P）三大类。

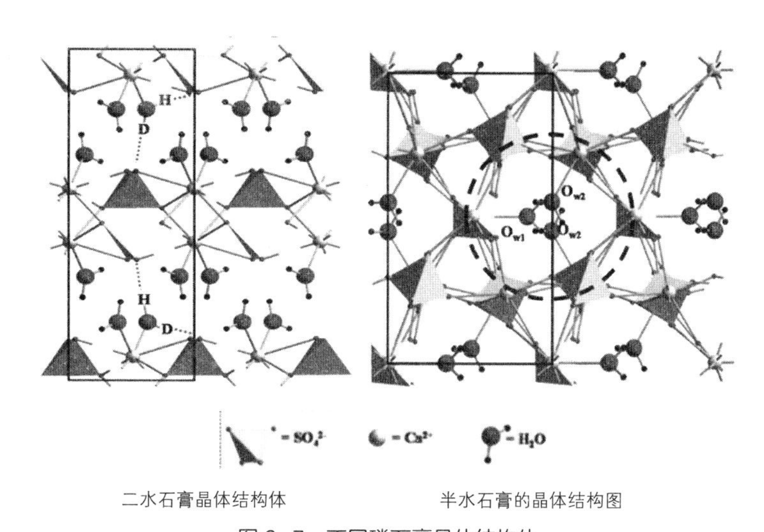

二水石膏晶体结构体　　　　半水石膏的晶体结构图

图 2-7　不同磷石膏晶体结构体

2.4.2　改性技术简介

由于磷石膏制品存在绝对强度值低及耐水性差的缺点，限制了其发展和应用。国内外对磷建筑石膏的增强改性进行了大量的研究，根据改性材料的类型，可大致将改性分为以下三类：

1. 水硬性胶凝材料改性

现有研究表明，通过各系列的水泥增强磷建筑石膏，可以提升其长期耐久性，提高石膏的耐水性以及后期强度值。在掺入水泥改性磷建筑石膏后，后期使用阶段若硫酸钙与未完全水化的水泥反应生成延迟钙矾石，将导致产品的内应力增大，可能产生局部裂纹。

2. 缓凝剂改性

磷建筑石膏凝结硬化快，往往不能满足材料成型的要求，因此需要选用合适的缓凝剂调节浆体的凝结时间，使其能够满足成型要求。磷建筑石膏常用的缓凝剂为有机酸及其可溶盐、碱性磷酸盐以及大分子蛋白质类。不同学者针对缓凝剂的吸附及缓凝机理进行了分析，根据缓凝剂阴离子与石膏晶体生长过程中对 Ca^{2+} 的影响关系，缓凝剂的主要作用在以下几个方面：降低半水石膏溶解度及减缓溶解速率、吸附在石膏晶核降低表面势能、阻碍晶核生长。

3. 有机高分子憎水剂和纤维增强改性

石膏制品耐水性差，除利用水硬性材料改性外，还可以利用憎水材料与磷石膏复合搅拌，使其在内部形成防水层以提升耐水性。采用聚乙烯醇乳液改性磷建筑石膏，石膏毛细孔由亲水性转变为憎水性，且聚乙烯醇可形成的缩水凝胶在毛细孔中形成网膜进一步提升耐水性。不同长度玻璃纤维增强磷石膏材料的强度，当一定长度的玻纤体积掺量达到合适量后可使得其强度提升最大，抗折强度也提升，同时还能够有效提升磷石膏材料的耐水性。

2.4.3 半水石膏水化硬化机理及影响因素

1. 硬化机理

半水石膏首先溶解形成不稳定过饱和溶液。半水石膏的饱和溶解度远大于二水石膏的饱和溶解度，溶解出的 Ca^{2+} 离子与 $SO4^{2-}$ 离子容易达到二水石膏的过饱和度，所以在半水石膏溶解液中二水石膏的晶核会自发地形成和长大。由于二水石膏的析出，破坏了原有半水石膏的溶解平衡，半水石膏颗粒将进一步溶解，以补偿因二水石膏析晶而在液相中减少的硫酸钙含量，如此不断进行，直至半水石膏颗粒完全水化为止。

石膏晶体的形成遵循晶核与结晶生长定律。一旦溶液达到过饱和，就可得到最先生成的二水石膏沉淀物，以非常细小的晶体和剩余的水形成局部团聚物的形态出现。随着晶体进一步生长，这些“成团物”的取向性也相应增大，形成了长直的二水石膏晶体。二水石膏的生长环境不同，可以生成针状、棒状、板状、片状等不同形态。一般认为针状二水石膏晶体能产生有效搭接，对石膏的抗折强度非常重要，短柱状的二水石膏晶体能产生较大的抗压强度，但对抗折强度的作用很小，而板状、片状、层状晶体结构相对松散，对力学强度不利。

半水石膏与水接触后，迅速发生水化反应，由半水硫酸钙转化为二水硫酸钙，但仅形成水化产物，浆体并不具备一定的强度，只有当水化产物晶体互相连生形成结晶结构网时，浆体才能硬化具有一定的强度。石膏浆体的强度发展通常可分为两个阶段：

第一阶段，在石膏浆体中形成凝聚结构。此阶段，石膏浆体中的微粒彼此之间存在一个水的薄膜，粒子之间通过水膜以范德华分子引力互相作用，具有低的强度。但这种结构具有触变复原的特性。

第二阶段，结晶结构网的形成和发展。在这个阶段水化物晶核大量生成、长大以及晶体之间互相接触和连生，在整个石膏浆体形成一个结晶结构网，使其具有较高的强度，并不再具有触变复原的特性。

在正常干燥条件下，已经形成的结晶接触点保持相对稳定，结晶结构网完整，所获得的强度相对恒定；若结构处于潮湿状态，在结晶接触点的区段，晶格不可避免地发生歪曲和变形，使它与规则晶体比较，具有高的溶解度，容易造成产生接触点的溶解和较大晶体的再结晶。伴随着这个过程的发展，产生石膏硬化体结构强度的不可逆降低。

2. 影响石膏硬化的因素

石膏硬化浆体的性质主要决定于三方面，即：水化新生成物晶体颗粒之间互相作用力的性质；水化新生成物结晶粒子之间结晶接触点的数量与性质；硬化浆体中空隙的数量以及孔径大小的分布规律。基于上述性质，影响石膏硬化的主要因素如下：

（1）网格结构

石膏硬化浆体中的网状结构可以分为两类：一类是以范德华分子力的相互作用而形成的凝聚结构；另一类是粒子之间通过结晶接触点以及化学键相互作用而形成的结晶结构。前者具有很小的结构强度，后者具有较高的结构强度。石膏浆体硬化初期形成凝聚结构，此时水化颗粒表面被水薄膜所包裹，粒子之间是范德华分子力相互作用，故强度较低。在石膏浆体结构形成过程中，如果使已形成的结晶结构网受到破坏（这种破坏可以是由于外力引起的，也可以是由于内应力引起的），此后，若浆体中半水石膏进一步水化，不能形成足够的过饱和度，又不能建立新的结晶结构网而使粒子之间重新达到以结晶接触相结合的程度，则水化物粒子之间只能是以分子力相互作用而使制品强度降低。

（2）结晶接触点

结晶接触点的性质和数量也是石膏浆体的一个很重要的结构特征，石膏硬化浆体在形成结晶结构网后的许多性质由接触点的特性和数量所决定。一方面石膏硬化浆体的强度由单个接触点的强度及单位体积内接触点的多少所决定；另一方面，由于结晶接触点在热力学上是不稳定的，在潮湿的环境中会产生溶解和再结晶，因而又会削弱结构强度，而且结晶接触点的数目愈多，接触点尺寸愈小，接触点晶格变形愈厉害，引起的结构强度降低也可能越大。这里，所指的接触点的性质，主要指的是晶格变形的程度以及掺杂的情况，它们决定了结晶接触点的强度和溶解度。

（3）原始胶结材料溶解度及其溶解的总速度

结晶体的成长而创造的条件越好（过饱和程度及总反应速度较低），则降低结构强度的应力就越大。相反，对于生成新结晶胚芽的条件和胚芽之间的接触条件越好（过饱和程度及总溶解速度较高），则应力就越小。为了得到较高的结构强度，必须具有水化的良好条件，以保证在结晶结构的形成和发展时所伴随着的最小应力之下，产生有足够数量的新生成物。

（4）外加剂

晶体交织结构是获得强度关键因素，然而，外加剂改变了成核和晶体生长过程和微观结构从而降低了硬化体的物理化学性能。另外，水化的环境条件如产品中所含的杂质、水化环境中的杂质以及水化、反应温度等都可能对二水石膏结晶过程和性能影响方面产生影响。

（5）杂质对水化的影响

原矿中含有许多杂质，主要有碳酸盐类（石灰石、白云石等）、硫酸盐类（硬石膏等）和黏土矿物类（高岭石、蒙脱石、伊利石等），还含有少量的石英、长石、云母、黄铁矿、有机质，以及含 K^+、Na^+、Cl^- 等离子的易溶盐类，这些杂质的种类和相对含量会对石膏性能产生很大影响。碳酸盐类杂质在石膏的煅烧温度范围内都是惰性物质，本身密实度大。黏土矿物类杂质遇水容易软化和变形。硫酸盐类杂质因水化速度缓慢，含量高时，降低早期强度，但对后期强度有益。许多杂质的存在增大了拌和需水量，使强度降低。

α 型半水石膏与 β 型半水石膏大约在同一时间完成水化反应，但 α 型半水石膏的诱导期短和具有较慢的二水相沉淀速度。诱导期是由半水石膏的溶解控制，而二水石膏的沉淀速度是由成核过程控制的，一般认为诱导期与成核速率成反比。由于 α 型半水石膏的水化产物是由相对短而粗硬的针状且较高程度的晶体搭接，α 型半水石膏水化凝结产物的结晶形貌是半水石膏水化过程中较低沉淀速率，α 型半水石膏的凝结比 β 型半水石膏凝结快，有较高的初始和最终强度。

2.4.4 改性剂

磷石膏建材功能改性剂按其主要作用和用途基本分为：缓凝、促凝、增稠、增塑、保水、减水、增强、耐水、发泡、消泡、增柔、抗裂等，其中以缓凝剂、保水剂用得最多。相应的，改性剂主要有：转晶剂、缓凝剂、促凝剂、减水剂、保水剂、低膨胀剂、激发剂、胶黏剂、防水剂、引气剂、消泡剂、润滑剂、增稠剂、抗徐变剂等，以下将重点介绍减水剂、缓凝剂和保水剂。

1. 减水剂

添加减水剂可以在水膏比不变的情况下提高石膏（磷石膏）浆体的流动性，或者在保持流动性不变的情况下减少需水量。当添加减水剂降低了标准稠度需水量时，在石膏结晶后因水分蒸发形成的孔隙率减少致使密度增加，从而强度提高。另外，减水剂还会改善石膏晶体的结晶性状，在保持流动度相同的情况下，加入减水剂后石膏硬化体晶体结构中针状晶体减少，且有大量结构较完整的柱板状致密晶体及无定形胶凝状物质生成，晶体长径比减小，晶体间结点增多且接触点发育良好，相互搭接得更为紧密，形成较完整的结晶网络系统，从而改善石膏硬化体的力学性能，使其强度得以提高。

根据化学成分的不同，目前常用的普通减水剂主要有：木质素磺酸盐系、羟基羧酸盐系、糖蜜类和腐殖酸类等。其中，羟基羧酸盐系和糖蜜类减水剂具有强烈的缓凝作用，所以可作为缓凝剂。高效减水剂主要有：萘系（β 萘磺酸盐甲醛缩合物）、甲基萘系、蒽系、古马隆系、三聚氰胺系、聚羧酸系、氨基磺酸盐系等。其中萘系、甲基萘系、蒽系、古马隆系主要生产原料来自煤焦油，又称为煤焦油系减水剂；多羧酸系是新一代高效减水剂，可适用于石膏建材，有效地克服石膏浆体流动度的经时损失。

当加入减水剂后，由于减水剂分子能定向吸附于石膏颗粒表面，使颗粒表面带有同一种电荷（通常为负电荷）形成静电排斥作用，促使颗粒相互分散，絮凝结构解体，释放出被包裹部分水，参与流动，从而有效地增加拌合物的流动性，大量减少 β 型半水石膏的需水量。

单一的减水剂的添加并不能够使整个反应达到需要的效果。需要在拌合物中增加 2 ~ 3 种化学性质较为活跃的离子（即激发物）来增强减水剂的静电排斥能力。通过反复多参照组的实验发现，当适量的减水剂与不同比例的离子相互混合，能够使 β 型半水石膏的标准用水量达到最低，最终石膏制品检测抗压强度完全符合建筑墙体的抗压强度要求（图 2-8）。

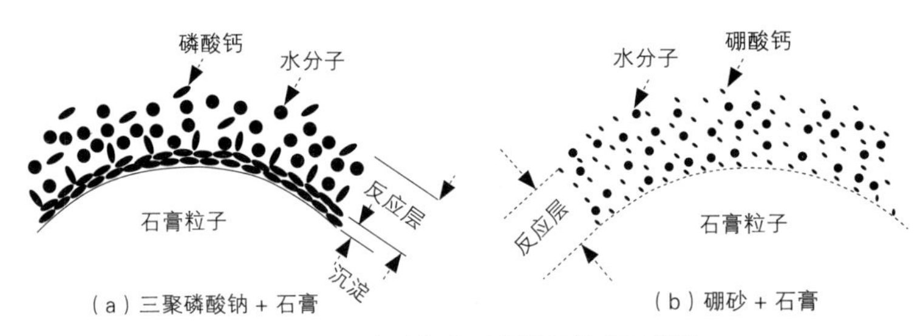

图 2-8　石膏胶凝体系的调凝机理示意图

半水石膏的硬化体强度来源于其水化过程中生成的二水石膏之间的交错连接，实际半水石膏水化的水的作用如下：一部分水的作用是参与水化过程，100g 的半水石膏需要约 18.6g 水进行水化反应；另一部分水的作用是使料浆具有一定的流动性，从而获得必要的工作性，但是此部分水在硬化过程中会逐渐蒸发，在硬化体内部留下孔隙，对整体强度不利。标准稠度用水量是影响石膏类胶凝材料硬化体强度的重要因素，一般来说，较低的标准稠度用水量会导致硬化体内部形成较低的孔隙率且大孔比例较小，而这种孔结构的改变会显著提高其强度及耐水性。掺加适量的减水剂便会显著降低标准稠度用水量，从而起到优异的增强效果（见式 2-2 和图 2-9）。

$$\alpha-CaSO_4 \cdot 0.5H_2O + 1.5H_2O \rightarrow CaSO_4 \cdot 2H_2O \quad (2-2)$$

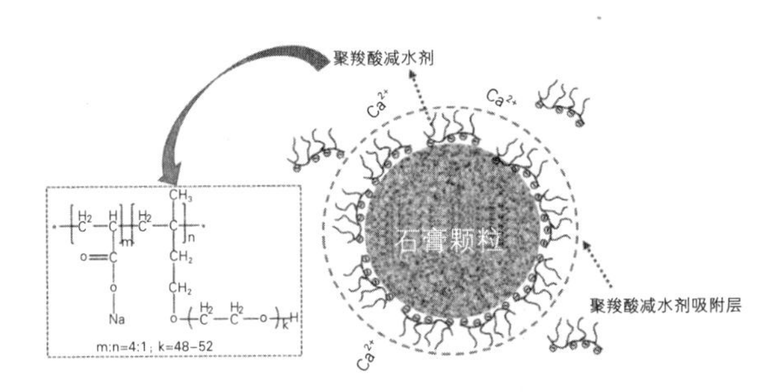

图 2-9　石膏胶凝体系的高效增强机理示意图

2. 缓凝剂

目前常用的缓凝剂主要有三类，即有机酸及其可溶盐类、碱性磷酸盐类和蛋白质类。有机酸类缓凝剂主要有柠檬酸、柠檬酸钠、酒石酸、酒石酸钾、丙烯酸及丙烯酸钠等，其中研究最多、效果最好的属于柠檬酸及其盐在掺量很小时即可达到较强的缓凝效果。碘酸盐类缓凝剂主要有六偏磷酸钠、多聚磷酸钠等。蛋白质类缓凝剂包括骨胶、胨等。

石膏缓凝剂在缓凝的同时会不可避免地给石膏硬化体的强度带来负面影响。

一般来说，缓凝时间越长，强度降低幅度越大。如常用的柠檬酸混凝剂，使石膏初凝时间延长至 10 倍时，其强度损失超过 40%。相比之下蛋白质类缓凝剂对石膏强度的损伤较小。强度降低的原因与缓凝剂的作用机理有关。缓凝剂使二水石膏晶体粗化、晶体搭接削弱、硬化体空隙变大、孔径分布恶化。蛋白质类缓凝剂与其他缓凝剂的不同之处在于蛋白质类缓凝剂的缓凝作用来源于蛋白质胶体的吸附和胶体保护作用，其对二水石膏的晶体形貌影响相对较小，强度损失较小。

对于不同类型的缓凝剂，其作用机理有所不同。有机酸类缓凝剂的作用机理是一方面有机酸钙沉淀于半水石膏粒子表面，另一方面是有机酸与钙离子形成环状整合物，阻碍半水石膏颗粒的进一步溶解与水化，从而达到缓凝作用。磷酸盐等无机盐类缓凝剂的作用机理是在半水石膏粒子表面形成不溶性钙盐沉淀薄膜，阻碍半水石膏的进一步溶解，从而降低液相过饱和度，使凝结硬化受阻。对于蛋白质或蛋白质水化物之类的缓凝剂，缓凝作用在于吸附于二水石膏颗粒表面，形成保护性胶体阻碍半水石膏的水化。

磷石膏作为一种副产物，具有多种性质不同的杂质。如磷石膏中未分解的磷矿即无机态的磷，会优先溶于水，形成游离态的磷离子，从而对整个拌和物的带电粒子产生影响，促进胶体的沉降反应。而有机酸等物质则对拌和物的 pH 值产生影响。有机酸作为一种缓凝剂，其对石膏作用效果的影响因素包括：水膏比、温度、pH 值、石膏颗粒细度、石膏种类等。在这种杂质较多变、较复杂的情况下，既要将石膏的凝结时间控制在一个适合大量生产范畴中，又能够保证水化反应的产物质量稳定，是一个非常困难且复杂的过程。

此外，溶液 pH 值对缓凝剂，尤其是羟基羧酸盐类缓凝剂的作用效果有很大影响。研究表明，每一种缓凝剂都有一个最佳作用效果的 pH 值范围，调节合适 pH 值有利于发挥缓凝剂的最佳作用效果。现有研究表明，石膏缓凝剂在不同的 pH 值下，缓凝效果具有很大差别，有些缓凝剂在中性条件下几乎无明显缓凝效果，调节 pH 值后却效果优良。蔗糖在 $Ca(OH)_2$ 存在时，对熟石膏有明显缓凝作用，在中性和酸性的水化环境下，蔗糖对石膏并无明显的缓凝效果。当 pH 值为 7 ~ 10 时，掺加柠檬酸的石膏凝结时间最长；pH 值低于 7 时，凝结时间比 7 ~ 10 阶段要短。添加多聚磷酸钠后，当 pH 值小于 7.7 时，凝结时间与 pH 值基本无关；当 pH 值为 7.7 ~ 10.9 时，凝结时间随 pH 值增加而延长。

石膏中掺入不同的缓凝剂，缓凝时间随掺量变化的规律各不相同。柠檬酸在掺量为 0.01% ~ 0.2% 时，石膏的缓凝时间随掺量变化的趋势比较平缓；当掺量大于 0.2% 时，石膏的缓凝时间随着掺量增加而突然增长；当掺量为 0.3% 时几乎达到阻止石膏凝结的效果。掺多聚磷酸钠的石膏凝结时间曲线与掺加柠檬酸的曲线变化规律相似，在掺量小于 0.1% 时，石膏的缓凝时间随掺量的增加变化不够明显；当掺量为 0.1% 时，缓凝时间随掺量变化骤然增长。骨胶蛋白质石膏缓凝剂不仅对石膏具有很强的缓凝作用，并且缓凝时间不因掺量的变化发生突变现象，凝结时间增长比较平缓，这一特性有利于控制石膏制品的生产。

3. 防水剂

石膏制品遇水易溶蚀，强度大幅度降低，其原因有三点：首先，石膏有很大的溶解度，在标准气温 20℃时，$CaSO_4$ 在水中的溶解度为 2.08g/L，这个数值是相同条件下水泥的 1000 倍左右。当受潮时，由于石膏的溶解，其晶体之间的结合力减弱，从而使强度降低。在流动水作用下，当水通过或沿着石膏制品表面流动时使石膏溶解并分离，此时的强度降低是不可能恢复的。其次，由于石膏体的微裂缝内表面吸湿，水分子生楔入作用，因此各个结晶体结构的微单元被分开，并降低其强度。再次，石膏材料的高孔隙也会加重吸湿效果，因为硬化后的石膏体不仅在纯水中，而且在饱和及过饱和石膏溶液中加荷载时也会失去强度。

石膏防水剂的作用途径主要有两条：一条是通过降低溶解度，提高软化系数；另一条是降低石膏材料的吸水率。降低吸水率可以从两个方面进行：一方面是提高石膏硬化体的密实度，即用减少孔隙率和减少结构裂缝的方法来降低石膏的吸水率，以提高石膏的耐水性；另一方面是提高石膏硬化体的表面能，即用可使孔隙表面形成憎水膜的方法来降低石膏吸水率。

减少孔隙率的防水剂通过堵塞石膏的微细孔隙，提高石膏体的密实度。减少孔隙率的外加剂很多，如：石蜡乳液、沥青乳液、松香乳液以及石蜡沥青复合乳液等。这些防水剂在适当的配置方法下对减少石膏孔隙率是有效的，但同时对石膏制品也带来不利的影响。

改变表面能的防水剂最典型的为有机硅。它能浸润每一个孔隙的端口，在一定长度范围内改变表面能，因而改变与水的接触角，使水分子凝聚在一起形成液滴，阻截了水的渗入，达到了防水目的，同时保持了石膏的透气性。该类防水剂的品种主要有：甲基硅醇钠、硅酮树脂、乳化硅油等。当然，这种防水剂要求孔隙的直径不能过大，同时它不能抵挡压力水的渗入，不能从根本上解决石膏制品长期的防水、防潮问题。

不同品种的防水剂按不同的作用方式在石膏硬化体中发挥它们的防水功能，基本上可归纳为以下三种方式：

（1）降低石膏硬化体的溶解度，提高软化系数，使硬化体中溶解度大的二水硫酸钙部分转化为溶解度小的钙盐。

（2）生成防水膜层，堵塞硬化体中的微细毛细孔道。例如，掺入石蜡乳液、沥青乳液、松香乳液以及石蜡松香复合乳液、改进的沥青复合乳液等。

（3）改变硬化体的表面能，使水分子成凝聚状态而不能渗入毛细孔道内。例如，掺入各种有机硅防水剂，包括多种乳化硅油。

以无机铝盐防水剂为例，这种防水剂中的铝离子是一种非常活跃的金属离子，它会优先和拌合物中的水发生化学反应，从而形成一种絮状的白色不溶物——氢氧化铝，而这种不溶物填补了石膏的微隙和孔洞，使水与石膏的接触面减小，从而起到一定的耐水作用。加入的水硬性成分水化后形成水化硅酸钙凝胶，能起包裹并保护石膏晶体的作用，使硬化的石膏混合胶结料略具水硬性。

磷石膏自身的溶解度以及在原料磷石膏中含有较多的水溶性无机磷、氟化物等，会对耐水性产生不良的影响。氟化物遇水会形成氢氟酸这种弱酸或者酸式盐，对板材产生腐蚀，破坏原有的晶体结构，使结构的耐水性降低。国内的科研人员采用有机材料与无机材料相结合的方法，即以聚乙烯醇与硬脂酸共同乳化所得的有机乳液防水剂为基础，同时添加由明矾石、萘磺酸盐醛类缩合物组成的盐类防水剂，复合制成了一种新型的石膏复合防水剂，该石膏复合防水剂能直接与石膏和水混合，参与到石膏的结晶过程中，获得较好的防水效果。

有研究表明，掺入钢渣、粉煤灰等工业废渣，可改善石膏基胶凝材料的耐水性能，提高其强度。同时，所掺工业废渣可替代部分石膏，利废环保、改性增强。粉煤灰等替代石膏后，由于其自身基本无水化活性，仅能发挥“微集料”和“滚珠效应”的物理作用，故其掺量大于 30% 后，力学性能显著下降，孔径粗化，吸水率增加，最终影响石膏拌合物耐水性。水泥水化活性较高，当重新浸泡在水中后，未水化的水泥继续水化，产生更多水化硅酸钙（C-S-H）凝胶及钙矾石（AFt）等低溶解度水化产物，细化孔径，降低吸水率，明显增强石膏拌合物耐水侵蚀性能。

研究发现，掺入粉煤灰和水泥均可提高制品软化系数，后者效果更明显，这主要是二者水化反应活性差异造成，吸水率变化与软化系数有一定相关性，但不是线性相关。通过大量的对照试验，即在 β 型半水石膏中掺入一定比例水硬性胶凝材料，与 3 ~ 4 种复合矿粉形成对照组，相互参照，并且通过化学离子的激发作用，大大提高了石膏制品的耐水性能，多次实验后，最后得出的成品，经检测软化系数能够达到 0.6，完全达到国家标准。

4. 新型石膏改性剂

一种新型的磷石膏改性剂，在掺量最小的情况下，保证了磷石膏隔墙板的各项物理指标达到《建筑用轻质隔墙条板》GB/T 23451—2009 要求，使每平方米隔墙板的磷石膏的掺配比达 85%。

该技术研究通过添加不同的添加剂，分别制备成建筑石膏、不同建筑石膏和改性剂组成的 3 种试样，每种试样各制备 3 块，用于强度、凝结时间、软化系数测试平均值，最终根据实验结果得出改性剂掺配比和不同建筑石膏比对石膏条板性能的影响关系，如表 2-2 所示，研究结果表明：

（1）添加改性剂可使不同建筑石膏的凝结时间、标准稠度用水量得以控制。

（2）建筑石膏二水硫酸钙含量越高改性剂掺量越低。

（3）添加改性剂有效提高试样干、湿状态强度和软化系数。

建筑石膏与改性剂参配比性能对比表　　表 2-2

试样	建筑石膏（净浆）	建筑石膏（二水硫酸钙含量 80%～85%）+ 掺入改性剂	建筑石膏（二水硫酸钙含量 > 85%）+ 掺入改性剂
改性剂添加量（%）	0	2.6	1.8
标准稠度用水量（%）	70	54	54
初凝时间（min）	04′ 00″	06′ 30″	06′ 10″
终凝时间（min）	06′ 00″	18′ 00″	17′ 30″
2h 试条抗折强度（MPa）	2.5	3	3.2
2h 试条抗压强度（MPa）	5.2	6.5	6.8
28d 试条抗折强度（MPa）	3.5	4.5	4.6
28d 试条抗压强度（MPa）	7.2	12.8	13
72h 饱和浸水湿抗压强度（MPa）	2.6	8.6	8.7
软化系数	0.3	0.62	0.62

第 3 章　磷石膏墙板及自流平技术

3.1　磷石膏墙板综合技术

3.1.1　磷石膏墙板防水技术

磷石膏墙板防水方式有两种，即内防水和外防水两种方式。内防水是在石膏墙材生产过程中，将无机或有机防水材料加入石膏中，提高最终产品自身防水性能。外防水是在石膏墙体外部涂刷一层防水涂料。

1. 内防水技术

将水泥、煤灰渣、明矾石和矿渣等无机水硬性材料外加剂掺入磷石膏中，通过与磷石膏的混合水化，在硬化过程中形成填充二水石膏晶体间隙的硫铝酸钙、水化硅酸钙和钙矾石等水化产物，在降低二水石膏溶解度的同时提高磷石膏的内部密度，增强抗水性。该方法对提高磷石膏的抗水性具有明显的效果，但会造成磷石膏硬化体色泽度的降低，降低产品的美观效果。石蜡乳液、松香乳液、硬脂酸乳液和石蜡沥青乳液等是内掺型防水剂中的有机防水材料，利用表面活性剂和外界条件作用，将不溶性的物质乳化成极小且均匀的颗粒，并分散在水中形成连续相乳液。有机颗粒对磷石膏硬化体结构毛细血管和微孔壁具有良好的填充效果，从而提高石膏硬化体的疏水性。二水石膏和细微网络中的疏水有机物会在磷石膏硬制品遇水时起到防水作用，对毛细管的渗水情况进行阻碍，达到防水的目的。

2. 外防水技术

将丙烯酸、聚氨酯等有机高分子防水涂料涂于磷石膏制品的表面，使其形成致密的疏水膜，将制品与外界水隔开，实现磷石膏的防水目的。但是要注意疏水膜的缺陷，疏水膜在未干燥时容易产生起皮脱落的现象，在干燥的过程中容易发生氧化、老化。如果没有严格检查制品表面是否存在损坏，就会使石膏受到水的侵蚀，降低强度与膜的作用，影响防水效果。另外还可以利用盐水浸泡磷石膏制品，形成碳酸钙、磷酸钙、草酸钙等防水层，由于这些物质都具有不溶于水的特性，因此可以达到防水的目的。但是这种方法只是在磷石膏的表面进行，缺乏对磷石膏防水功能的根本性提高，利用价值较低。

3. 国内外防水技术研究结果

目前，国内外关于两种防水技术的研究均不成熟，表 3-1 整理了部分文献给出的石膏防水研究结果。从研究结果来看，外防水在温度变化的冻融过程中易于剥落，内防水方式防水效果不佳或严重影响材料自身强度。

国内外石膏防水性能研究结果　　表 3-1

作者 / 厂家	防水剂	防水方式	添加量 /%	效果
陈莹	石蜡和硬脂酸	有机内防水	5	24h 软化系数 0.65
Colak	丙烯酸乳液	有机内防水	5	浸泡 7d 后软化系数 0.3
	环氧树脂乳液	有机外防水	–	1mm 厚涂层试样泡水 7d 强度基本不变
毋博	硬脂酸 – 聚乙烯醇有机乳液	有机内防水	5	24h 软化系数 0.78
刘民荣	石蜡乳液	有机内防水	5	24h 吸水率 7.8%、软化系数 0.87
关淑君	硅铝酸盐	无机内防水	30	24h 吸水率 25%、软化系数 0.6
刘晨光	甲基硅醇钠	有机外防水	–	120h 未沉入水底
蓝图	有机硅、盐类、PVA 复合乳液	有机 + 无机内防水	1	24h 吸水率≤ 5%、软化系数≥ 0.85

4. 防水机理

石膏水化硬化后，多余的自由水就会挥发掉，在石膏内部留下大量的微孔，造成了石膏材料良好的天然吸水性。液体如果能够润湿固体表面（$\theta < 90°$），就会通过毛细作用渗入到多孔固体材料内部；反之，则需要一定的外加压力才能渗入。由 Laplace 公式能够计算出液体渗入多孔固体材料内部所需的外加压力（式 3-1）。

$$\Delta P=\frac{-2\gamma_{\mathrm{LG}}\cdot\cos\theta}{r} \quad (3-1)$$

式中：R——毛细孔半径；

γ_{LG}——液体表面张力；

θ——接触角；

ΔP——外加压力。

当 $\theta < 90°$ 时，$\Delta P < 0$，不需要外加压力液体就可通过毛细孔自动渗入到多孔固体材料内部；当 $\theta > 90°$ 时，$\Delta P > 0$，只有在一定的外加压力下，液体才能通过毛细孔渗入到多孔固体材料内部。

5. 新型防水技术

（1）防水机理

有机硅防水剂防水机理如图 3-1 所示，采用有机硅防水剂时，有机硅可以渗入到磷石膏内，它自身的 -Si-O-Si- 链与 -OH 会紧密结合在一起，在石膏内部孔隙表面形成一层表面张力很小的疏水薄膜，使水分无法渗入到孔隙中，从而达到良好的防水作用。甲基朝向外面，它的氢原子与水的氢原子相互排斥，使水分子难与水的氧原子接近，形成了一个甲基的相界面，产生了憎水的效果。

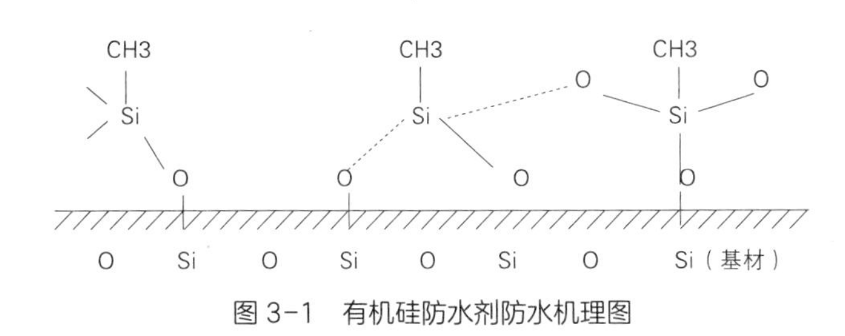

图 3-1　有机硅防水剂防水机理图

有机物防水剂掺入石膏浆体后，随着水分的消耗和蒸发，有机高分子物质在石膏制品中逐渐形成具有阻水作用的不规则网膜，填充到石膏晶体间的孔隙之中，从而可以降低体系的孔隙率，提高石膏制品的防水性能和强度。

（2）工艺流程

本工艺流程如下：

1）建筑磷石膏备用；

2）将聚乙烯醇溶于 3/4 的水中备用；

3）将有机硅油乳液用剩余的水稀释备用；

4）将建筑磷石膏、灰钙粉、水泥、玻璃微珠、高效减水剂、盐类防水剂及引气剂混合均匀；

5）在搅拌条件下加入各组分，搅拌 1 ~ 3min 形成浆料，将浆料倒入模具，硬化后得到磷石膏砌块毛坯。磷石膏砌块毛坯出模后，在自然条件下保养至含水率达 8% 以下，经质检、包装后入库。

因为目前大部分减水剂的适宜酸碱度为弱碱性或碱性，需先对磷石膏进行预处理。按比例先将石灰加入磷石膏中搅拌均匀，将磷石膏 pH 值调节至 8 ~ 9，之后加入减水剂和增强剂将石膏粉搅拌均匀，按水灰比将一定比例的复合防水剂加入水中，搅拌均匀，再加入石膏混合物，搅拌 1min，将搅拌好的浆料倒入模具中，脱模，干燥。

3.1.2 磷石膏墙板防火技术

磷石膏隔墙板在受热过程中，其内部二水硫酸钙（$CaSO_4 \cdot 2H_2O$）会吸热转变为无水硫酸钙（$CaSO_4$），同时释放水蒸气，进而起到防火的功能。在磷石膏轻质隔墙板的基础上，进一步通过产品研发，增强磷石膏轻质隔墙板的防火性能，将有望使其应用于对防火性能有较高要求的一级防火环境中，使其应用范围进一步得到扩展，扩大工业副产磷石膏消耗。

目前，国内外对磷石膏的耐火性研究主要集中于纸面石膏板，而针对磷石膏内隔墙板耐火性研究较少。日本发明一种高效防火纸面石膏板，耐火性达到了日本工业标准。澳大利亚研究人员对轻钢石膏板非承重墙耐火性能开展了试验研究，完成了轻钢石膏板复合板和框架墙一系列小型耐火试验。研究结果表明，无论钢护套是在内部，还是在外部或内外均有钢护套，都可以提高石膏板和轻钢石膏板框架墙的耐火性能。

1. 防火机理

磷石膏墙板原料中含有大量的二水石膏，其化学结构式是有二个结晶水的硫酸钙晶体，其分子式为 $CaS0_4 \cdot 2H_2O$。当遇火温度在 65℃时，石膏制品会先启动第一道防线，即二水石膏释出结构水，吸收少量热量，可降低周边温度，提高墙板耐火极限。当继续升温至 170 ~ 190℃时，石膏将启动第二道防线，二水石膏将脱水变为半水石膏，即产生防火一级方程式（式 3-2）。

$$CaSO_4 \cdot 2H_2O \rightarrow CaSO_4 \cdot \frac{1}{2}H_2O + 1\frac{1}{2}H_2O \tag{3-2}$$

由式 3-2 看出，在该反应中，不仅可以析出水，吸收大量的分解热，而且在石膏板面与火焰之间形成一道保护气膜，防止温度升高。此过程中 1000kg 磷石膏能够析出 150kg 的水分，反应完成之前，平均温度始终低于 150 ~ 160℃。

一旦第二道防线被攻破，随即会启动第三道防线，即温度继续升高到 220℃时，半水石膏则继续脱水变无水石膏，即产生防火二级方程式（式 3-3）。

$$CaSO_4 \cdot \frac{1}{2}H_2O \rightarrow CaSO_4(III) + \frac{1}{2}H_2O \tag{3-3}$$

此过程中 1000kg 磷石膏能析放出 50kg 水分，但只要二级方程式还进行着，平均温度始终低于 200℃。

石膏材料的优势使得石膏制品本身已具备优异的防火性能。例如普通 10mm 厚纸面石膏板耐火极限可达到 1h，而 100mm 厚磷石膏墙板面层最薄处耐火极限

可达到 2h 以上。但若将传统磷石膏建材耐火极限从 2h 左右提升至 4h 以上，则需要在磷石膏中加入一定比例的耐 1200℃的耐火材料，但耐火材料的添加会增加制作成本。

2. 磷石膏调凝剂改性增加防火性能

通过对磷石膏加入调凝剂进行改性，控制其水化凝结时间，改善了石膏制品成型后的密度及强度，达到水泥制品的高强性能，并且通过密度及强度的改善延缓碳化过程，可提高磷石膏墙板耐火极限。

3. 成模块化阻隔防火技术

该技术是将磷石膏面层板与复合发泡水泥芯板、隔层和模块微型隔断，形成模块化阻隔防火结构和材料特性防火。发泡水泥边缘均匀设置有贯通磷石膏材质的数道肋，这样的设置使得隔墙板增加了承重性能，双面加设抗折弯耐酸碱网格布，结构更稳定可靠。此外，在生产过程中，添加优选 15mm 的耐酸碱玻璃纤维与石膏浆体均匀搅拌，模具浇筑成型，在石膏收缩的同时保证整体体积不变，并将石膏板芯材拉结在一起增强了整体性，从而极大提高了复合材料的防火性能，耐火极限达到 5h 以上。

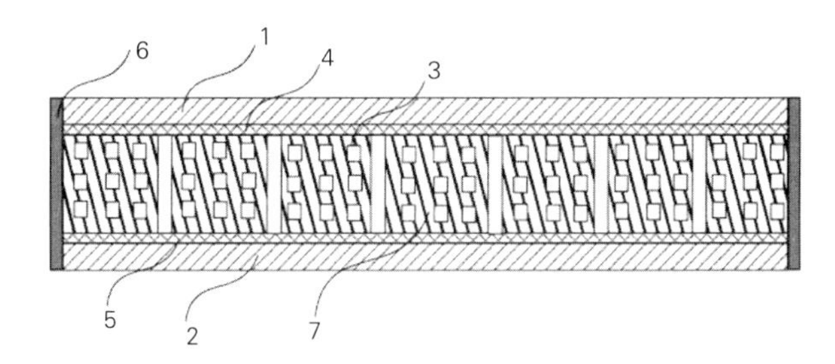

图 3-2　模块化阻隔复合结构高性能复合防火墙板示意图

模块化阻隔复合结构高性能复合防火墙板原理如图 3-2。该模块包括受火面层 1 和背火面层 2，受火面层 1 和背火面层 2 均为改性石膏层，受火面层 1 和背火面层 2 之间为芯板层，芯板层为数块发泡水泥板 3，受火面层 1 与所述芯板层之间设置有第一网格布 4，背火面层 2 与所述芯板层之间设置有第二网格布 5，防火复合隔墙板之间为粘结石膏层 6，发泡水泥板 3 相互间隔设置，间隔距离为 30mm，在发泡水泥板 3 上均匀设置有贯通发泡水泥板 3 的数道肋 7，肋 7 呈“田”字形分布，肋 7 与受火面层 1 或背火面层 2 平行。

该技术可用于防火性极端要求的特色场合应用，如大数据中心、特殊的工厂车间、特殊原料仓储及其他防火性能高的场地。

3.1.3 磷石膏墙板受力及变形分析

采取有限元软件 ABAQUS 计算超高层建筑中的磷石膏墙板在磷石膏板件在自重荷载、风荷载和八级地震作用下产生的应力和应变，得出磷石膏墙板在上述条件下自身的满足条件，通过墙板的设计、检测以及构造连接符合上述荷载的需求。

1. 风荷载计算

根据《建筑结构荷载规范》GB 50009—2012 中式 8.1.1-1：

$$W_k=\beta_z\times\mu_s\times\mu_z\times W_0 \tag{3-4}$$

式中：W_k——风荷载标准值；

β_z——高度 z 处的风振系数；

μ_s——风荷载体型系数；

μ_z——风压高度变化系数；

W_0——基本风压。

根据荷载规范，基本风压 W_0=0.3kN/m^2；风振系数 β_z=1.569；地面粗糙度为 C 类，则 100m 高度处的风压高度变化系数取 μ_z=1.50；考虑风压力时，风荷载体型系数取 μ_s=+0.8。计算得建筑 100m 高度处的风荷载标准值 W_k 为 0.565 kN/m^2，风荷载设计值 W 为 0.791kN/m^2。

2. 地震动加速度时程曲线

PEER 地震动数据库提供了大量的世界各地的地震记录，借助 PEER 的数据库，获得八级地震作用下的加速度时程曲线，如图 3-3 所示。

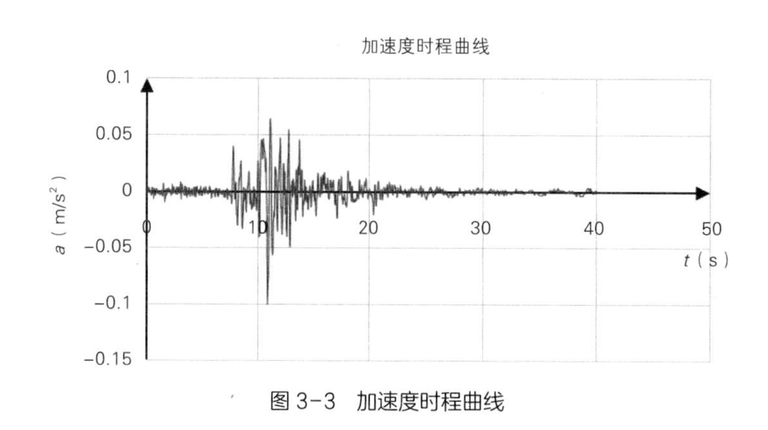

图 3-3 加速度时程曲线

3. 风载荷作用工况分析

通过 9 个模块，对风载荷作用下产生的应力和应变进行分析，具体如下：

（1）Part 模块

模型包括 4 根混凝土柱、8 根混凝土梁、2 块剪力墙板件和 4 块磷石膏板件，柱距 6m，各板件尺寸详见表 3-2 和表 3-3 所示。

构件尺寸　　表 3-2

编号	板件	宽（mm）	高（mm）	厚（mm）
1	剪力墙－长	5400	3000	200
2	剪力墙－短	2700	3000	200
3	磷石膏板－长	5400	3000	200
4	磷石膏板－短	2700	3000	100

构件尺寸　　表 3-3

编号	构件	长（mm）	宽（mm）	高（mm）
1	梁－长	5400	400	600
2	梁－短	2700	400	600
3	柱	6000	600	600

（2）Property 模块

采用广义胡克定律本构关系，将表 3-4 中的材料参数输入到 property 模块中。

材料参数　　表 3-4

	E（MPa）	ν	ρ（kg/cm^3）
磷石膏	600	0.1	750
混凝土 C35	31500	0.2	2500
混凝土 C40	32500	0.2	2500

（3）Assembly 模块

创建装配体（图 3-4）。

（4）Step 模块

共定义 4 个分析步，Step-1 为施加重力荷载 G，瞬时加上；Step-2 为施加风荷载 wind，瞬时加上；Step-3 分析步类型为“frequency”，用以提取模型的频率及振型（使用振型叠加法计算前需要先提取模型的频率及振型，ABAQUS

图 3-4　创建装配体

提供了 Frequency 分析步用于实现这一目的）; Step-4 分析步类型为“Modal dynamics”，即给模型施加地震加速度，时长为 40.94s。

（5）Interaction 模块

在接触模块中，设置磷石膏板件与外墙板件、横梁之间的接触为“surface to surface”类型，法向接触属性为“hard contact”，切向接触属性为“penalty”摩擦型，摩擦系数为 0.5。

（6）Load 模块

施加重力荷载，重力加速度取 -9.8N/kg，ABAQUS 根据输入的材料密度和构件尺寸自动计算所受重力大小。

考虑东北向来风，将风荷载 W=0.791kN/m^2 分解为 x 和 z 两个方向的分压力，分力大小为 0.559kPa，分别加在两个外墙板件上。

将加速度时程曲线数据值输入到 ABAQUS 中。

在“dyna”分析步中引入 Acceleration base motion 类型边界条件，为模型施加地震作用。

（7）Mesh 模块

划分网格后的模型如图 3-5 所示。

单元类型为 C3D8R，采用减缩积分。

（8）Job 模块

创建 Job 进行计算。

（9）Visualization 模块

自重荷载及风荷载工况分析

图 3-6 和图 3-7 对比发现风荷载施加后，图中箭头所指处的 Mises 应力由 39.8kPa 提高到 41.2kPa。图 3-8 和图 3-9 对比看出风荷载加上后，箭头所指板件的位移有明显增长，符合客观规律。

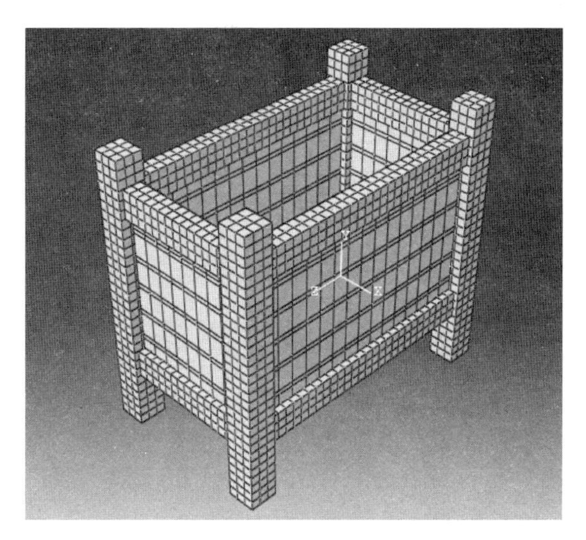

图 3-5　网格划分

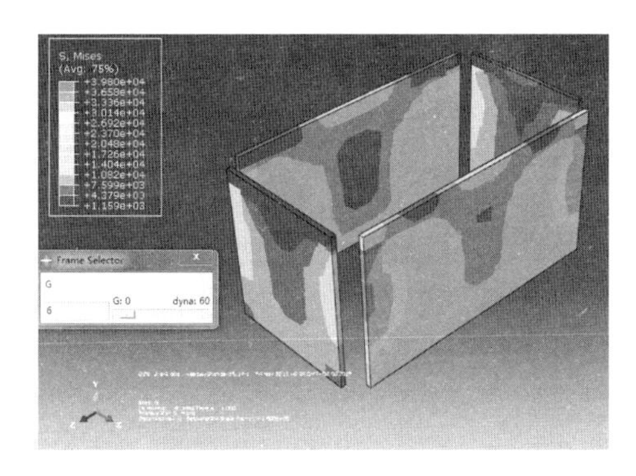

图 3-6　重力 G 作用下磷石膏板 Mises 应力云图

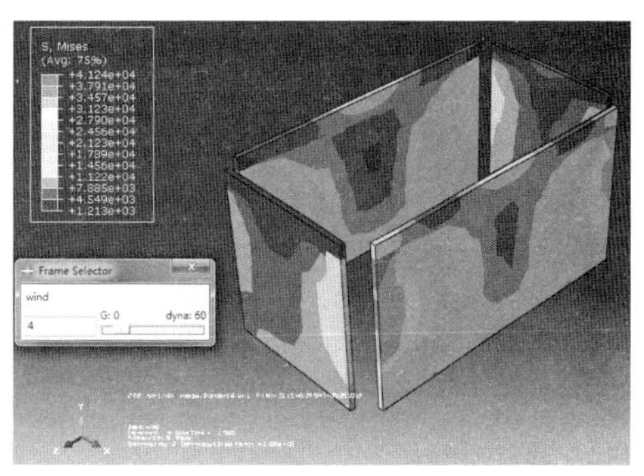

图 3-7　风荷载作用后的 Mises 应力云图

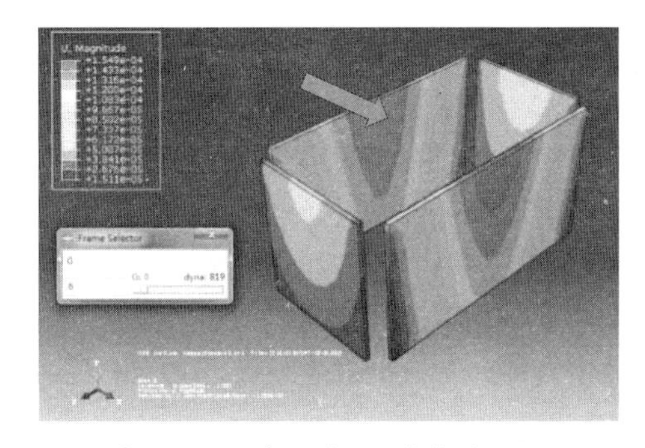

图 3-8　重力 G 作用下的位移云图

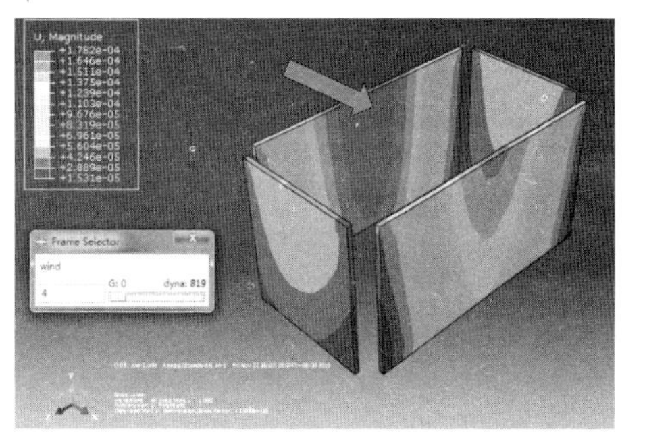

图 3-9　风荷载作用下的位移云图

综上所述，磷石膏板件在自重荷载和风荷载作用下，板件上下边中央处和板件左右边与框架柱连接处（尤其是四个角点）是其力学薄弱点，应予以加强。

4. 地震作用工况分析

“Frequency”分析步提取了结构体系前五阶的自振频率和振型，如图 3-10 所示。

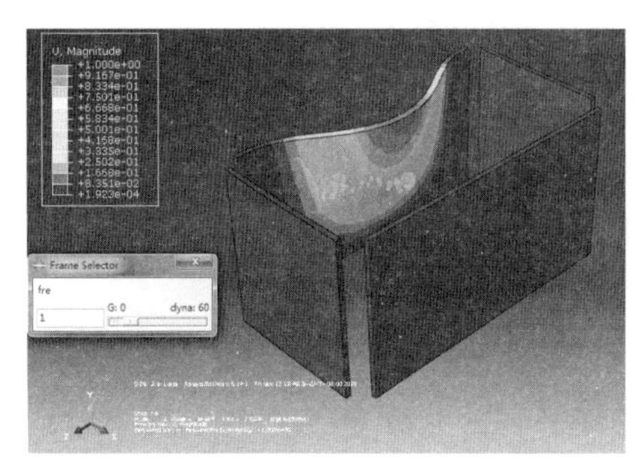

（a）一阶振型

（b）二阶振型

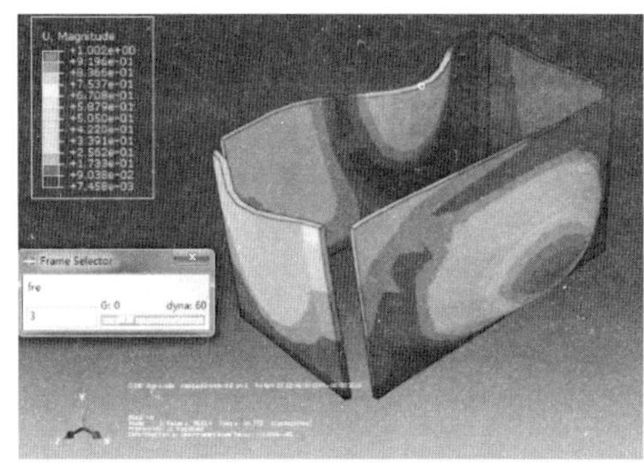

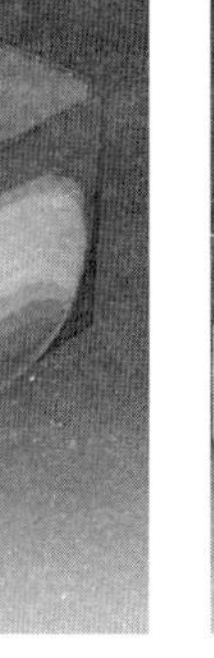

（c）二阶振型

（d）四阶振型

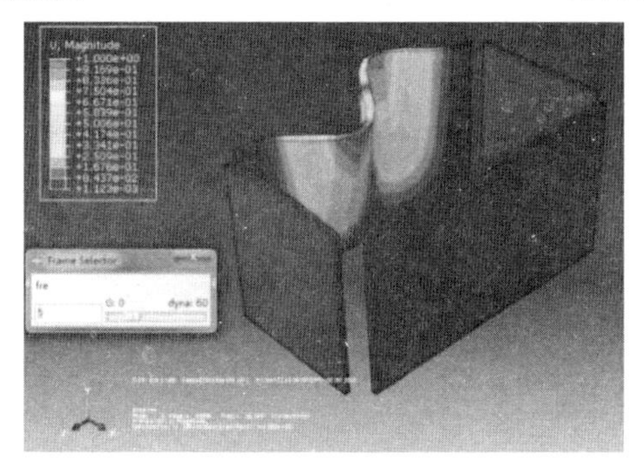

（e）五阶振型

图 3-10　结构体系的基本振型图

在“dyna”分析步的第 120 个增量步时，磷石膏板上下边（图 3-11 中箭头所指）中央处应力较大，图 3-12 给出了石膏板下边缘的应力分布曲线。

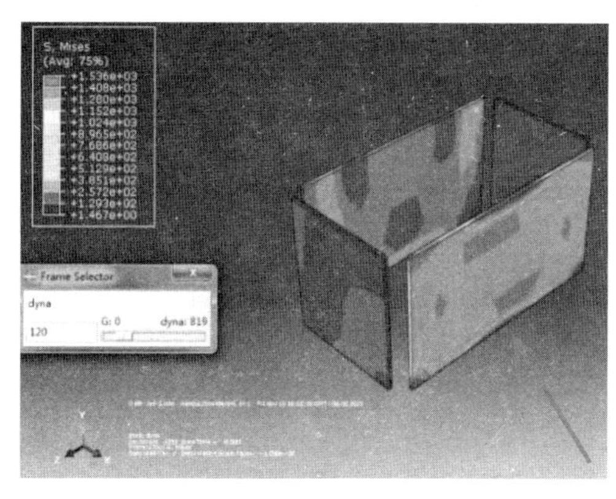

图 3-11　地震作用的第 120 个增量步时刻应力云图

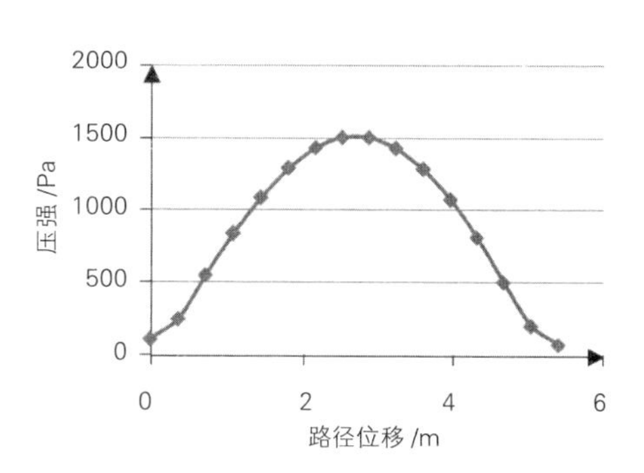

图 3-12　长板下边缘应力分布曲线

在“dyna”分析步的第 125 个增量步时，磷石膏板下边（图 3-13 中箭头所指）中央处应力较大，图 3-14 给出了石膏板下边缘的应力分布曲线。

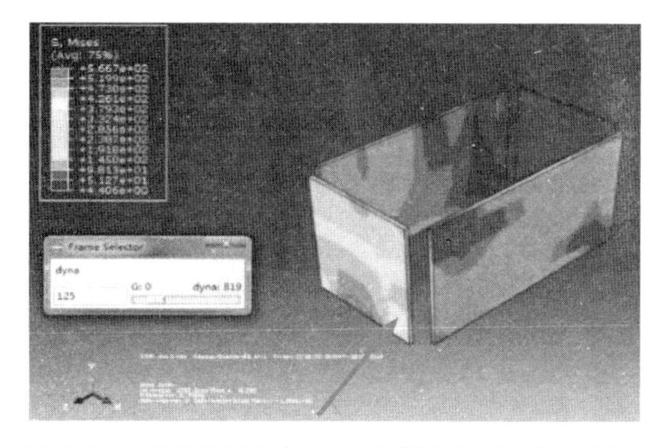

图 3-13　地震作用的第 125 个增量步时刻应力云图

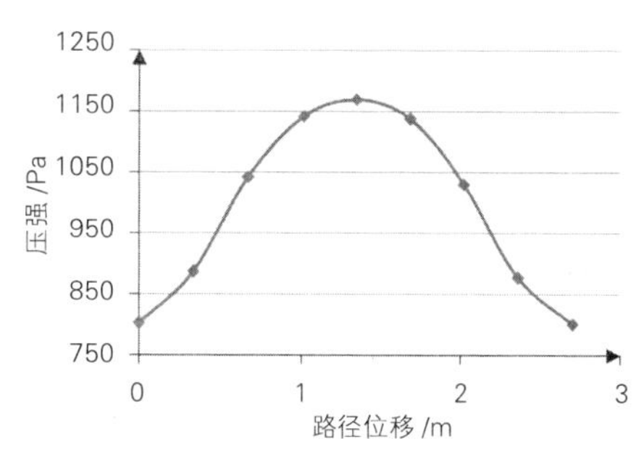

图 3-14　短板下边缘应力分布曲线

在“dyna”分析步的第 2 个增量步时，磷石膏板件的位移分布如图 3-15 所示。

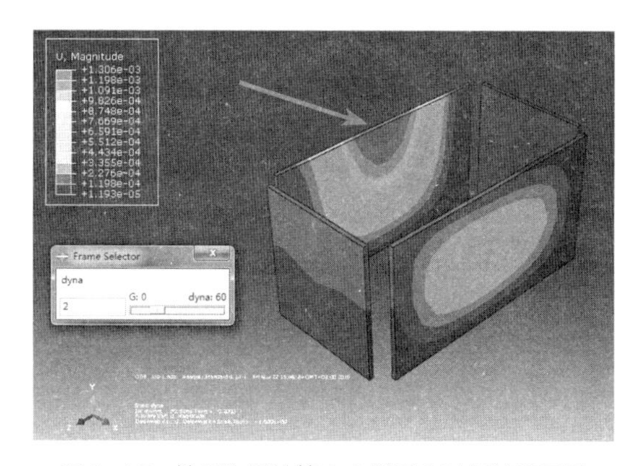

图 3-15　地震作用的第 2 个增量步时刻位移云图

综上所述，磷石膏板件在地震作用时板件边缘处于复杂的应力状态且不断发生变化，在实际应用中应做加强处理。

3.2 磷石膏基自流平砂浆技术

3.2.1 磷石膏自流平砂浆研究状况

石膏基自流平首先出现在日本，20 世纪 70 年代日本住宅公团就开始对石膏自流平作了基础研究，随后出现石膏基自流平商品。目前，日本已有 10 多种牌号的石膏基自流平产品在大量的建筑物地面上应用。之后，世界各国分别开展了石膏自流平的研究与开发。西德的帕意爱罗公司用Ⅱ型无水石膏、奇洛里公司用 α 型半水石膏均生产出了强度为 20 ~ 30MPa 的石膏基自流平材料。美国的石膏水泥公司采用 α 型半水石膏和 β 型半水石膏混合相，在现场加入骨料后泵送的自流平已大量使用，生产效率高达 2000m^2/d，所铺地坪强度大于 21MPa。

从 20 世纪 70 年代中期开始，国外就出现了大量关于石膏基自流平材料的相关专利。大量研究了各种外加剂以及聚合物对自流平材料性能的影响，从而不断优化石膏基自流平材料的流动性、凝结时间以及力学等基本性能。日本、美国及欧洲国家的石膏基自流平材料，虽然配方各不相同，但是总体上由石膏基料、掺合料、骨料以及各种外加剂组成。其中石膏基料主要采用 α 型半水石膏、β 型半水石膏以及 II 型无水石膏等；骨料一般采用石英砂、河砂、海砂、矿渣砂等；掺合料有粉煤灰、水淬炉渣、矿渣粉等；常用的外加剂主要有流化剂（木质素磺酸盐，烷基芳基磺酸盐及其他类型高效减水剂）、保水剂（纤维素类、聚丙烯酸盐类，天然橡胶等）、缓凝剂（胺盐类、磷酸盐类、蛋白质分解物类）、膨胀剂（硫酸盐、罗谢尔盐等）、pH 值调节剂（水泥、熟石灰等）、消泡剂（有机硅油、非离子表面活性剂等）、表面硬化剂（脲醛树脂、三聚氰胺甲醛树脂等），必要时还可加入防水剂及颜料等。

与发达国家相比，我国研究自流平砂浆起步较晚，发展速度也较慢。一直到 2006 才出现了用硬石膏作为基料制备地面自流平材料的报道，该报道仅仅从物料的配合比以及相关性能测试角度进行了研究。随后，出现了一些专利。近几年，随着国内对自流平的研究不断开展，已经积累了一些基础，其主要重点集中在水泥基自流平的研究。

与水泥基自流平相比，石膏基自流平水化凝结之后会产生微膨胀，能克服水泥基自流平水化产生的收缩裂缝。此外，石膏基自流平具有良好的保温隔声和调湿的效果，热稳定性能较好，可以用来作为“地暖”找平层，居住舒适度较高。相比水泥砂浆，高强石膏砂浆的碳排放仅为前者的 1/5，能耗也只有水泥砂浆的 60%，是一种低碳环保建筑材料。

3.2.2　磷石膏自流平砂浆概述

自流平材料（Self-Leveling Material，简称自流平）是以无机胶凝材料或者有机材料为基材，加入各种外加剂进行改性而成的建筑地面找平材料。它因为具有成本低、快速施工、无须人工抹平、短时间内大面积精确找平以及地面装饰性好等特点，使得自流平材料的应用越来越广泛。自流平材料在国外已经有四十余年的发展和应用，目前已经开发出了石膏基、水泥基以及有机聚合物类自流平材料。

磷石膏自流平砂浆是以磷石膏煅烧制得的 β 型半水石膏为主要胶凝材料，与骨料、填料及各种建筑外加剂精制而成，在新拌状态下具有一定流动性，专门用于室内地面找平的干粉砂浆。磷石膏自流平砂浆具有自动流平、快硬和低收缩等性能，不会产生离析、分层、泌水、起泡等不良现象，较好的平整度，抗压、抗折、耐水性、耐磨性等物理性能较好，耐久性好，与基底粘结牢固、不空鼓，不易开裂、剥落等性能。“磷石膏自流平砂浆”也属于“石膏基自流平砂浆”范畴，只是其中的石膏材料主要是排放量最大的工业副产石膏——磷石膏加工成半水石膏后的“磷建筑石膏”成分。

磷石膏自流平砂浆大多是以 β 型半水石膏或Ⅱ型无水石膏为基料，与其他改性材料经高度复配而制成的复合材料。磷石膏经预处理之后的主要成分含量、结构与天然石膏相近，以一定的配合比可复合成性能与天然石膏制备的自流平材料相近的磷石膏基自流平材料。常见的石膏基自流平材料成分如表 3-5 所示。

常见的磷石膏自流平砂浆　　表 3-5

组成物种类	组成物名称
基料	α 型和 β 型半水石膏
集料	河砂、石英砂等
混合料	粉煤灰、矿渣粉等
减水剂	SM 高效减水剂、烷基苯磺酸钠、木质素磺酸钠等
缓凝剂	铵盐类、蛋白质分解类、纤维素、磷酸盐、糖类等
消泡剂	有机硅油、非离子表面活性剂等
保水剂	纤维素、聚丙烯酸盐、天然橡胶等
pH 值调节剂	石灰、水泥等
表面硬化剂	三聚氰胺甲醛树脂、脲醛树脂等

日本是最早研究石膏基自流平材料的国家，最具代表的是日本住宅公团，随

后美国、韩国、德国等发达国家也相继开发出石膏基自流平砂浆材料。表3-6是日本典型的石膏基自流平材料配方。

日本典型石膏基自流平砂浆材料配方　　表3-6

材料名称	用量（kg）
α－半水石膏	70
水泥	15
石英砂	15
保水剂（纤维素）	0.5
缓凝剂（胺酸类）	0.02
消泡剂（有机硅油）	0.02
水	40

典型石膏基自流平砂浆材料性能有硬化体比重、硬化时间、抗折强度、抗压强度、表面硬度、表面粘结强度、与基地的粘结强度、表面弹性模量以及热膨胀率，具体如表3-7所示。

典型石膏基自流平砂浆材料性能　　表3-7

性能	测试结果	备注
硬化体比重	1.55	
硬化时间（h）	2～4	
抗折强度（MPa）	>6	干燥至恒重
抗压强度（MPa）	>15	干燥至恒重
表面硬度（kg/mm^2）	0.4	布氏硬度
表面粘结强度（MPa）	0.3	瓷砖用PVAC
与基地的粘结强度（MPa）	0.8	基底为混凝土
表面弹性模量（MPa）	1.0×10^5	
热膨胀率	（1.0～2.0）$\times10^{-5}$/℃	

磷石膏自流平砂浆具有以下特点：

（1）尺寸和平整度高。采用石膏基自流平施工的地面，尺寸准确，水平度极高，不空鼓、不开裂。

（2）作业时轻松方便、效率高。采用泵送施工，日铺地面可达800～1000m^2，比传统的地面材料施工速度要快5～10倍。初终凝时间与水泥相近，早期硬化体强度较好，养护周期适当，施工 1 ~ 2d 内能够上人。

（3）地面强度好，收缩率低。能够满足一般建筑地面的要求，用做“地暖”找平覆盖层，不会像水泥砂浆层那样，因热胀冷缩产生开裂、起鼓等现象。

（4）耐火及保温性能好。石膏硬化体含有大量结晶水，导热系数较小，能够在较高温或发生火灾时释放出水蒸气，提高地面的耐火及保温性能。

（5）隔声效果好。磷石膏基自流平硬化后的地板致密光滑而不起灰，地面略有弹性、脚感温暖舒适，相对水泥系自流平地面更舒适，具有一定的隔声效果。

（6）舒适度好。石膏硬化体是一种多孔材料，当环境湿度较大时，呼吸孔能自动吸湿，相反则能自动释放孔内水分，调整室内温度及湿度，提高室内环境的舒适度。

（7）有利于建筑节能。与地暖配套使用时，与其他采暖方式相比节能幅度约为 20%，如果采用分区控温装置，节能幅度可高达约 40%。

（8）自流平地面无残留化学药品，无化学异味。

石膏基自流平与水泥砂浆一般性能对比　　表 3-8

	石膏基自流平砂浆	水泥基自流平砂浆
密度（kg/m^3）	950 ~ 1100	1400
需水量（%）	26 ~ 32	22 ~ 24
流动性（cm）	14.5 ± 0.5	13
可施工时间（min）	40 ~ 60	30 ~ 40
初凝时间（min）	70 ~ 80	60 ~ 90
可上人时间（h）	约 3	约 4
可贴砖时间（h）	与厚度有关	约 4
材料用量（$kg/m^2 \cdot mm$）	约 1.2	约 1.4

石膏基自流平与水泥砂浆的性能指标十分相近，见表 3-8，为了保证相应的流动度，与普通砂浆相比，通常自流平砂浆的需水量要高很多。在自流平砂浆中，这些多余的水分将蒸发到空气中去，如果这一过程发生过快的话，就会引起十分明显的砂浆收缩，进而导致在砂浆中出现裂缝。但在石膏基自流平砂浆中不会出现这种情况，如图 3-16 所示。

图 3-16 中，水泥基自流平砂浆的收缩率远远高于石膏基自流平砂浆，到 28d，水泥基自流平砂浆的收缩率约为 1.17mm/m。随着时间的延续，水泥基自流平砂浆的收缩率在 3 个月后达到约 1.3mm/m，但石膏基自流平砂浆仍保持在

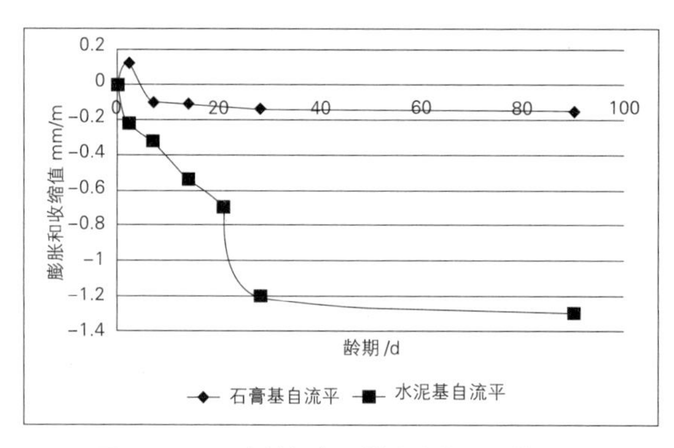

图 3-16　石膏基与水泥基砂浆的膨胀收缩值

0.19mm/m 左右，也就是说，在水泥基自流平砂浆中由于过高的收缩率极有可能导致自流平砂浆裂缝，因此在实际施工过程中应对水泥基自流平砂浆采取必要的养护处理措施以保证工程质量。

3.2.3　磷石膏自流平砂浆标准

1. 国内外标准比较

国内标准与欧洲标准由于检测方法和养护条件都不相同，因此各自的技术指标也不尽相同。本节将从定义、技术指标、养护方法等方面，将我国 2007 年颁布并实施的标准《石膏基自流平砂浆》JC/T 1023—2007 与 2004 年的欧洲标准 BS-EN-13454-1：2004 和 BS-EN-13454-2：2004 进行了比较。

（1）定义和分类的区别

如表 3-9 所示，国内标准中的石膏基自流平是以半水石膏为主要胶凝材料，而欧洲标准不仅限于一种石膏，还包括了含有添加剂的石膏胶结料。在欧洲，石膏基自流平的胶凝材料多采用硬石膏，如 Henkel（汉高）AS1 rapid 快速修补型硬石膏基自流平、AS2 纤维硬石膏基自流平；UZIN（优成）NC110 硬石膏基自流平等。Anhydritec 公司是欧洲石膏自流平企业第一大硬石膏供应商，年产量 70 万 t，产品销售全球 15 个国家。可见，硬石膏在欧洲国家是一个主要的石膏胶凝材料。而我国的石膏自流平一般以半水石膏为主，这种现象除了原材料不稳定以及技术原因外，也与国内标准中对石膏基自流平定义的指引有一定关系。另外，欧洲硬石膏一般是经过人工煅烧的原材料，国内煅烧硬石膏还相对较少。将硬石膏自流平纳入标准也有利于国内石膏生产厂家改进工艺，给企业提供更好的煅烧硬石膏原材料，进一步稳定硬石膏自流平的产品质量。

定义和分类的区别　　表 3-9

标准号	定义及分类
JC/T 1023—2007	以半水石膏为主要胶凝材料，与骨料、填料及外加剂所组成的在新拌状态下具有一定流动性的石膏基室内地面用自流平材料，俗称自流平石膏
BS-EN-13454-1：2004	（1）石膏胶凝材料 Calcium sulfate binders（CAB）：由半水或无水石膏组成，可能还有外加剂和添加剂。$CaSO_4$ 含量≥ 85%。 （2）石膏复合胶凝材料 Calcium sulfate composite binders（CAC）：由石膏胶凝材料（CAB）和额外的添加剂组成。85%>$CaSO_4$ 含量≥ 50%。 （3）干混石膏基砂浆 Factory made mixtures（CA）：由石膏胶凝材料或复合石膏胶凝材料和集料组成，可能包含外加剂和添加剂

（2）测试方法不同

从表 3-10、表 3-11 来看，国内流动度测试采用的是水泥基自流平测试用流动度环，欧洲标准采用的是跳桌用的大环，因此在指标上也不一样。

流动度和流动度损失性能指标比较　　表 3-10

标准号	初始流动度（mm）	30min 流动度损失
JC/T 1023—2007	140 ~ 150	≤ 3mm
BS-EN-13454-1	220	≤ 20%，但大于 190mm

流动度检测方法比较　　表 3-11

标准号	流动度检测方法	标准号
JC/T 1023—2007	内径 30mm 高 50mm 圆环，提起后 4min 测量	JC/T 1023—2007
BS-EN-13454-2	底 ϕ 100mm，上 ϕ 70mm 高 60mm 的圆环（跳桌）提起后 1min 测量	BS-EN-13454-2

国内标准中流动度损失的标准要求是＜ 3mm，该指标较为苛刻，且在实际应用中意义不大；而且由于石膏基自流平应用在地暖系统中，施工厚度较厚，因此我们认为采用欧洲标准中的大环进行测试与实际应用更贴近。

（3）收缩性指标及检测方法区别

从表 3-12 和表 3-13 来看，国内标准采用的是水泥基自流平收缩的模具，养护条件按照砂浆的标准养护 1d 的绝干收缩，而欧洲标准中试块的模具不同，养护条件按照高湿养护 1d 后脱模标准条件养护到各龄期进行测试。

收缩性性能指标的区别　　表 3-12

标准号	收缩性
JC/T 1023—2007	≤ 0.05%
BS-EN-13454-1	≤ 2mm/m

收缩性检测方法区别　　表 3-13

标准号	试件尺寸	养护方法
JC/T 1023—2007	40mm×40mm×160mm	成型后在温度（23±2）℃，相对湿度（50±5）%条件下养护至 24h 脱模，测量初始长度，之后放入（40±2）℃烘箱中烘至恒重测量试件干燥后长度
BS-EN-1345-2	40mm×40mm×160mm	成型后放入（20±5）℃，相对湿度 90% 以上养护箱养护 24h 拆模，如果强度不够，可以推迟到 48h 脱模，脱模之后测量初始长度，之后放在（20±5）℃，相对湿度（65±5）% 条件下养护，分别在 3d、7d、14d、28d 测试收缩

根据石膏基自流平的应用领域，特别是在地暖体系中应用时的施工厚度一般较厚，用绝干的养护条件进行养护不太符合实际的干燥过程，欧洲标准的高湿养护与实际情况更相符。

（4）强度指标的区别

国内标准对石膏基自流平的抗折抗压强度没有进行分级处理，而且最终强度都是绝干状态的强度。编制该标准时，由于我国石膏粉体建筑材料标准中没有强度等级之分，且国内石膏基自流平砂浆的产量及用量尚属起步阶段，又因石膏基自流平砂浆使用范围的限定，它有别于水泥基自流平材料，因此在本标准中的强度指标不分等级。欧洲标准中对石膏基自流平的抗折抗压强度类似水泥基自流平一样进行了分级；此外，欧洲标准中没有进行绝干养护，而是在标准条件下进行各龄期的养护，见表 3-14、表 3-15。

强度指示的区别　　表 3-14

JC/T 1023—2007									
强度（MPa）	24h 抗折≥				2.5				
	24h 抗折≥				6.0				
	绝干抗折≥				7.5				
	绝干抗折≥				20.0				
	绝干拉伸粘结≥				1.0				
BS-EM-13454-1（28d）									
等级	C12	C16	C20	C25	C30	C35	C40	C50	C60
抗压强度（MPa）	12	16	20	25	30	35	40	50	60
等级	F3	F4	F5	F6	F7	F10	F15	F20	
抗折强度（MPa）	3	4	5	6	7	10	15	20	

强度测试的拆模和养护方法区别　　表 3-15

标准号	养护方法
JC/T 1023—2007	终凝后 1h 内脱模，温度（23±2）℃，相对湿度（50±5）% 条件下养护至 24h；测绝干强度的此时放入（40±2）℃烘箱中烘至恒重
BS-EN-13454-2	（20±5）℃，相对湿度 90% 以上养护 48h 脱模，然后在（20±5）℃，相对湿度（65±5）% 条件下养护到龄期

石膏基自流平早期高湿养护对试验结果有何影响，还需要进一步探讨。在实际工作中发现，石膏自流平砂浆在后期仍在进行水化硬化，强度仍在增长，直接烘干进行全失水状态下的强度测试还不够准确。

国内标准中对石膏基自流平的胶凝材料限制在半水高强石膏，而在实际中还会有无水石膏基的自流平材料。在日常的试验中发现，石膏基自流平由于多种添加剂的掺入，和纯石膏制品的性能有了很大的区别，在绝干状态下进行养护后如果继续在常温标态下养护，强度还会继续增长。因此在该行业标准修编的时候，收集各种石膏基产品进行不同养护制度的试验对比，得出最终的强度结果更为科学。见图 3-17 和图 3-18。

方式 1：1d 后拆模绝干；

方式 2：1d 拆模后标养至 7d；

方式 3：1d 拆模后继续养护至 7d。

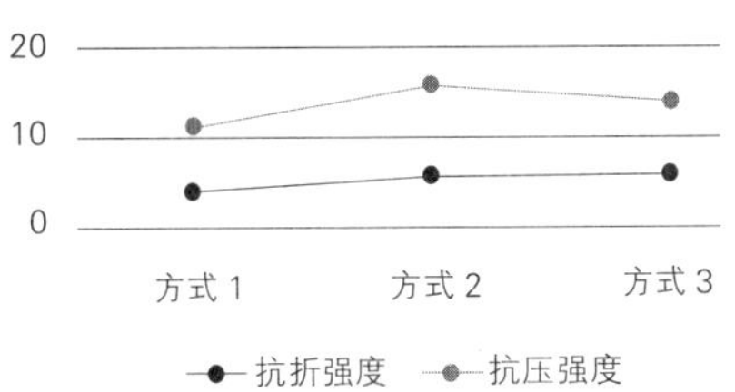

图 3-17　不同养护方式下石膏基自流平强度的变化

图 3-18　自流平阶段养护

2. 石膏基自流平砂浆行业团体新标准

随着石膏基自流平砂浆行业的逐步发展，目前在上海、山东、江苏等地市场表现突出，市场接受度及使用情况良好，已经到了爆发式增长的阶段。随着市场需求量不断加大，在行业应用过程中暴露出现行的石膏基自流平砂浆行业标准有很多问题亟需完善，国内和国外标准在技术指标、检验方法、养护条件等方面有很大差异，检测标准应尽可能与欧洲标准一致，这些问题已极大限制了石膏基自流平砂浆行业的发展，2017 年 9 月中国建筑材料联合会成立了《石膏基自流平砂浆》行业团体标准编制组进行新标准的编制，在 2019 年 8 月已通过评审，11 月已进入报批阶段。其拟定性能标准见表 3-16。

团体标准拟定性能标准　　表 3-16

项目		M20	M30	M40	M50
pH 值		≥ 7			
氯离子浓度（ppm）		≤ 600			
30min 流动损失（mm）		≤ 3			
凝结时间（h）	初凝时间（h）	≥ 1			
	终凝时间（h）	≤ 6			
28d 收缩率（%）		≤ 0.02			
抗折强度（MPa）	3d	≥ 1.5	≥ 2.0	≥ 2.5	≥ 3.0
	28d	≥ 4.0	≥ 5.0	≥ 6.0	≥ 7.0
抗压强度（MPa）	3d	≥ 8.0	≥ 12.0	≥ 16.0	≥ 20.0
	28d	≥ 20.0	≥ 30.0	≥ 40.0	≥ 50.0
拉伸粘结强度（MPa）		≥ 1.0			
石膏含量（%）		≥ 50			

3.2.4　磷石膏自流平砂浆产品的质量要求

1. 石膏自流平砂浆的基本要求

（1）具有良好的流动性和稳定性。在几毫米厚的情况下，具有较好的流动性，同时浆体具有较好的稳定性，使之尽量减少产生离析、分层、泌水、翻泡等不良现象。

（2）具有足够的可使用时间，通常在 40min 以上，以便于施工操作。

（3）平整度好，并且表面无明显缺陷。

（4）作为地面材料，其抗压强度、耐磨性、抗冲击性、耐水性等物理力学性能应达到一般室内建筑地面的要求。

（5）耐久性好。

2. 石膏自流平砂浆的主要技术性能

（1）流动度

流动度是反映石膏自流平砂浆性能的重要指标。一般流动度大于 210 ~ 260mm。

（2）浆体稳定性

该指标是反映石膏自流平砂浆稳定性的指标。将拌好的浆料倒在水平放置的玻璃板上，20min 后观察，应无明显的泌水、分层、离析、翻泡等现象。该指标对材料成型后的表面状况及耐久性影响较大。

（3）抗压强度

抗压强度应大于 20MPa 以上（28d 养护）。

（4）抗折强度

抗折强度应大于 8MPa 以上（28d 养护）。

（5）凝结时间

确定浆体搅拌均匀后，保证其使用时间在 40min 以上，操作性就不受影响。

（6）基层的粘结拉伸强度

与基层的粘结强度，直接关系到浆体硬化后是否会出现空鼓、脱落现象，对该材料的耐久性影响较大。在实际施工过程中，涂刷地面界面剂，使之达到一个较适应自流平材料施工的条件。粘结拉伸强度通常为 1.0MPa 以上。施工现场见图 3-19。

图 3-19　石膏基自流平施工现场

3.2.5　磷石膏自流平设计、施工技术

1. 设计、施工标准及图集依据

（1）石膏基自流平砂浆性能应符合现行行业标准《石膏基自流平砂浆》JC/T

1023—2007 的规定及即将出版的有关团体标准。

（2）石膏基自流平砂浆放射性核素限量应符合现行行业标准《建筑材料放射性核素限量》GB 6566—2010 的规定。

（3）拌合用水应符合现行行业标准《混凝土用水标准》JGJ63—2006 的规定。

2. 石膏基自流平砂浆类型

目前，国内石膏基自流平砂浆分为结合型、加热隔热型、水暖 A 型、水暖 B 型类型。

（1）结合型：由基层、自流平界面剂、石膏基自流平砂浆构成。

（2）加热隔热型：由基层、隔热层、隔离膜、石膏基自流平砂浆构成。

（3）水暖 A 型和水暖 B 型：由基层、隔热层、隔离膜和 / 或反射膜、水暖管、石膏基自流平砂浆构成。

3. 石膏基自流平施工一般规定

（1）石膏基自流平砂浆不得直接作为地面面层采用。

（2）当采用环氧树脂或聚氨酯自流平材料作为地面面层时，不得采用石膏基自流平砂浆作为其找平层。

（3）当石膏基自流平砂浆用于厨房、卫生间及与土壤接触的一楼地面作为找平层时，应有足够的防潮和密封措施。

（4）基层有坡度设计时，石膏基自流平砂浆可用于坡度≤ 1.5% 地面。

（5）面层分割缝的设置应与基层的伸缩缝保持一致。除与基层保持一致的伸缩缝外，也可根据施工面积、形状及石膏基自流平砂浆的性能增设分割缝。

（6）用于地暖的石膏基自流平砂浆，其地暖温度不能超过 55℃。

4. 石膏基自流平砂浆施工机具

机械工具：吸尘器、电动切割机、电动搅拌机、输送泵、打磨机、刮板、消泡滚筒、钉鞋、镘刀等。

检测机具：水平仪、流动度测试仪。

5. 石膏基自流平砂浆施工要求

（1）施工条件

石膏基自流平砂浆地面施工温度应为 5 ~ 35℃，相对湿度不宜高于 80%；石膏基自流平砂浆地面施工应在主体结构及地面基层施工验收完毕后进行；石膏基自流平砂浆地面施工应采用专用机具。

（2）基层要求

自流平地面工程施工前，应按现行国家标准《建筑地面工程施工质量验收规范》GB 50209—2010 进行基层检查，验收合格后方可施工；基层表面不得有起砂、空鼓、起壳、脱皮、疏松、麻面、油脂、灰尘、裂纹等缺陷；基层应为混凝土层或水泥砂浆层，并应坚固、密实；当基层为混凝土时，其抗压强度不应小于 20MPa；当基层为水泥砂浆时，其抗压强度不应小于 15MPa；基层含水率不应大于 8%；楼面与墙面交接部位、穿楼（地）面的套管等细部构造处，应进行防护处理后再进行地面施工。

6. 施工工序

施工工序为：封闭现场→基层检查→基层处理→涂刷自流平界面剂→制备浆料→摊铺自流平浆料→振捣消泡→养护→成品保护。

7. 施工要点

（1）封闭现场。现场应封闭，严禁交叉作业。室内施工时，因室内通风会造成自流平地面开裂，因此要关闭门窗，封闭现场。无其他工种的干扰，不允许间断或停顿。

（2）基层检查。彻底检查基层表面应无起砂、空鼓、脱皮、疏松、麻面、油脂、灰尘、裂纹缺陷，表面干燥度、平整度应符合要求。

（3）基层处理。将基层清理干净，除去浮灰、油迹等不利粘结的物质。基层表面的浮土，用吸尘器吸干净。若基层坑洼较大，需做补平处理。当基层存在裂缝时，宜先采用机械切割的方式将裂缝切成 20mm 深、20mm 宽的 V 形槽，然后采用无溶剂环氧树脂或无溶剂聚氨酯材料加强、灌注、找平、密封；当混凝土基层的抗压强度小于 20MPa 或水泥砂浆基层的抗压强度小于 15MPa 时，应采取补强处理或重新施工；当基层的空鼓面积≤ $1m^2$ 时，可采用灌浆法处理；当基层的空鼓面积＞ $1m^2$ 时，应剔除，并重新施工。对有防水防潮要求的地面，应预先在基层以下完成防水防潮层的施工。

（4）标高控制。用水平仪测定需施工自流平砂浆的标高与厚度，用标高螺钉将基层的标高标出。一般要求自流平砂浆的施工厚度不小于 4mm。

（5）表面处理。涂刷界面剂的目的是对基层封闭，防止自流平砂浆过早丧失水分，增强地面基层与自流平砂浆的粘结强度，防止气泡的产生，改善自流平砂浆的流动性。在清理过的基层地面上涂刷 2 遍地面界面剂，涂刷要均匀，不漏涂，不得让其形成局部积液。第二遍要在第一遍界面剂干燥后方可涂刷。

（6）制备浆料。按照材料的用量，水固比（或液固比）及施工面积计算各种材料用量，用石膏自流平专用设备充分搅拌均无结块为止。

（7）摊铺自流平浆料。按施工方案要求，采用机械方式将自流平浆料倾倒于施工面，使其自行找平，接茬处可用专用锯齿刮板辅助浆料均匀展开。

（8）放气。浆料摊平后，采用自流平消泡滚筒放气，以帮助浆料流动并清除所产生的气泡，达到良好的接茬效果。在自流平初凝前，须穿钉鞋走入自流平地面迅速用消泡滚筒轧浇注过的自流平地面以排出搅拌时带入的空气。

（9）养护。施工完成后的自流平地面，在施工环境条件下养护 24h 以上方可使用。养护期需避免强风气流，温度不能过高，当温度或其他条件不同于正常施工环境条件，需要视情况调整养护时间。

（10）成品保护。施工完成后的自流平地面应做好成品保护。

第 4 章　磷石膏建筑隔墙板生产技术

4.1　磷石膏内隔墙板生产技术

4.1.1　磷石膏内隔墙板生产工艺

目前，磷石膏内隔墙板的生产方式有两种，即浇注成型与挤压成型。浇注成型工艺流程为：配料—搅拌—浇注—模腔成型，少部分水作为分子结构进入产品中，大部分水作为中间介质在成型后，通过自然养护排出，如图 4-1 所示。浇注成型工艺的优点在于生产过程简单易懂，缺点在于难于达到全自动生产。挤压成型工艺过程为：配料—挤压成型。挤压成型工艺在生产环节极少见到，其优点在于可以连续作业，便于引入全自动控制系统，缺点在于对原料的一致性要求高，要达到连续均匀的生产过程，对整个生产过程中的原料配比与混料需要很精确。本节将介绍浇注成型技术。

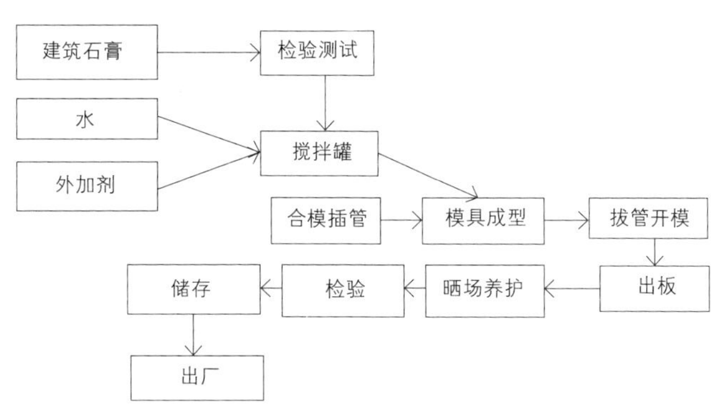

图 4-1　磷石膏墙板生产工艺流程图

浇注成型式包括流水浇注式、流水线循环式、固定生产线式及自动化生产线式，具体如下。

1. 流水浇注式

流水浇注式由多台模具、可移动式搅拌罐构成，其工作原理为：搅拌罐在完成配料搅拌后，通过轨道移动到模具上方，对模具腔进行浇注，浇注完成后退回到工作平台进行下一罐原料的准备，完成后再移动到另一台模具上方，对其进行浇注，其芯管的穿插以人工为主，以此循环往复（图 4-2）。

图 4-2　流水浇注图

2. 流水线循环式

流水线循环式由浇注站、插芯站、抽芯站、循环轨道、多台模具车构成，其工作原理为：单台模具车在插芯站装配好芯管后，移动至浇注站完成浇注作业，在墙体成型过程中（或成型完成后）移动到抽芯站，完成抽芯后，开模取出墙板，进入下一个循环。以此为例，多台模具车可以在整个生产环节中循环流动。流水线循环式工艺流程如图 4-3 所示。

流水线循环式生产线配置主要包括：搅拌机、粉料计量、水计量、空压机、粉料罐、送料螺旋、储水罐、成型立模、上成型刮面机、推板机、接板翻转机、抽芯机、芯管及搅拌平台等，其生产线配置如表 4-1。

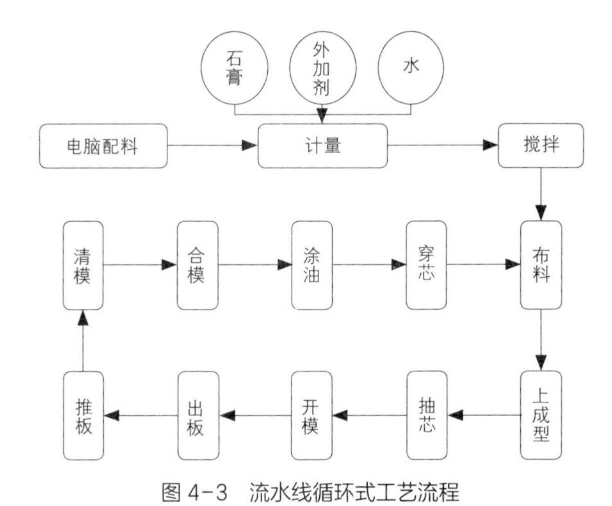

图 4-3　流水线循环式工艺流程

流水线循环式生产线配置　　表 4-1

名称	数量	名称	配套数量（低）	配套数量（高）
搅拌机	1 台	成型立模	3 台	6 台
粉料计量	1 套	上成型刮面机	1 台	2 台
水计量	1 套	推板机	1 台	1 台
空压机	1 台	接板翻转机	1 台	1 台
粉料罐	1 个（自备）	抽芯机	1 台	2 台
送料螺旋	1 根（自备）	芯管	2 套	5 套
储水罐	1 个（自备）	搅拌平台	1 套（自备）	1 套（自备）

流水线循环式特点为：

（1）适用于大规模生产，单线产能最大 120 万 m^2/ 年。

（2）可根据客户市场定位，单线产能最小 50 万 m^2 至最大 120 万 m^2。

（3）可灵活配置产能及资金计划。

（4）工人按工位操作，定岗定位，机组流水。根据立模墙板生产工艺，模具清理、涂油—穿芯—布料—上面成型—抽芯—出板，共 6 工位，6 模车成型，同效率，同节拍，依次作业，连续生产，工人定岗操作，高效，高能（图 4-4、表 4-2）。

图 4-4　流水线循环式生产设备

流水线循环式生产线说明　　表 4-2

项目	说明（低）	说明（高）
生产线产能	50 万 m^2/ 年	120 万 m^2/ 年
生产线用工	8 人	10 人
生产线额定功率	＜ 150kW	＜ 240kW
生产功率	＜ 60kW	＜ 80kW
生产节拍	10 ~ 12min	6 ~ 8min

3. 固定生产线式

固定生产线式类似于流水浇注与流水循环的整合。固定生产线式由计量平台、浇注平台、2 ~ 4 台模具（配套插拔管机）构成，其工作原理为：搅拌罐在完成配料后，移动到模具上方对其浇注，模具的插拔芯管由其配套的插拔管机完成，搅拌罐依次对不同的模具进行浇注，形成连续作业。

固定生产线式的生产方式按正常生产顺序为：配置 1 号模车，准备穿芯管，布网、浇筑，刮平，上成型，抽芯管等待出板；配置 2 号模车，出板，清模，涂油，合模操作，等待浇筑。两个工位动作都完成后，交换位置，重复上述工作循环。

固定生产线式生产线配置主要包括：搅拌机、粉料计量、水计量、空压机、粉料罐、送料螺旋、储水罐、成型立模、上成型刮面机、抓板移位机、清模涂油机、抽芯机、芯管、自动调长机及自动化控制，其生产线配置如表 4-3 所示。

固定生产线式生产线配置　　表 4-3

名称	数量	名称	数量
搅拌机	1 台	成型立模	1 台
粉料计量	1 套	上成型刮面机	1 台
水计量	1 套	拖板机	1 台
空压机	1 台	接板翻转机	1 台
粉料罐	1 个（自备）	抽芯机	1 台
送料螺旋	1 根（自备）	芯管	1 套
储水罐	1 个（自备）	搅拌平台	1 套（自备）

固定生产线式采用模具交互作业，每次成型 6 块，全过程机械成型、出模，成型精度高，工艺简单，易操作，方便现场管理，质量可控，性价比高，适用于小规模生产（图 4-5）。如表 4-4 所示，固定生产线式生产线产能为 30 万 m^2/ 年；生产线用工为 3 人；生产线额定功率 < 80kW；生产功率 < 25kW；生产节拍为 13 ~ 16min。

图 4-5　固定生产设备

固定生产线式生产线说明　　表 4-4

项目	说明
生产线产能	30 万 m^2/ 年
生产线用工	3 人
生产线额定功率	< 80kW
生产功率	< 25kW
生产节拍	13 ~ 16min

4. 自动化生产线

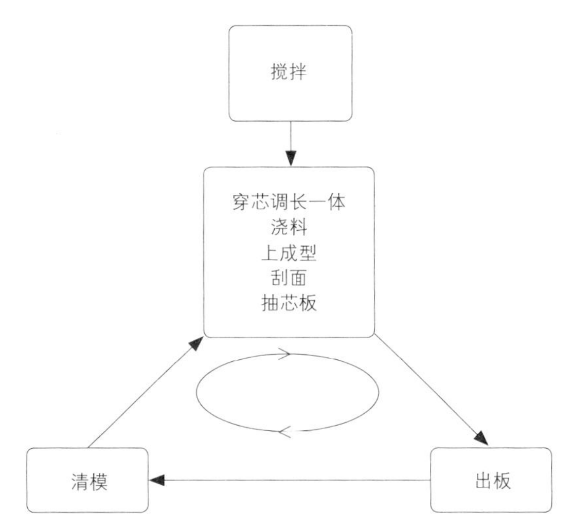

图 4-6　自动化工艺流程图

自动石膏墙板生产线，是根据石膏材料特性，最新推出的一类石膏墙板生产的智能化生产线。自动石膏墙板生产线采用全自动控制，生产统计管理自动化，生产工艺流程自动化，安全生产监控自动化，大幅降低了人工成本，管理成本。生产线布置采用环形循环运行，控制室控制作业，精准定位，精准可调计量搅拌，自动可调长度，配合自动穿芯抽芯，柔性出板机，取板，放板，自动封闭清模、涂油，节省人工，彻底实现工厂自动化生产，其工艺流程如图 4-6 所示。

自动化生产线配置包括：搅拌机、粉料计量、水计量、空压机、粉料罐、送料螺旋、搅拌平台、储水罐、成型立模、上成型刮面机、抓板移位机、清模涂油机、抽芯机、芯管、自动调长机及自动化控制，生产线配置如表 4-5 所示。

如表 4-6 所示，自动化生产线产能为 50 万 m^2/ 年；生产线用工为 1 ~ 2 人；生产线额定功率 < 150kW；生产功率 < 60kW；生产节拍为 13 ~ 15min。

生产线配置　　表 4-5

名称	数量	名称	数量
搅拌机	1 台	成型立模	3 台
粉料计量	1 套	上成型刮面机	1 台
水计量	1 套	抓板移位机	1 台
空压机	1 台	清模涂油机	1 台
粉料罐	1 个（自备）	抽芯机	1 台
送料螺旋	1 根（自备）	芯管	1 套
搅拌平台	1 套（自备）	自动调长机	1 台
储水罐	1 个（自备）	自动化控制	1 套

自动化生产线说明　　表 4-6

项目	说明
生产线产能	50 万 m^2/ 年
生产线用工	1 ~ 2 人
生产线额定功率	< 150kW
生产功率	< 60kW
生产节拍	13 ~ 15min

4.1.2 磷石膏建筑内隔墙板装备线设备

磷石膏建筑内隔墙板装备线的设备主要包括智能数字化控制系统和智能感应系统、插拔管系统、出板系统、三废集中模块处理系统等。

1. 智能数字化控制系统和智能感应系统（图 4-7）

智能化控制系统通过精准数字化对磷石膏的水、外加剂等材料进行剂量控制，达到高精度的配比，保证了产品的稳定性，其特点为：

（1）通过精准数字化对磷石膏的水、外加剂等材料进行剂量控制，达到高精度的配比。

（2）通过将计量系统与进料系统整合，采用多秤同时工作的方式，数控台对粉料、水、外加剂标定掺量后，原料的计量及进料自动化完成。

（3）启动配料程序后，水、外加剂进入搅拌罐中搅拌，通过延时控制粉料进入搅拌罐中，完成定时搅拌时间后，搅拌罐阀门开启，对模具腔进行浇注。

数控技术保证插管精准一次性入槽，智能等差插拔管实现芯管分级脱离，克服了芯管在墙板中的握裹力。

2. 插拔管机（图 4-8）

插拔管机是插拔管系统中主要设备，通过采用数控技术一次性将 70 根管同时水平插进和拔出，其特点为：

（1）70 根芯管同时插入模具要求精度非常高，细小的误差都会造成模具和插拔机损坏，该设备解决了一次性精准入模的难题。

（2）实现了在动态下与模具的密封，做到了既要保证插管位置准确，又能与模具堵头密封，一般的设备很难达到此项要求。

（3）芯管采用表面高精度的合成钢材料，减少了表面摩擦力，70 根芯管同时拔出，克服了芯管在墙板中的握裹力，能够有效与墙板脱离顺利拔出。

（4）拔管时机是一直以来存在的难点，早了晚了都不行，可通过改进设备采用红外温度感应与拔管控制系统整合，墙板温度达到要求后，拔管系统启动，将芯管拔出模具。

（5）设置防止芯管抱死无法拔出预警系统，工人在操作时，如发生芯管抱死现象，可提前预警，防止插拔管机损坏，启动芯管抱死程序将芯管安全拔出。

3. 出板系统（图 4-9）

出版系统采用整体出板方式，拔管完成后，模具腔自动打开，出板机自动行走到出模位置，通过挂钩板将成型墙板同时拉出，极大地提高了出板效率，同时消除了使用吊车等安全隐患，完成翻板工作后停放到转运位置，等待叉车转运。

4. 三废集中模块处理系统（图 4-10）

三废集中模块处理系统采用三级沉淀物理过滤膜加压方式，依据 pH 值实时感应来处理污水，确保污水零排放，循环使用。此外，该系统配备强力脉冲布袋除尘装置，采用全封闭、负风压、管道输送进行粉尘处理，保证了粉尘的 100% 回收。

图 4-7　全景图

图 4-8　插拔管系统图

图 4-9　出版系统图

图 4-10　集中除尘系统图

对生产系统中搅拌罐、模具、插拔管机、翻板机等主要设备严格按操作规程进行生产，主要设备配备有《配料搅拌安全操作规程》《模具安全操作规程》《插拔管机安全操作规程》《出板机安全操作规程》。

4.2　磷石膏复合墙板生产技术

磷石膏复合墙板在高层建筑中通过磷石膏和钢筋混凝土及其他添加材料既起到剪力墙作用，同时又能起到复合后保温隔热和隔声作用；在多层和低层建筑中通过磷石膏和钢筋混凝土及其他材料复合起到承重和围护墙的作用。磷石膏复合墙板生产按照剪力墙或者承重墙采用全过程智能化机械化控制，分别采用模块化红外线自动控制系统对前期的原材料控制和钢筋的切割加工以及模板的摆放和画线，其核心原理是蒸养系统的精准化，最后达到全部自动翻转和自动运输的目的。

磷石膏复合墙板生产工艺流程如图 4-11。

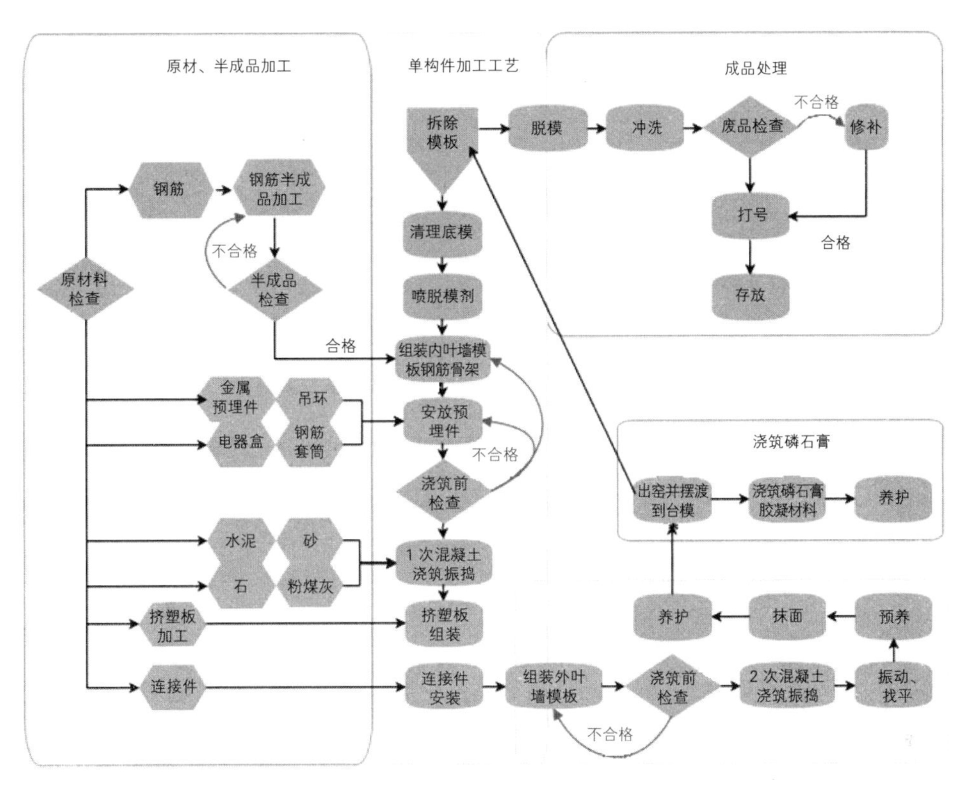

图 4-11　磷石膏复合墙板生产工艺流程图

磷石膏复合墙板装备线主要设备包括：模台支撑单元、感应防撞装置、模台驱动单元、混凝土布料机、振捣台、模台摆渡车、混凝土输送料斗、振动搓平机、预养护窑、抹光机、码垛机、外墙板立体养护窑、模台、模台清扫机、磷石膏浇筑机、磷石膏绿色装配式复合墙体养护窑、翻板机等设备（图 4-12 ~图 4-15）。

图 4-12　钢筋混凝土磷石膏复合外墙板装备线蒸养设备

图 4-13　钢筋混凝土磷石膏复合外墙板装备线控制系统

图 4-14　钢筋混凝土磷石膏复合外墙板装备线模台

图 4-15　钢筋混凝土磷石膏复合外墙板装备线运送系统

第5章　磷石膏墙板在装配式建筑中的应用

5.1　装配式建筑概述

5.1.1　装配式建筑概念

装配式建筑是指用预制部品部件、平面模块化集成体、多面模块化集成体在工厂或施工现场的专用场地进行加工制作，在工地通过机械吊装和一定的连接方式把零散的预制部品部件连接成为一个整体而建造起来的。装配式建筑具有设计标准化、生产工厂化、施工装配化、装修一体化、管理信息化、应用智能化等特征，体现了技术创新、管理创新、机制创新和产品创新。装配式建筑产业链覆盖较长，从原材料生产加工到居住和维修的全过程的部品和材料及技术体系，同时也将全产业链的相关部门、研究设计机构和企业有机形成一个整体。

从结构上分，装配式建筑主要包括装配式混凝土结构建筑、装配式钢结构建筑、装配式木结构建筑、装配式竹结构以及建筑混合结构建筑等类型。主体结构由混凝土构件构成的称为装配式混凝土结构建筑，主体结构由钢构件构成的称为装配式钢结构建筑，主体结构由木结构构成的称为装配式木结构建筑，主体结构由竹结构构成的称为装配式竹结构建筑，而主体结构由上述两种以上构件构成的则称为混合结构。

5.1.2　装配式建筑结构分类

新型装配式建筑包括4大体系和16种结构，具体如表5-1。

新型装配式结构建筑技术体系推荐表　　表5-1

<table>
<tr><th>技术体系名称</th><th>主要分类</th><th>特点</th></tr>
<tr><td rowspan="4">装配式混凝土建筑技术体系</td><td>剪力墙结构</td><td>主要采用现浇和预制相结合的方式</td></tr>
<tr><td>框架结构</td><td>采用预制柱或现浇柱，水平构件中的梁采用叠合梁，楼板采用带桁架钢筋的叠合楼板</td></tr>
<tr><td>框架—剪力墙结构</td><td rowspan="2">预制框架—现浇剪力墙结构、预制框架—现浇核心筒结构、预制框架—预制剪力墙结构</td></tr>
<tr><td>框架—核心筒结构</td></tr>
<tr><td rowspan="2">装配式钢结构建筑技术体系</td><td>轻钢龙骨结构体系</td><td>适用于1～3层的低层住宅</td></tr>
<tr><td>钢框架结构体系</td><td>适用于6层以下的多层住宅</td></tr>
</table>

续表

技术体系名称	主要分类	特点
装配式钢结构建筑技术体系	钢框架—支撑体系	用于高层住宅结构时经济性好
	钢框架—剪力墙结构体系	将钢与混凝土特性相结合，但现场安装比较困难，制作比较复杂
	钢框架—核心筒结构体系	由外侧的钢框架和混凝土核心筒构成
	错列桁架结构体系	适用于 15 ~ 20 层住宅
装配式木结构建筑技术体系	井干式木结构体系	适用于森林资源比较丰富的地区
	轻型木结构体系	用于低层、多层住宅建筑和小型办公建筑等
	梁柱—剪力墙木结构体系	用于低层和多、高层木结构
	梁柱—支撑木结构体系	用于多、高层木结构建筑
	CLT 剪力墙木结构体系	
	框架—核心筒木结构体系	
装配式竹结构建筑技术体系		主要适用于 3 层以下建筑

1. 装配式混凝土建筑技术体系

装配式混凝土建筑的主要结构体系包括剪力墙结构、框架结构、框架—剪力墙结构、框架—核心筒结构等。当装配式混凝土结构中承重预制构件连接节点采用强度等级高于构件的后浇混凝土、灌浆料或坐浆材料，竖向承重预制构件受力钢筋采用套筒灌浆、浆锚搭接等可靠的连接接头，使整个结构的力学性能等同或者接近于现浇结构，可称其为装配整体式混凝土结构，此时可参照现浇混凝土结构的力学模型对其进行结构分析。承重预制构件采用干式连接的装配式混凝土结构，安装简单方便，但对其在地震区，特别是在高烈度地震区的高层建筑的应用技术，还有待进一步的研究（表 5-2、表 5-3）。

装配整体式结构房屋的最大适用高度（m）　　表 5-2

结构类型	抗震设防烈度			
	6 度	7 度	8 度（0.2g）	8 度（0.3g）
装配整体式框架结构	60	50	40	30
装配整体式框架—现浇剪力墙结构	130	120	100	80
装配整体式框架—现浇核心筒结构	140	120	100	80
装配整体式剪力墙结构	130	110	90	70
装配整体式部分框支剪力墙结构	110	90	70	40

注：

（1）房屋高度指室外地面到主要屋面的高度，不包括局部突出屋顶部分；

（2）部分框支剪力墙结构指地面以上有部分框支剪力墙的剪力墙结构，不包括仅个别框支墙的情况；

（3）当房屋高度超过表中数值时，结构设计应有可靠依据，并采取有效的加强措施。

装配整体式结构适用的最大高宽比　　　　表 5-3

结构类型	抗震设防烈度	
	6 度、7 度	8 度
装配整体式框架结构	4	3
装配整体式框架—现浇剪力墙结构	6	5
装配整体式剪力墙结构	6	5
装配整体式框架—现浇核心筒结构	7	6

（1）装配整体式混凝土剪力墙结构体系

装配整体式混凝土剪力墙结构是目前我国高层装配式混凝土结构的主流体系。除底部加强区以外，根据结构抗震等级的不同，其竖向承重构件，部分采用预制剪力墙（如外墙），或全部采用预制剪力墙。根据我国当前技术水平的发展现状，同时能综合满足结构力学性能和建筑防水、保温等物理功能的要求，目前已建高层装配整体式居住建筑大多数采用现浇和预制相结合的方式，即外墙采用预制夹心保温外墙板，内墙和楼电梯间墙体采用现浇剪力墙，楼板采用带桁架钢筋的叠合楼板。通过节点区域以及叠合楼板的后浇混凝土，将整个结构连接成为具有良好整体性、稳定性和抗震性能的结构体系（图 5-1）。

图 5-1　装配整体式混凝土剪力墙

装配整体式剪力墙结构体系的工法应首先根据已完成的项目施工图的设计情况进行预制构件设计。设计过程中重点考虑构件连接构造、水电管线预埋、门窗、吊装件的预埋件，以及制作、运输、施工必需的预埋件、预留孔洞等，按照建筑结构特点和预制构件生产工艺的要求，将原传统意义上现浇剪力墙结构分为带装饰面及保温层的预制混凝土墙板，带管线应用功能的内墙板、叠合梁、叠合板，带装饰面及保温层的阳台等部件，同时考虑方便模具加工和构件生产效率、现场施工吊运能力限制等因素。

（2）装配整体式混凝土框架结构技术体系

图 5-2　装配整体式混凝土柱结构

装配整体式框架结构已在我国得到越来越广泛的应用。目前，大多数已建装配整体式框架结构，柱采用了预制柱或现浇柱（图 5-2），水平构件中的梁采用叠合梁，楼板采用带钢筋的叠合楼板。通过梁柱节点区域以及叠合楼板的后浇混凝土，将整个结构连接成为具有良好整体性、稳定性和抗震性能的结构体系。今后随着我国装配式混凝土建筑的各种技术和配套设备的发展，以及对大跨度框架结构需求的增加，大跨度的预应力水平构件也将会得到推广应用。

（3）装配式混凝土框架—剪力墙结构

装配式框架—剪力墙体系根据预制构件部位的不同，可以分为预制框架—现浇剪力墙结构、预制框架—现浇核心筒结构、预制框架—预制剪力墙结构三种形式。兼有框架结构和剪力墙结构的特点。体系中剪力墙和框架布置灵活，易实现大空间，适用高度较高。主要优势为：框架结构建筑布置比较灵活，可以形成较大的空间，但抵抗水平荷载的能力较差，而剪力墙结构则相反，框架—剪力墙结构使两者结合起来，取长补短。在框架的某些柱间布置剪力墙，从而形成承载能力较大、建筑布置又较灵活的结构体系。在这种结构中，框架和剪力墙是协同工作的，框架主要承受垂直荷载，剪力墙主要承受水平荷载。

2. 装配式钢结构建筑技术体系

钢结构建筑主要承重构件由型钢、钢板等钢材通过焊接、螺栓连接或切接而制成，根据结构受力特点大致分为门式钢架结构、空间桁架结构、张弦梁结构、弦支穹顶结构、网架结构及多高层结构等。钢结构建筑可广泛应用于工业建筑、公共建筑、商业建筑、住宅建筑等领域。装配式钢结构建筑技术体系优点如下：

1）抗震性能好。钢结构住宅通过提高强度来缩小截面，抗压和抗侧弯强度比

混凝土高出近 1.5 倍，大大增强了抗强震的能力，提高了住宅的安全可靠能力。

2）建设周期短。缩短工期三分之一左右。

3）施工质量高，精准度高。

4）综合投资省。和混凝土相比自重减轻三分之一，基础造价降低 30% 左右。

钢结构住宅是钢结构建筑的重要类别，具有钢结构建筑的一系列特性，同时又具备一般住宅建筑的共性。钢结构住宅建筑常用的结构体系主要可分为轻钢龙骨体系、钢框架体系、钢框架—支撑体系、钢框架—剪力墙体系、钢框架—核心筒体系、错列桁架体系等。不同的结构体系有不同的适用范围，虽然有些结构体系应用范围较广，但通常会受到经济等因素的限制（图 5-3、图 5-4）。

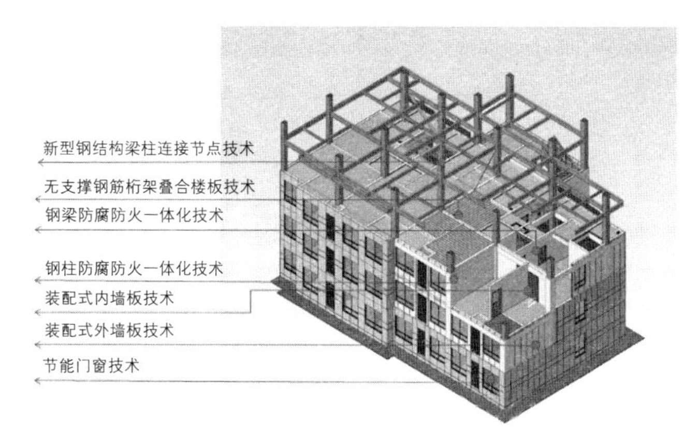

图 5-3　装配式钢结构多高层住宅技术体系

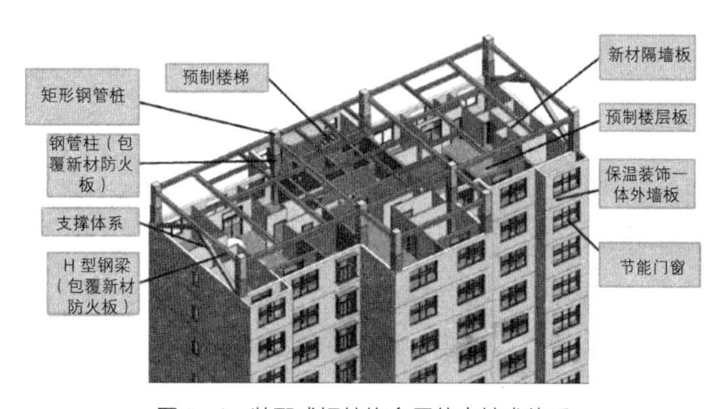

图 5-4　装配式钢结构多层住宅技术体系

（1）轻钢龙骨结构体系

轻钢龙骨结构体系住宅以镀锌轻钢龙骨作为承重体系，板材起围护结构和分隔空间作用。在不降低结构可靠性及安全度的前提下，可以节约钢材用量约 30%。该体系主要优点为：

1）构件尺寸较小，可将其隐藏在墙体内部，有利于建筑布置和室内美观。

2）结构自重轻，地基费用较为节省。

3）梁柱均为铰接，省了现场焊接及高强螺栓的费用。

4）受力墙体可在工厂整体拼装，易于实现工厂化生产。

5）易于装卸，加快施工进度。

6）楼板采用楼面轻钢龙骨体系，上覆刨花板及楼面面层，下部设置石膏板吊顶，既可便于管线的穿行，又满足了隔声要求等优点。

我国在20世纪80年代末开始引进欧美及日本的轻钢龙骨结构体系住宅。由于该体系梁柱之间铰接，其抗震性能不好，抗侧能力也较差，且目前国内冷弯型钢品种相对较少，与国外冷弯轻钢骨架材料性能差异较大，因此，该体系较适用于1～3层的低层住宅，不适用于强震区的高层住宅（图5-5）。

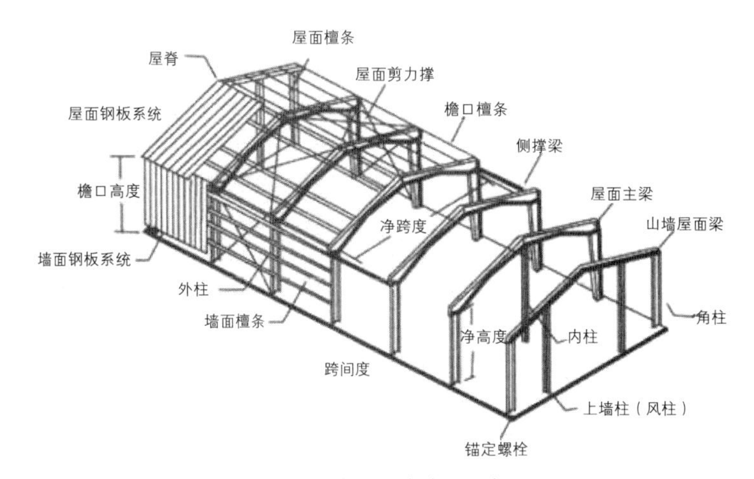

图5-5 轻钢龙骨结构体系示意图

（2）钢框架结构体系

图5-6 钢框架结构建筑施工实景图

钢框架结构体系受力特点与混凝土框架体系相同，竖向承载体系与水平承载体系均由钢构件组成（图 5-6）。钢框架结构体系是一种典型的柔性结构体系，其抗侧移刚度仅由框架提供。该体系主要特点如下：

1）开间大、使用灵活，充分满足建筑布置上的要求。

2）受力明确，建筑物整体刚度及抗震性能较好。

3）框架杆件类型少，可以大量采用型材，制作安装简单，施工速度较快。

4）在强震作用下，抵抗侧向力所需梁柱截面较大，导致其用钢量大。

5）相对于围护结构梁柱截面较大，导致室内出现柱楞，影响美观和建筑功能。

6）适用于 6 层以下的多层住宅，不适用于强震区的高层住宅。

（3）钢框架—支撑体系

在钢框架体系设置支撑构件以加强结构的抗侧移刚度，形成钢框架—支撑结构。支撑形式分为中心支撑和偏心支撑。中心支撑根据斜杆的布置形式可分为十字交叉斜杆、单斜杆、人字形斜杆、K 形斜杆体系。与框架体系相比，框架—中心支撑体系在弹性变形阶段具有较大的刚度，但在水平地震作用下，中心支撑容易产生侧向屈曲。偏心支撑中每一根支撑斜杆的两端，至少有一端与梁相交（不在柱节点处），另一端可在梁与柱交点处进行连接，或偏离另一根支撑斜杆一段长度与梁连接，并在支撑斜杆杆端与柱子之间构成一耗能梁段，或在两根支撑斜杆的杆端之间构成一耗能梁段。偏心支撑框架与剪力墙结构相比在达到同样的刚度重量要小，用于高层住宅结构时经济性好。但该体系结构层高较低，构件节间尺寸较小，导致支撑构件及节点数量均较多；且传力路线较长，抗侧力效果较差（图 5-7）。

图 5-7　斜支撑承插式轻钢平面模块化装配式建筑

（4）钢框架—剪力墙结构体系

钢框架—剪力墙体系可细分为框架—混凝土剪力墙体系、框架—带竖缝混凝土剪力墙体系、框架—钢板剪力墙体系及框架—带缝钢板剪力墙体系等。框架—混凝土剪力墙体系常在楼梯间或其他适当部位（如分户墙）采用现浇钢筋混凝土剪力墙作为结构主要抗侧力体系，由于钢筋混凝土剪力墙抗侧移刚度较强，可以减少钢柱的截面尺寸，降低用钢量，并能够在一定程度上解决钢结构建筑室内空间的露梁露柱问题。

该体系将钢材的强度高、重量轻、施工速度快和混凝土的抗压强度高、防火性能好、抗侧刚度大的特点有机地结合起来，但现场安装比较困难，制作比较复杂。

（5）钢框架—核心筒结构体系

钢框架—核心筒体系是由外侧的钢框架和混凝土核心筒构成。钢框架与核心筒之间的跨度一般为 8 ~ 12m，并采用两端铰接的钢梁，或一端与钢框架柱刚接相连、另一端与核心筒铰接相连的钢梁。核心筒的内部应尽可能布置电梯间、楼梯间等公用设施用房，以扩大核心筒的平面尺寸，减小核心筒的高宽比，增大核心筒的侧向刚度。体系中的柱子可采用箱形截面柱或焊接的 H 型钢，钢梁可采用热轧 H 型钢或焊接 H 型钢。

钢框架—核心筒体系的主要优点为：

1）侧向刚度大于钢框架结构。

2）结构造价介于钢结构和钢筋混凝土结构之间。

3）施工速度比钢筋混凝土结构有所加快，结构面积小于钢筋混凝土结构。

（6）错列桁架结构体系

错列桁架结构体系是在钢框架结构的基础上演变而来的，它无论是在建筑功能方面还是在力学特性上都有着胜过普通钢框架的优点，其基本组成为柱、钢桁架梁和楼面板，主要适用于 15 ~ 20 层住宅。

该结构体系是由高度为层高、跨度为建筑全宽的桁架，两端支承在房屋外围纵列钢柱上，所组成的框架承重结构不设中间柱，在房屋横向的每列柱的轴线上，这些桁架隔一层设置一个，而在相邻柱轴线则交错布置。在相邻桁架间，楼板的一端支承在相邻桁架的下弦杆。垂直荷载则由楼板传到桁架的上下弦，再传到外围的柱子。错列桁架结构体系主要特点如下：

1）利用柱子、平面桁架和楼面板组成空间抗侧力体系，具有住宅布置灵活、楼板跨度小、结构自重轻的优点。

2）腹杆可采用斜杆体系和华伦式空腹桁架相结合，便于设置走廊，房间在纵向必要时也可连通。

3）交错桁架体系可采用小柱距获得大空间。

4）桁架与柱连接均为铰接连接，进一步简化了节点的构造。

5）构件主要承受轴力，可以使结构材料的强度得到充分利用，经济性好。
6）在大的地震力作用下，结构的抗震性能很差。
7）桁架腹杆提前屈曲或较早进入非弹性变形，造成刚度和承载力的急剧下降。
其余部分装配式建筑见图 5-8 ~图 5-12。

图 5-8　平面图体模块化

图 5-9　六面体模块化居住建筑

图 5-10　六面体模块化单体吊装

图 5-11　六面体模块化单体生产车间流水线

图 5-12　装配式木结构建筑施工实景图

3. 装配式木结构建筑技术体系

现代木结构建筑是在建筑的全寿命期内，能最大限度地节约资源、保护环境和减少污染，为人们提供健康、适用和高效的使用空间，是与自然和谐共生的建筑。现代木结构系统可以分为轻型木结构和重型木结构。此两种类型的结构具有较大区别，所采用的结构类型取决于建筑物大小和用途。建筑物通常按住户数、建筑物高度和面积进行分类，木结构最常见的运用是在房屋建造中，包括从独户木屋到 3 ~ 5 层的现代化房屋（可作住宅、商业设施、工业设施使用，见表 5-4、表 5-5）。

现代木结构建筑结构体系　　　　表 5-4

建筑类型	结构体系
底层建筑	井干式木结构、轻型木结构、梁柱一支撑结构
多层建筑	轻型木结构、梁柱一支撑、梁柱一剪力墙、CLT 剪力墙
高层建筑	梁柱一支撑、梁柱一剪力墙、CLT 剪力墙、核心筒一木结构
大跨建筑	网壳结构、张弦结构、拱结构及桁架结构等

多高层木结构建筑允许层数（6 度）　表 5-5

结构体系	轻型木结构	梁柱—支撑结构	梁柱—剪力墙结构	剪力墙结构	核心筒—木结构
层数	6 层	6 层	10 层	12 层	18 层

（1）井干式木结构体系

井干式木结构体系（木刻楞）采用原木、方木或胶合原木等实体木料，逐层累叠、纵横叠垛而构成。该结构体系的特点包括连接部位采用榫卯切口相互咬合、木材加工量大、木材利用率不高等。该体系在国内外均有应用，一般在森林资源比较丰富的国家或地区比较常见，如我国东北地区就大量采用该结构体系。

（2）轻型木结构体系

轻型木结构体系是用规格材、木基结构板材及石膏板等制作的木构架墙体、楼板和屋盖系统构成的单层或多层建筑结构。该结构体系具有安全可靠、保温节能、设计灵活、建造快速、建造成本低等特点。该体系一般用于低层、多层住宅建筑和小型办公建筑等。

（3）梁柱—剪力墙木结构体系

梁柱—剪力墙木结构体系是在胶合木框架中内嵌木剪力墙的一种结构体系，既改善了胶合木框架结构的抗侧力性能，又比剪力墙结构有更高的性价比和灵活性。该体系可用于低层和多、高层木结构。

（4）梁柱—支撑木结构体系

梁柱—支撑木结构体系在胶合木梁柱框架中设置（耗能）支撑的结构体系，其体系简洁、传力明确、用料经济、性价比较高。该体系可用于多、高层木结构建筑。

（5）CLT 剪力墙木结构体系

CLT 剪力墙木结构体系是以正交胶合木作为剪力墙的结构体系，以 CLT 木质墙体为主承受竖向和水平荷载作用，保温节能、隔声及防火性能好，结构刚度较大，但用料不经济。该体系可用于多、高层木结构建筑。

（6）框架—核心筒木结构体系

框架—核心筒木结构体系是以钢筋混凝土或 CLT 核心筒为主要抗侧力构件，加外围梁柱框架的结构形式。该体系特点为以核心筒为主要抗侧力构件，木梁柱为主要竖向受力构件；结构体系分工明确，但需注意两种结构之间的协调性。主要用于多、高层木结构建筑。

（7）其他结构

现代木结构建筑结构体系还包括网架木结构、张弦结构、拱结构和衍架结构体系等，其主要应用领域和一般设计跨度如表 5-6 所示。

大跨木结构建筑结构体系和一般设计　　表 5-6

结构体系	主要应用领域	一般设计跨度（m）
网壳木结构	大跨木结构公共建筑	50 ~ 150
张弦结构	大跨木结构建筑和桥梁	30 ~ 60
拱结构	大跨木结构建筑和桥梁	20 ~ 100
桁架结构	大跨木结构建筑和桥梁	20 ~ 60

（8）现代木结构的连接类型

现代木结构连接主要有如下几种类型：钉连接、螺钉连接、螺栓连接、销连接、裂环与剪板连接、齿板连接和植筋连接等，其中前 4 类可统称为销轴类连接，也是现代木结构中最常见的连接形式。

4. 装配式竹结构建筑技术体系

竹材具有良好的物理性能和优异的力学性能，同时作为环保型可再生资源，竹材的生长周期短，可利用率高，装配式竹结构建筑技术体系就是利用竹材作为主要的建筑结构材料，这种房屋的设计可以充分利用我国丰富的竹材资源，实现装配式房屋的环保化和节能化。装配式竹结构主要适用于 3 层以下建筑（图 5-13）。与现有的装配式房屋相比，装配式竹结构房屋的优点为：

图 5-13　装配式竹结构建筑

（1）具有很高的强度 / 重量比，竹结构韧性大，对于瞬间冲击荷载和周期性疲劳破坏有很强的抵抗能力，具有良好的抗震性能。

（2）生产加工快，装配快，可以多次拆装重复利用，而且拆装损耗率低，即使有局部损坏也易于修复。

（3）结构安全，造型简洁美观，制作规格可以多种多样；便于采用标准化构件、标准化模数进行设计和施工，其屋顶可以设计成平坡屋顶、单坡屋顶、双坡屋顶等屋顶形式。

（4）采用竹材作为主要原材料，其原料来源广，而且是可再生资源，竹子具有生长速度快、成材周期短、产量大等优点，因此竹材来源有保障。

（5）竹材是绿色材料，其生产过程环保，无污染，符合可持续发展的要求。

（6）耐腐蚀，竹材对许多化学物质具有耐腐蚀性，许多竹材天生耐腐烂及虫害，而且经过加工而成的竹胶合板更加耐腐蚀。

5.1.3　装配建筑内外墙体

装配式建筑墙体作为装配式建筑建造过程中的重要部分，主要分为装配式外墙体系和装配式内墙体系，具体如表 5-7 和图 5-14 所示。

新型装配式内外墙体系表　　表 5-7

技术体系名称	主要分类	特点
装配式外墙体系	承重混凝土岩棉复合外墙板	面密度较大，安装效率较低
	薄壁混凝土岩棉复合外墙板	制作工艺较复杂
	混凝土聚苯乙烯复合外墙板	面密度较大，需要专用吊机安装
	混凝土膨胀珍珠岩复合外墙板	
	钢丝网水泥保温材料夹芯板	制作工艺复杂，质量参差不齐，影响房间信号
	SP 预应力空心板	质量过关，制造工艺省时省料，但价格较高
	加气混凝土外墙板	面密度大，安装成本高，水泥基建材污染严重
装配式内墙体系	磷石膏空心轻质隔墙条板	具备轻质高强特性，防火和隔声性能较好，面密度小，性价比较高
	磷石膏增强纤维型轻质隔墙条板	通过加入固废材料新能源风力发电机旧风叶片作为增强材料，取代传统网格布、短纤维等增强材料，增加产品稳定性，提高板材抗折弯及抗压性能，并保留石膏板轻质高强特性，防火和隔声性能好，面密度小，性价比较高

1. 装配式外墙体系

目前国内可作为装配式外墙板使用的主要墙板种类有：承重混凝土岩棉复合外墙板、薄壁混凝土岩棉复合外墙板、混凝土聚苯乙烯复合外墙板、混凝土珍珠岩复合外墙板、钢丝网水泥保温材料夹芯板、SP 预应力空心板与加气混凝土外墙板。其中，承重混凝土岩棉复合外墙板面密度较大，安装效率较低，不利于推广应用；薄壁混凝土岩棉复合外墙板制作工艺较复杂，不利于推广应用；混凝土聚苯乙烯复合外墙板和混凝土膨胀珍珠岩复合外墙板面密度较大，需要专用吊机安装，

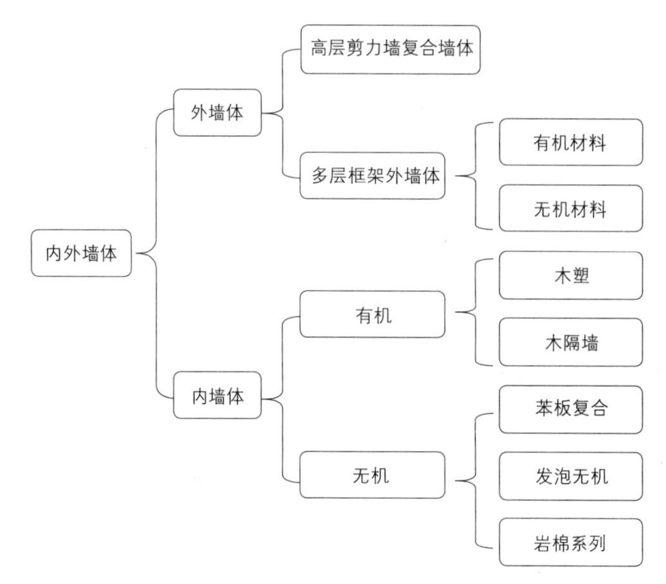

图 5-14 装配式内外墙系统

不利于推广应用于当前的建筑工业化；钢丝网水泥保温材料夹芯板制作工艺复杂，质量参差不齐，不符合工业化推广应用。以下简要介绍 SP 预应力空心板、加气混凝土外墙板。

（1）SP 预应力空心板

SP 预应力空心板生产技术是采用美国 SPANCRETE 公司技术与设备生产的一种新型预应力混凝土构件。

SP 预应力空心板采取高强低松弛钢绞线为预应力主筋，用特殊挤压成型机，在长线台座上将特殊配合比的干硬性混凝土进行冲压和挤压一次成型，可生产各种规格的预应力混凝土板材。该产品具有表面平整光滑、尺寸灵活、跨度大、高荷载、耐火极限高、抗震性能好等优点及生产效率高、节省模板、无须蒸汽养护、可叠合生产等特点，但价格较高（图 5-15）。

图 5-15 预应力空心板

（2）加气混凝土外墙板

加气混凝土外墙板是以水泥、石灰、硅砂等为主要原料，再根据结构要求配置添加不同数量经防腐处理的钢筋网片的一种轻质多孔新型的建筑材料外墙板（图 5-16）。

（a）　（b）　（c）　（d）

图 5-16　装配式混凝土外墙板

此类墙板高孔隙率致使材料的密度大大降低，墙板内部微小的气孔形成的静空气层减小了材料的热导率。因为墙板的孔隙率大，具有可锯、可钉、可钻和可粘结等优良的可加工性能，便于施工。该墙板同时具有良好的耐火性能、较高的孔隙率使材料具有较好的声性能。

2. 装配式内墙体系

装配式内墙体主要有磷石膏空心轻质隔墙条板、磷石膏增强纤维型轻质隔墙条板。空心轻质隔墙板具有实心、轻质、薄体、强度高、抗冲击、吊挂力强、隔热、隔声、防火、防水、易切割、可任意开槽，无须批荡、干作业、环保等其他墙体材料无法比拟的综合优势，其中主要优势是隔声、保温、吊挂力、防火，同时面密度小，具有良好的经济效益。该墙板可广泛应用于各类高、多层建筑非承重墙体，也可作隔声、消防隔墙使用。

（1）隔声

可以满足各种房间的隔声要求，可以达 50dB 以上，如 90mm 型空心轻质隔墙板施工后，隔壁说话能听到声音但听不到谈话内容，120mm 型轻质隔墙板施工后完全听不见隔壁讲话，可以很好使高隔声工程达到标准。

（2）保温

轻质隔墙板保温性能较好，可以使结构内表面保持较高的温度，从而避免了表面结霜，并使冬季室内热环境得到改善。此外对夏季的隔热也有一定的好处。

（3）吊挂力

轻质隔墙板是两层或多层复合板结构，单点吊挂可达 1000N。因此，在隔墙板任意部位可以钉钉、钻孔或打膨胀螺栓，且可吊挂重物。

（4）防火

轻质隔墙板可以连续 4h 在 1000℃的高温下不发生燃烧，而且也不会散发有害气体，不燃性可以达到 A1 级标准。

（5）经济效益

用材少，施工简单，加快施工的进程，节约成本，材料损耗率低等。

3. 磷石膏空心轻质条板

磷石膏空心轻质石膏条板是一种以磷石膏制备的建筑石膏为主要原材料，粉煤灰、钢渣等工业废渣为轻集料，耐碱玻璃纤维网布和（或）短纤维为抗裂增强材料，掺加一定比例的改性激发剂、增强剂和其他外加剂，经水搅拌、机械成型、干燥养护制成的空心轻质墙板，简称石膏条板，可根据工程需要定尺切割长度（图 5-17、图 5-18）。

图 5-17　抗弯承载实验图

图 5-18　石膏空心条板

磷石膏空心条板与传统的砌块相比，在用作建筑内隔墙时，其单位面积内的质量更轻、施工效率更高，从而使建筑自重减轻，基础承载变小，可有效降低建筑造价。磷石膏空心条板具有强度较高、隔热、防水等性能，可锯、可刨、可钻。

磷石膏空心条板拼接处采用同性同料的粘结石膏进行粘结，加入网格布进行二次勾缝，在后期装修装饰面中能有效解决轻质隔墙易开裂的技术难题。

4. 磷石膏增强纤维型轻质隔墙条板

磷石膏增强纤维型轻质隔墙条板是一种以磷石膏制备的建筑石膏为主要原材料，以固废材料新能源风力发电机旧风叶片增强纤维为抗裂增强辅助材料，通过掺加一定比例的改性激发剂、增强剂和其他外加剂，经水搅拌、机械成型、干燥养护制成的空心轻质墙板，简称石膏条板，可根据工程需要定尺切割长度。

风能是一种清洁无公害的可再生能源，随着近年来新能源风力发电的规模增长，其风能发电叶片更换后会产生大量的工业固废——旧叶片无法消纳。为保障新能源风力发电能持续发展，将磷石膏轻质隔墙条板与叶片废渣进行结合，研发克服新能源风力发电机旧风叶片差异化，实验探明最优材料指标和尺寸，解决旧风叶片对于条板成型的影响，结合旧风叶片在石膏浆料中的分散性，以及胶结浆料稠度、叶片性能及掺入节点、方式的研究，使二者能有效相互结合。在板材内加入新能源风力发电机旧风叶片为增强材料，在保留轻质高强等优异性能的同时，取代了传统生产工艺中添加网格布、短纤维作为隔墙板增强材料的方式，解决因传统增强材料发生位移、变形引起的隔墙板物理性能指标波动，可稳定和增强磷石膏隔墙板的物理性能指标，提高产品抗压强度及抗弯荷载能力，使其超过《建筑用轻质隔墙条板》GB/T23451—2009 的要求，并精简生产工艺流程，使标准化控制生产更加精准（表 5-8）。

磷石膏增强纤维型轻质隔墙条板物理性能指标　　表 5-8

序号	检验项目	标准要求	检验结果
1	面密度（kg/m^2）	≤ 90	74
2	含水率（%）	≤ 12	6
3	抗压强度（MPa）	≥ 3.5	6.1
4	软化系数	≥ 0.40	0.62
5	抗弯破坏荷载［板自重倍数］（倍）	≥ 1.5	4.0
6	抗冲击性能	5 次冲击板面无裂纹	板面无裂纹
7	吊挂力	板面无宽度超过 0.5mm 裂缝	板面无裂缝
8	干燥收缩值（mm/m）	≤ 0.6	0.3

5.1.4 装配式建筑技术方法

装配式建筑技术遵循“技术集成、产品成套”的技术路线，实现“标准化设计、工厂化制造、装配化施工、一体化装修、信息化管理”五化一体的核心内容，达到“综合效益最大化”的目标。装配式建筑工业化技术体系包含八大板块，即工厂化制造、装配式施工、一体化装修、建筑集成技术、信息化管理、BIM 技术应用、标准化技术、综合效益评估，如图 5-19 所示。

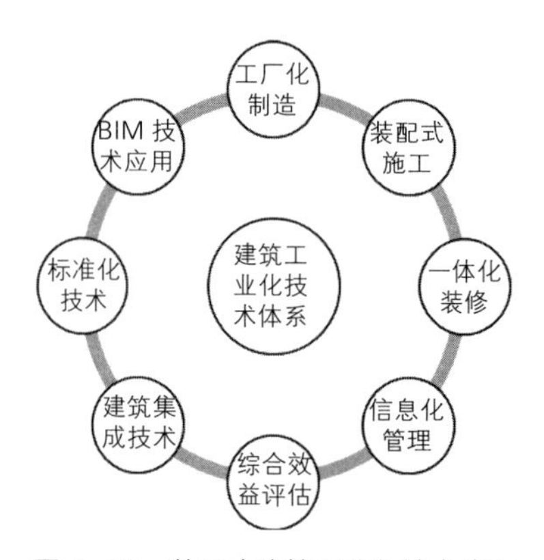

图 5-19　装配式建筑工业化技术体系

（1）工业化制造

包括工业化产品制造的思维，在不同工程自动化流水线上生产单一模块产品，产品具有统一标准、提质增效。

（2）标准化技术

设计标准化原则包括模数化模块化的设计理念，少规格多组合的原则，以单元模块为核心拼装各功能建筑，运用工业制造的思维、形成标准化、系列化、成套化的建筑产品；装配化施工包括机械化工具化的安装方式、作业标准程序化、减少现场湿作业和现场人工、提高效率、调整质量、缩短工期；一体化装修包括建筑、结构、机电、精装、家居、部品部件模数协同化，构建通用化、各专业接口标准化、干法施工。

（3）信息化管理

包括信息化与工业化深度融合，打造 BIM 统一管理平台，实现相关数据在设计、构件生产和建造各环节间的相互传递并及时修正，对质量、成本的实时监控，预制装配的可视化模拟，优化生产和工序穿插，对构件、部品部件的全生命周期的质量追溯。

5.1.5　建筑模数化协调标准

1. 我国的模数协调标准编制过程大概可分三个阶段

（1）初编标准

20 世纪 50 年代，我国第一次工业化高潮。1956 年开始实施建筑模数协调标准，参照苏联规范编制了《建筑统一模数制》（标准 104—55）和《厂房结构统一化基本规则》（标准 105—56）两套，其中提出了“模数数列”和“定位线”的概念。在统一单轴线定位的基础上确定建筑物与建筑构件定位的原则和制图方法。它们在新中国初期的基本建设中发挥了重要作用。

（2）标准修编

第二次建筑工业化高潮在 20 世纪 70 年代，结合中国国情，进行了标准的删繁就简，将 240mm × 115mm × 53mm 的标准烧结黏土砖纳入规范，形成中国自己的模数协调标准，完成了《建筑统一模数制》GBJ 2—73 和《厂房建筑统一化基本规则》TJ 6—74。这些标准主要应用于工业和民用建筑物的设计上。

（3）标准扩充阶段

20 世纪 80 年代是我国历史上空前的住宅建设高潮。吸取欧洲和日本的建设经验，引进预制装配大板、框架板和砌块建筑，走建筑工业化的道路。经过对适应住宅设计的方法进行新规范的编制，初步形成了我国的建筑模数协调标准体系。可以划分为四个层次，即：总标准：《建筑模数协调统一标准》（提出“双轴线定位”）；第二层次：《住宅建筑模数协调标准》（首次编制）与《厂房建筑模数协调标准》;第三层次:《建筑楼梯模数协调标准》(第一套建筑构件模数协调标准)、《建筑门窗洞口尺寸系列》《住宅厨房及相关设备基本参数》《住宅卫生间功能和尺寸系列》; 第四层次: 建筑构配件和各种产品或零部件的标准。

2. 我国现行模数协调体系存在的问题与标准修订

模数协调体系存在的问题: 新扩充的标准吸收了国际上的新理论，但仍存在协调和配套的问题，制约了装配式建筑的发展，存在以下的问题:

1) 建筑模数标准之间不协调;

2) 建筑模数标准与其他规范不协调;

3) 建筑模数标准与结构体系不协调;

4) 建筑模数体系的灵活性较差。

考虑到以上问题，需要进行建筑模数协调标准的修订，提倡新标准与原标准应保持密切的延续性，一般应为原标准的延展、扩充和提高，而不要轻易采用否定的做法，保证建筑模数协调标准的可实施性和协调作用。

5.2 磷石膏墙板装配式建筑施工技术

5.2.1 磷石膏墙板特点

磷石膏墙板在装配式建筑的施工技术，是用磷石膏在工厂预制的墙板在工地装配而成的内外墙体。预制磷石膏墙板充分利用工厂化生产的优势，实现了墙板和其他预制构件设计标准化、生产工厂化、运输物流化以及安装专业化，提高了施工生产效率，减少了施工废弃物的产生。

1. 磷石膏墙板设计标准、生产精度高

同类型构件的截面尺寸和配筋进行统一设计，保证构件生产标准化。在构件生产过程中，对构件的截面尺寸、定位钢筋位置及构件的平整度、垂直度的生产精度提出严格的要求。

2. 磷石膏墙板生产及运输

根据使用需求情况，提前做好生产和运输计划。构件加工前，应按照构件需求总进度计划排出生产计划，确保构件生产、运输与现场安装配套供应，保证现场流水施工。

3. 墙板吊装顺序

根据标准单元的构件布置图，采用信息化编码，取先远后近的原则，确保塔吊吊装顺序合理。在墙板吊装前，可对墙板进行顺序编号、控制吊装顺序。

4. 工具支撑方便快捷

根据构件的受力特征,钢卡连接。保证构件支撑方便、牢固、防开裂、就位快捷。

5. 质量通病少

外墙板为“三明治”夹心的体系或者和钢筋混凝土板、密肋钢筋混凝土复合而成的外墙板，通过采用面砖反打等工艺、构件拼接处企口设计，从工艺及构造上解决了外墙面渗漏、开裂、面砖空鼓及伸缩脱落等问题。通过工厂化生产解决了构件滴水线及装饰线易损坏及房间施工尺寸偏差大等通病。

6. 磷石膏墙板连接可靠

根据预制构件的受力特征采用特定的连接方式与现浇结构连成一体，满足结构承载力和变形要求，达到构件连接可靠，满足结构的安全性和耐久性。

7. 施工安全隐患少

磷石膏外墙板少了外立面装修工程量。外墙预制墙板之间现浇节点的外模板采用保温装饰一体化模板方案，避免了外侧节点模板支设难、后续保温施工安全隐患多的问题，减少了外装修的高风险作业。

8. 节能减排效益显著

磷石膏外墙板工厂生产减少了建筑材料损耗。现场湿作业显著减少，降低了建筑垃圾的产生。模板支设面积减少，降低了木材使用量。钢筋和混凝土现场工程量减少，降低了现场的水电用量，也减少了施工噪声、烟尘等污染物的排放，节能减排效益显著。

5.2.2　磷石膏内墙板施工技术

磷石膏内墙板施工技术主要与墙板的排列顺序、工艺工法、连接材料等有关，科学合理的施工技术能提高生产效率，保证质量和施工安全。本节主要介绍磷石膏内墙板的施工技术。

1. 工艺工法特点

磷石膏墙板与传统的加气混凝土砌块施工工艺相比，磷石膏内墙板工艺工法具有以下特点：

(1)施工效率高。改性磷石膏轻质内隔墙板常用规格为 3000mm × 600mm ×

120mm，每块标准墙板安装完成可形成 1.8m^2 墙面，现场组装拼接效率约为 50m^2/ 工日。

（2）精准定位，质量易控。改性磷石膏轻质内隔墙板的边板同混凝土墙、柱面通过 U 形钢卡定位，板间通过榫槽结构相互咬合拼装并采用粘结石膏连接，质量易于控制。

（3）实现免抹灰。避免常见砌体墙抹灰空鼓、开裂的质量通病。

（4）绿色施工，节能环保。改性磷石膏轻质内隔墙板安装属于干法施工，现场文明施工得到有效保证。

2. 适用范围

本工法适用于建筑中非承重内隔墙，不适用于建筑物外围护墙体和有防水要求的工程部位。

3. 工艺原理

（1）直行墙

本工法主要通过初凝速度快、粘结性能好的粘结石膏将密度轻、强度高的改性磷石膏轻质内隔墙板粘结成墙。施工前通过排版编码批量生产自带榫槽结构改性磷石膏轻质内隔墙板，施工时先视需要安装镀锌方钢构造柱或镀锌方钢圈梁，随后将改性磷石膏轻质内隔墙板边板同墙、柱面通过定位精准 U 形钢卡及粘结石膏固定安装，板间通过其自带榫槽结构卡合并配合“万”字钢卡及粘结石膏连接牢固以形成可靠墙体，无须抹灰。基于磷石膏材料特性和装配式施工方式，可达到墙体高效施工，质量可靠的目的。

（2）弧形墙

本工法先通过粘结石膏、U 形卡及玻纤网格带将改性磷石膏轻质内隔墙板按弧形墙 BIM 排版参数初步粘结成墙，随后采用抹灰或外包饰面板进行找平饰面达到弧形墙体设计要求。基于粘结石膏凝结时间短、粘结性强以及改性磷石膏轻质内隔墙板装配式施工方式，可以实现弧形墙高效施工，成型质量可靠；同时基于 BIM 技术排版精度高，现场测量精准及二次成弧工艺可保证弧形墙曲面美观、平顺。

4. 施工工艺流程及操作要点

（1）施工工艺流程（图 5-20）

（2）操作要点

1）施工准备

①深化设计排版：根据工程实际情况，以隔墙实施作业面为据，确定隔墙构

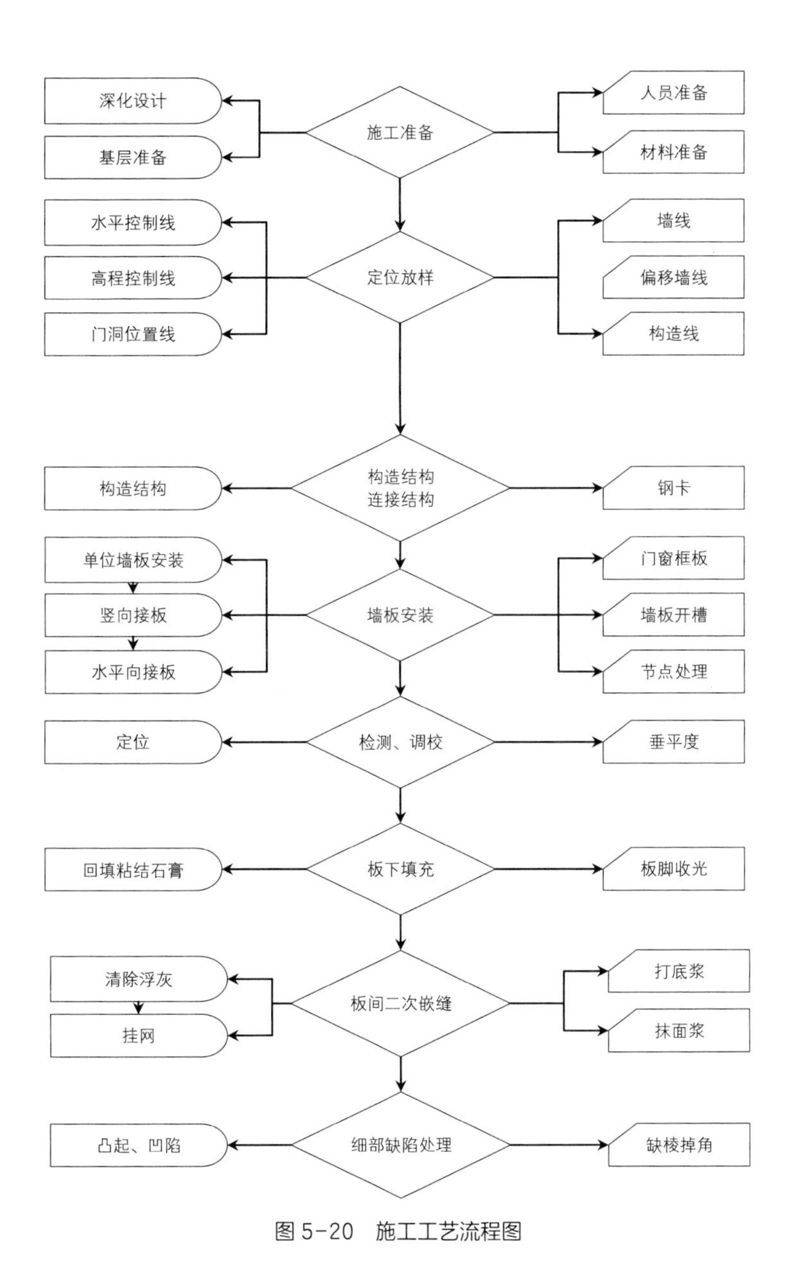

图 5-20　施工工艺流程图

造结构及隔墙安装排版；以 6000mm × 3800mm 墙体为例，排版下料示意图如图 5-21 所示。

②人员准备

施工操作人员进场前须进行安全教育和安全技术交底，涉及特种作业人员须持特种作业证书上岗。施工作业前须接受技术交底，熟悉工序流程、工艺要点。

改性磷石膏轻质内隔墙板单位作业面应设置一个施工小组，每个小组选配 3 ~ 4 名操作熟练的隔墙板施工作业人员，其中 1 ~ 2 人负责安装墙板，1 ~ 2 人

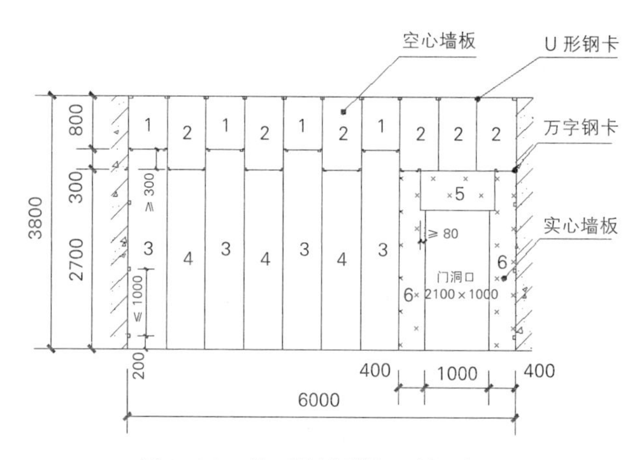

图 5-21 磷石膏墙板排版下料示意图

负责配合安装墙板过程中的必要工序及过程中检测、调校。

③材料准备

A. 改性磷石膏轻质内隔墙板材料及墙体安装所需构造结构、钢卡、连接件、粘结石膏等材料进场必须具备材料质量合格证、检验检测报告和材料说明书，原材料进场应按需分批进场，控制材料进场积存量，避免材料囤积不当导致材料性质变异。

B. 改性磷石膏轻质内隔墙板原材料（物理、化学）性质须满足设计及规范要求。

C. 改性磷石膏轻质内隔墙板冬季施工时，室内温度应在 5℃以上，粘结石膏不得发生冰冻现象。

D. 改性磷石膏轻质内隔墙板转运、吊装时，不应采用墙板相互之间施加荷载（如堆叠堆码）方式，若无法避免，则最多堆叠一块墙板。垂直运输时，应根据垂直运输机具核定载重量确定墙板单次运输数量。

E. 改性磷石膏轻质内隔墙板厚度应满足建筑物抗震、防火、隔声、保温等功能要求；单层墙板用做分户墙时，其厚度不应小于 120mm；用做户内分室隔墙时，其厚度不宜小于 90mm。

2）定位放样

①复核作业面平面、高程控制线。

②复核无误后，根据设计图纸，弹设墙体偏移控制线（宜为 200mm 平行线）。

③弹设墙线。

④弹设门洞位置线及构造结构位置线。

⑤墙线、门洞位置线及构造结构位置线均须弹射在地面及顶棚板面上（图 5-22）。

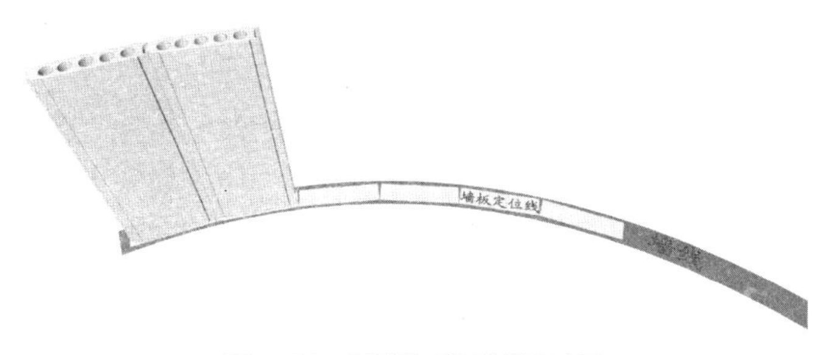

图 5-22　弧形墙现场放样示意图

3）安装构造结构、钢卡

①安装构造结构

A. 墙板安装长度超过 6m 需加设构造柱（宜采用镀锌钢柱），100mm 厚墙板安装高度超过 3.6m、120mm 厚墙板安装高度超过 4.5m 时，在水平方向需加设构造梁（宜采用镀锌钢梁），其规格同镀锌钢柱（具体钢构规格及选材由专业设计确定）。

构造柱与规格匹配的专用角码焊接，采用膨胀螺栓（规格不应小于 M6×50mm）将焊接成一体的构造柱与墙、柱或地面固定。

构造柱和构造梁安装时注意检查校正平整度和垂直度。

B. 安装钢卡

墙板与混凝土结构连接时采用 U 形钢卡定位。

U 形钢卡大小应同墙板宽度匹配。

U 形钢卡宜采用射钉固定于混凝土结构上，每件 U 形钢卡射钉连接点不少于 2 处，连接位置宜位于钢卡中轴线上。

墙板与顶板、结构梁的接缝处，钢卡的间距不应大于 600mm。

墙板与主体墙、柱的接缝处，钢卡可间断布置，间距不应大于 1m。

接板安装的隔墙，墙板上端与顶板、结构梁的接缝处应加设钢卡进行固定，且每块墙板不应少于 2 个固定点。

墙板竖向接板时应采用万字形钢卡连接。

U 形钢卡安装示意图如 5-23 所示。

4）墙板安装

墙板宜从主体墙、柱的一端向另一端顺序安装；有门洞时，宜从门洞处向两端安装。墙板应竖向排列。当隔墙端部尺寸不足一块标准墙板宽度时，可按设计要求切割补板，补板宽度不应小于 200mm，且不得放置在端头处；竖向墙板一板到顶安装完成后，再依次进行水平向安装，直至整块墙体安装完成，不得首层板全部安装完成后再安装上层板（图 5-24）。

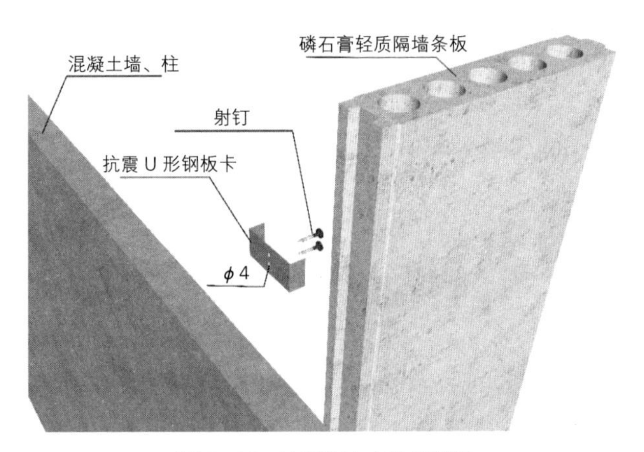

图5-23　U形钢卡安装示意图

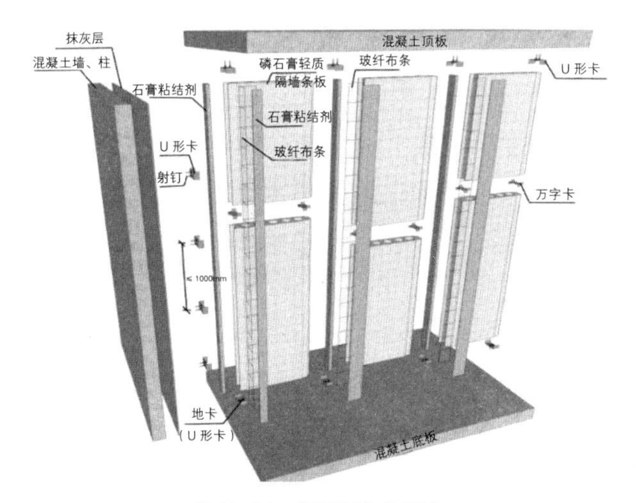

图5-24　墙板安装分解图

①单位墙板安装流程

A. 拌制粘结石膏

按水粉比0.45∶1（质量比）的要求将适量粘结石膏放入盛有匹配容量的水的容器中，用搅灰器搅拌成膏状（达到粘结石膏拌和质量要求）；视安装情况调节粘结石膏拌和量，粘结石膏应随拌随用。

B. 涂抹粘结石膏

按排版编号选取墙板，将拌制好的粘结石膏均匀、密实地涂抹在墙板榫槽处、墙板与构造结构连接处和墙板与混凝土结构连接处。

C. 墙板就位

墙板由2人将墙板扶正就位，2人拿撬棒调整墙板位置。

墙板就位后，两侧各1人推挤，对准定位线后用撬棒将墙板撬起，边撬边挤，使墙板精准就位，粘结石膏均匀填充接缝（以挤出浆为宜）。

D. 木楔固定

2 人分别准备木楔，于墙板就位对准定位线后将木楔楔入板底。

木楔两个为一组，每块墙板底脚打两组，固定墙板时用铁锤在板底两边打入木楔，木楔位置应选择在墙板实心肋位处，以免造成墙板破损，为便于调校应尽量打在墙板两侧，木楔使条板顶部紧贴于梁底或板底后替下撬棒便可松手。

E. 挂网格布

墙板与不同材料连接交界部位应挂设耐碱玻纤网格布，耐碱玻纤网格布与各基层搭接宽度不小于 150mm。

②竖向接板安装

在限高以内安装墙板时，竖向接板不宜超过一次，相邻墙板接头位置应错缝≥ 300mm。竖向接板安装流程如下：

A. 根据排版要求，先安装下部第一块墙板。

B. 待下部墙板稳定后，开始安装上部墙板。

C. 墙板中部接驳位置用泡沫棒堵孔，再抹上粘结石膏在孔内形成胶浆栓。

D. 顶部堵孔，上部胶浆饱满并安装固定 U 形钢卡。

E. 单位墙板安装到顶后，再依次进行左右方向安装，直至整块墙体安装完成。

③墙板节点处理

A. 墙板一字连接：榫头、榫槽对接，接缝处应填满灌实粘结石膏，板缝间应揉挤密实，被挤出的粘结石膏应刮平勾实，墙板安装完成后，挂抗裂网格带。

B. 墙板任意角连接：根据单位墙板定位线将水平向顺序下一块墙板就位，在墙板接缝处采用粘结石膏填满灌实，并揉挤密实，被挤出的粘结石膏应刮平勾实，安装完成后挂抗裂网格带。

C. 补板处连接：补板宽度≥ 200 ㎜，安装前需将孔洞填实，接缝处应填满灌实粘结石膏，板缝间应揉挤密实，被挤出的粘结石膏应刮平勾实，补板侧剔出阴槽便于挂网，墙板安装完成后挂抗裂网格带。

D. 直角连接、T 字形连接、十字连接：用凹槽起头，接缝处应填满灌实粘结石膏，板缝间应揉挤密实，被挤出的粘结石膏应刮平勾实，安装完成后挂抗裂网格带。

④门窗框墙板安装

靠洞口一侧做平口，距板边 120 ~ 150mm 处不得有空心孔洞，可将改性磷石膏轻质内隔墙板的第一孔用细石混凝土灌实。以射钉固定的门窗框应与墙板实心处连接。

当门、窗框板上部隔墙高度大于 600mm 或门窗洞口宽度大于 1.5m 时，应采用相应加固措施进行加固，过梁板两端搭接处不应小于 250mm。门框板、窗框板与门、窗框的接缝处应采取专门密封、隔声、防裂等措施。

5）墙板开槽

改性磷石膏轻质内隔墙板上需横向开槽、开洞敷设设备管线时，其墙板厚度不应小于 90mm，开槽深度不应大于隔墙厚度的 2/5，开槽长度不应大于隔墙长度的 1/2。

改性磷石膏轻质内隔墙板严禁在隔墙两侧同一部位开槽、开洞，板面开槽、开洞若需两侧开槽、开洞时，间距应不小于 150mm，开槽、开洞应在隔墙安装完成 7d 后进行。

6）局部安装节点处理

对于应力集中的阴角、阳角及丁字墙，容易出现开裂情形，需现场拼装，安装时应特别注意拼装质量，粘结石膏胶浆必须一次成活且饱满，使之成为整体，即可保证不出现开裂。墙板与混凝土柱连接、墙、板顶部与混凝土梁（板）连接阴阳角做法等如图 5-25 所示。

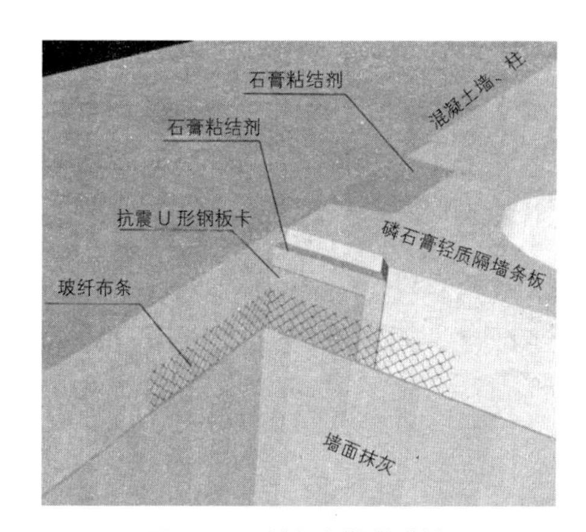

图 5-25　墙板与墙柱连接

7）检测和调校

检测、调校必须于每块板安装就位后立即进行。由于墙板对线就位为粗调校，加上木楔紧固时稍有微小错位，需重新调校即微调，板下端可通过锤打木楔使之调整在允许偏差范围以内。

调校时用一人手拿靠尺紧靠墙板面测垂直度、平整度，另一人手拿铁锤击打木楔。调整墙板顶部不平处：一人拿靠尺，另一人拿木方靠在墙板上，用铁锤在木方上轻轻敲打校正（严禁用铁锤直接击打墙板）。重复检查平整度、垂直度，直至达到要求为止（检查垂直度时用激光水平仪或铝合金靠尺上吊挂线锤），校正后用刮刀将挤出的石膏砂浆刮平补齐，然后安装下一块墙板，直至整幅墙板安装完毕。

8）板下填充

板下填充粘结石膏终凝后，取出木楔，并回填粘结石膏，压实压紧，然后整墙板脚收光，做到无八字脚，填充粘结石膏密实平直。

9）板间二次嵌缝

墙板安装完成待板间粘结料达到一定强度后方可进行二次勾缝，墙板之间、墙板与混凝土墙柱之间、墙板与构造结构之间需用耐碱玻璃纤维网格布进行二次嵌缝挂网，二次嵌缝挂网工序依次为：清除浮灰、打底浆、挂网、抹面浆。

10）细部缺陷处理

转运吊装及安装时，由于磕碰或剐蹭等可能会造成墙板出现局部缺陷，缺陷影响结构安全或缺陷过多的墙板必须弃用，其余细部的缺陷也应当妥善处理修补，其具体方法如下：

①对于墙板局部凹陷，平整度达不到要求时（深约 3 ~ 5mm），可在墙板凹陷处用粘结石膏抹平，并随手压光。

②墙板面局部凸起（超过验收标准），其超出板面部分用凿子剔除，再用抹灰石膏抹平、压光。

③对于墙板安装时出现的缺楞掉角、破损，用安装时的粘结石膏补齐，至少两遍成型，底层应凹进板面约 3 ~ 5mm。

11）弧形墙体饰面

墙体饰面采用两种方式以达到弧形墙曲线线形效果。一是采用抹灰将隔墙板墙体线形找平至设计线形，后对其进行饰面处理；二是采用木工板等硬包材料饰面达到设计线形。饰面施工中应当注意以下几点：

①抹灰找平施工中，应根据弧形墙曲率适当增加冲筋数量，筋条厚度应当按照控制线严格控制。

②抹灰施工必须采用磷石膏砂浆，抹灰宜分两遍成活，用刮尺沿冲筋由下往上找平，用刮下的料对凹陷处进行补料，同时注意左右筋条间的弧线平顺。

③采用木工板等硬包材料饰面时，应采用模型预先对排版优化，安装时保证其安装精度，使其各板面间平顺拼接，达到设计弧形要求。

5. 材料与设备

以 100m^2 墙体为例，本工法实施涉及的施工材料和机具设备分别如表 5-9 和表 5-10 所示。

改性磷石膏轻质内隔墙施工材料表　　表 5-9

序号	材料名称	规格型号	数量	用途
1	改性磷石膏轻质内隔墙板	依据排版尺寸	101m^2	隔墙主材

续表

序号	材料名称	规格型号	数量	用途
2	粘结石膏	符合 JC/T 1025—2007	100kg	粘结墙板
3	耐碱玻璃纤维网格布	100mm 宽	400m	接缝抗裂处理
4	膨胀螺栓	M6×50mm	16 个	固定龙骨
5	万字钢卡	热镀锌厚 1.5mm 以上	80 个	固定墙板
6	U 形钢卡	热镀锌厚 1.5mm 以上	80 个	固定墙板
7	专用角码	50mm×4mm	16 个	固定龙骨
8	镀锌方钢	设计确定	32m	龙骨材料
9	连接件	设计确定	24 个	实心墙板与门窗框连接
10	木楔	/	110 个	固定墙板

本工法实施涉及的机具设备以人员准备中的一个施工小组为例，如表 5-10 所示。

机具设备表　　表 5-10

序号	设备名称	型号规格	数量	用途
1	木式多用锯	/	1	锯木楔
2	粘结剂刮砌刀	/	1	刮灰
3	冲击电钻	10mm 钻头	1	钻孔
4	激光水平仪	/	2	检测、调校
5	靠尺	2m	1	检测、调校
6	人字梯	/	1	作业
7	撬棒	/	1	校正
8	移动脚手架	/	2	高处作业
9	墨斗	/	1	放线
10	卷尺	5m	3	测量
11	角尺	/	3	测量
12	搅灰器	/	1	搅拌粘结料
13	射钉枪	/	1	固定钢卡
14	运板车	/	1	转运墙板
15	铁锤	/	1	敲击木楔、校正
16	切割机	/	1	切割墙板
17	凿子	/	1	缺陷修补

6. 质量控制

（1）施工质量控制标准

《建筑装饰装修工程质量验收标准》GB 50210—2018

《建筑工程施工质量验收统一标准》GB 50300—2013

《石膏空心条板》JC/T 829—2010

《粘结石膏》JC/T 1025—2007

《磷石膏建筑材料应用统一技术规范》DBJ 52/T093—2019

（2）施工质量控制措施

1）改性磷石膏轻质内隔墙板应竖孔安装，孔口向上和下，粘接缝应横平竖直，厚薄均匀，密实饱满。

2）在安装过程中，应随时检查并调整墙面的平整度和垂直度，严禁在粘结剂初凝后敲打校正。

3）墙板安装 7d 内（静置期内）禁止在墙板上作业和敲打，防止松动开裂。

4）安装上墙的轻质墙板应防止二次见水，避免湿胀干缩。

5）墙板与板之间的拼缝以及不同材质的交界处粘贴防裂网格布。

（3）施工质量验收标准

1）轴线位移允许偏差 ±5mm，用经纬仪或拉线和尺量检查。

2）整体墙顶标高允许偏差 ±10mm，用水准仪和尺量检查。

3）门窗洞口尺寸允许偏差 ±3mm，门口高度允许偏差 +10（-3）mm，尺量检查。质量验收标准详见表 5-11。

验收标准　　表 5-11

序号	项目	允许偏差（mm）	检验方法
1	墙体轴线位移	5	用经纬仪或拉尺检查
2	表面平整度	[0，5]	用 2m 直尺和楔形塞尺检查
3	立面垂直度	[0，5]	用 2m 托线板检查
4	阴阳角方正	[0，3]	用角尺、楔形塞尺检查
5	接缝高低差	2	用钢尺和塞尺检查

7. 安全措施

（1）施工中应遵守国家及有关省市建筑工程施工安全操作规程并严格执行。

（2）做好改性磷石膏轻质内隔墙板安装交底培训工作。进入现场前，对工人进行安全技术交底和安全培训工作，坚持三级安全教育；对射钉枪、冲击电钻、搅灰器、切割机等施工机械操作人员做好培训交底。

（3）射钉枪、冲击电钻、搅灰器、切割机等机械、电气设备安排专人负责，值班电工对施工用的各种电气设备认真检查，符合要求方可投入使用。

（4）部分改性磷石膏轻质内隔墙板安装属于高处作业，施工人员必须做好防护措施，符合《建筑施工高处作业安全技术规范》JGJ 80—2016 的要求。

（5）在安装隔墙墙板时，施工人员应协调配合，防止墙板侧倒伤人。在拼装墙板时，应小心施工，防止墙板在拼接时压手。

（6）施工时应注意射钉枪、冲击电钻、切割机等工具的使用，防止工具伤人。

8. 环保措施

（1）应建立完善的环境保护组织和保障体系，严格遵守国家和地方政府下发的有关环境保护的法律、法规和规章制度，加强对粘结石膏、墙板等施工废弃物的管理，并接受有关部门的监督。

（2）改性磷石膏轻质内隔墙板切割损坏废料或切割形成下脚料不得随意弃置，应对其集中收集后回收利用。

（3）减少现场切割改性磷石膏轻质内隔墙板下料扬尘，切割墙板时应采用边切割边用水在切割部位淋洒以降低扬尘。

（4）将改性磷石膏轻质内隔墙板、粘结石膏等建筑垃圾运出施工现场时，必须加盖篷布进行封闭，严禁散漏，以免在运输过程中产生扬尘污染。

9. 工法实例照片（图 5-26 ~图 5-30）

材料、机具准备

施工交底

定位放样

图 5-26　工程施工图片（一）

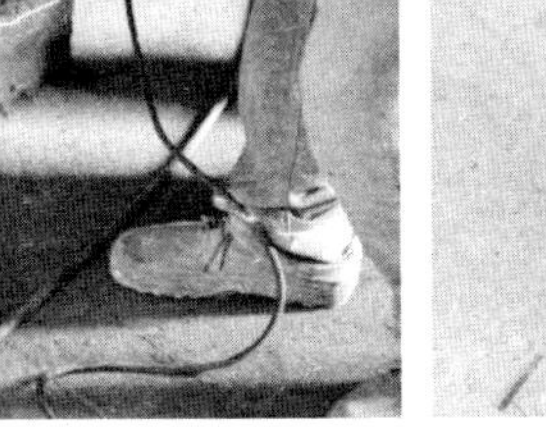

构造结构定位　　构造结构（按设计要求）

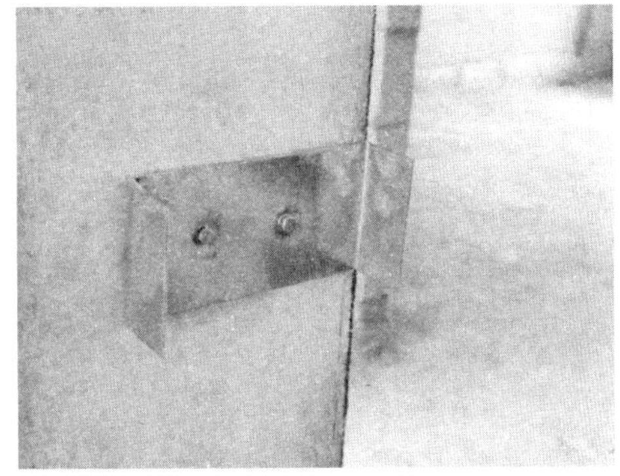

安装 U 形钢卡

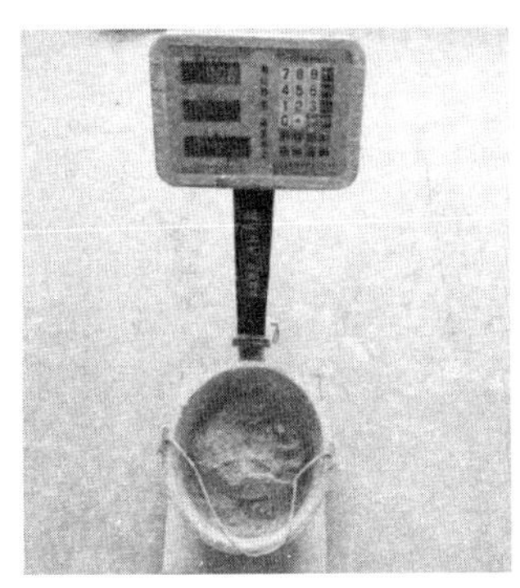
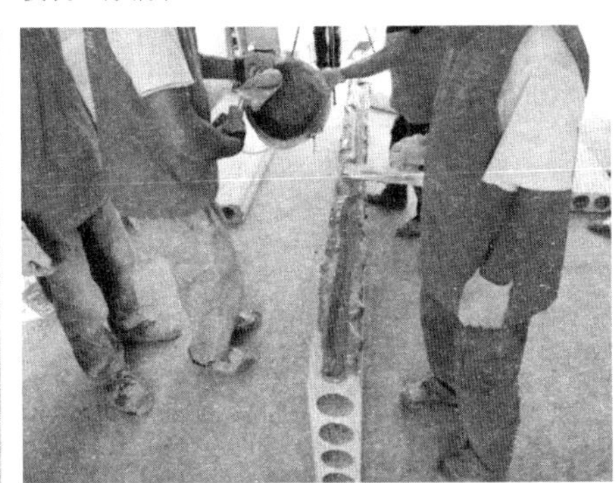

严格控制粘结石膏质量水粉比（0.45：1）　　隔墙连接部位均匀抹、密实涂抹粘结石膏

墙板就位　　墙板扶正就位

图 5-27　工程施工图片（二）

下部木楔固定

上部和侧面木楔固定，调校

墙板水平向连接处粘结石膏

安装下一块墙板

下部木楔楔紧

隔墙十字定位

垂直、平整度检测

图 5-28　工程施工图片（三）

上部板缝填充

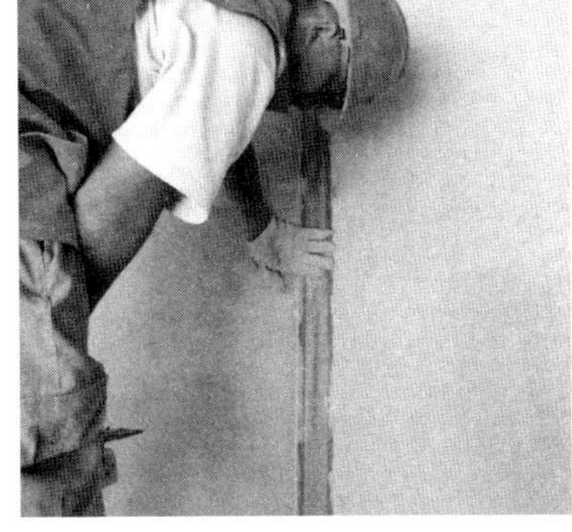

挂网、嵌缝

板下填充

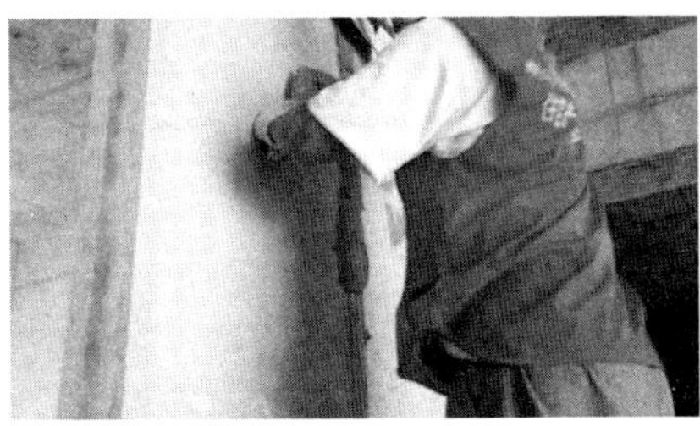

板间二次嵌缝

施工质量巡查

图 5-29　工程施工图片（四）

构造结构

直行墙成墙效果

弧形墙成墙效果

图 5-30　工程施工图片（五）

5.2.3　磷石膏复合墙板施工技术

1. 工艺工法特点

与现场砌筑砌体墙体 + 现场施工墙体构造层 + 现场安装门窗的传统成墙工艺相比，本工法具有以下特点：

（1）改性磷石膏预制复合墙体由工厂化集成预制，运输至现场吊装一次成型，免去了现场砌筑、内外墙抹灰、内外墙保温、门窗框安装等工序，大幅度降低高处作业、交叉作业等带来的施工安全隐患。

（2）改性磷石膏预制复合墙体预制构件精度高，减少了人为因素导致的外墙、门窗框渗漏水和抹灰开裂空鼓等施工质量问题。

（3）改性磷石膏预制复合墙体预制效率高，材料损耗小，大幅度节省了现场施工劳务及材料成本。

（4）改性磷石膏预制复合墙体使用以磷废渣改性后的磷石膏为主材制成，消纳磷废渣、减少环境污染的同时，也节省了水泥、砂石料等地材的资源消耗；且墙体安装属于干法施工，现场文明施工水平优良。

2. 适用范围

本工法适用于建筑分户墙、内隔墙及非承重围护墙施工。

3. 工艺原理

（1）本工法将磷石膏墙身、混凝土框架梁、混凝土起吊梁、结构分隔带、拉结筋、机电门窗系统构件以及保温、防水、装饰等功能性构造层预制成改性磷石膏预制复合墙体后于施工现场一次吊装，基于预制装配式施工高效便捷的特点可成功达到简化传统成墙工艺，提高墙体施工效率的目的。

（2）本工法通过混凝土框架梁、混凝土起吊梁、结构分隔带、拉结筋等结构保证预制墙体施工及使用过程中受力安全。

（3）本工法利用预埋好的连接件及支撑件将墙体构件精确安装于设计部位，随后浇筑预制墙体相连的混凝土结构，最后对预制墙体与现浇结构接缝处进行嵌缝、密封处理，可以成功保证墙体整体可靠性。

改性磷石膏预制复合墙体构造示意图如图 5-31。

4. 施工工艺流程及操作要点

（1）施工工艺流程（图 5-32）

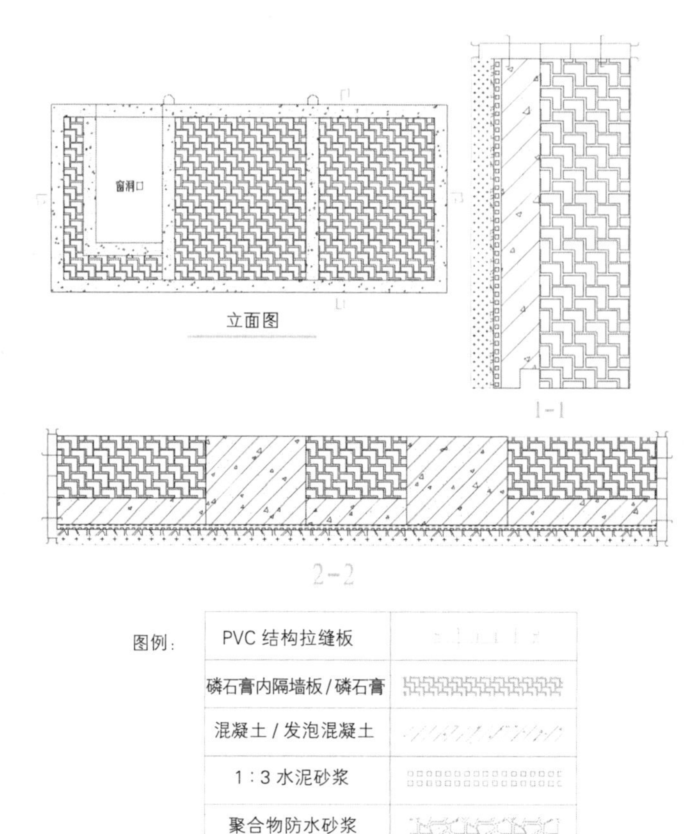

图 5-31　改性磷石膏预制复合墙体构造示意图

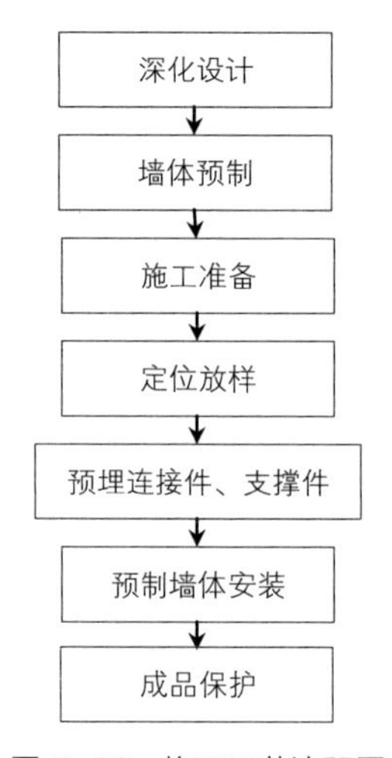

图 5-32　施工工艺流程图

（2）操作要点

1）深化设计

墙体工程应根据设计图纸的要求进行深化设计，并经过相关方审核确认。设计深度应满足建筑、结构和机电设备等各专业以及构件制作、运输、安装等各环节的综合要求。

改性磷石膏预制复合墙体设计应进行模数协调并满足工程实体个性化要求，实现结构系统、外围护系统、设备与管线系统以及装饰装修系统的一体化集成。

①改性磷石膏预制复合墙体建筑深化设计

设计应满足国家现行标准有关防火、防水、保温、隔热及隔声等要求。

②改性磷石膏预制复合墙体结构深化设计

A. 设计应考虑其吊装要求，吊点应具备足够的强度，吊点设置应保证构件在吊装过程中具有足够的强度和刚度。

B. 设计不应改变原设计结构用途和使用环境，施工的节点连接工艺应使节点的实际受力状态与设计受力状态一致。

C. 抗震、抗风、耐撞击等性能应满足国家现行标准对相应功能墙体的要求。

2）预制墙体制备

预制墙体加工工序在工厂内完成，其制备流程为制备磷石膏墙身→制备结构自防水层→制备构造层。

①磷石膏墙身制备

根据设计要求，工厂制作以磷石膏与混凝土材料相结合的墙身，其中现浇混凝土制作墙身吊装用吊钩的起吊梁以及设计要求的混凝土结构框架梁，现浇磷石膏（或拼装磷石膏板）制作墙体填充结构。

墙身底部与既有结构连接交界部位采用构造防水与材料防水相结构的方式防水，在墙体底部长度方向预留通长防水槽。

预制墙体与现浇结构（预制墙体安装时已浇筑完成构件除外）连接部位，应设置拉结钢筋。拉结筋预制于墙身内，拉结筋构造满足设计要求。

预制墙体制备时应预留墙体底部与既有结构采用的连接件（U 形钢卡）翼板位置，使预制墙体安装完成后墙体立面处于同一平面。

②结构自防水层

墙身制备完成后，在其遇水面复合制作 50mm 厚发泡凝土结构自防水层，发泡混凝土内应配置构造钢筋。

③构造层制备

墙身制备完成后，在墙身上复合制作设计要求的防水、保温、装饰等构造层。

④预制墙体附属构件制备

根据设计要求，在墙身制备的同时，将预制墙体附属构件预埋至墙身中。

⑤预制墙体临时固定支撑装置

预制墙体临时支撑件由预埋锚栓与预埋吊钉、斜撑杆组成，其中预埋锚栓在墙身制备时，按照设计要求预埋至墙身中。单位预制墙体不少于两处支撑装置固定，支撑件预埋于预制墙体高度方向偏上 2/3 部位。

⑥吊钩

预制墙体吊装使用的吊钩在墙身制备时预埋至混凝土吊钩梁内。

⑦结构分隔带

改性磷石膏预制复合墙体作为分室隔墙、非承重围护构件应与结构受力构件柔性连接。在改性磷石膏预制复合墙体与结构受力构件连接交界部位设置结构分隔带，宜采用 PVC 结构拉缝板，结构分隔带应在改性磷石膏预制复合墙体墙身制备时，预埋在墙身上。

结构分隔带同时起到改性磷石膏预制复合墙体与主体结构连接交界部位的构造防水作用。

改性磷石膏预制复合墙体底部与既有结构连接部位不设置结构分隔带。

3）施工准备

①技术准备

根据工程部位及工程特点编制预制墙体吊装、安装等专项施工方案。

②人员准备

施工操作人员进场前须进行安全教育和安全技术交底，涉及起重吊装工程等特种作业人员须持特种作业证书上岗。施工作业前须接受技术交底，熟悉工序流程、工艺要点。

改性磷石膏预制复合墙体单位墙体作业，应设置一个施工小组，每个小组选配 5 ~ 6 名操作熟练的预制墙体施工作业人员：2 ~ 3 人负责扶正预制墙体于定位线处就位，2 人负责预制墙体精准定位及实施预制墙体临时支撑措施，1 人负责配合安装预制墙体过程中的必要工序及过程中检测、调校，预制墙体安装涉及起重吊装作业的劳动力未纳入施工小组，应另行单独配备。

③材料准备

改性磷石膏预制复合墙体材料及墙体安装所需连接件、支撑件、密封防水胶等材料进场必须具备满足设计要求的材料质量合格证、检验检测报告和材料说明书，原材料进场应按需分批进场，控制材料进场积存量，避免材料囤积不当导致材料性质变异。

改性磷石膏预制复合墙体转运、吊装时，不应采用墙板相互之间施加荷载（如堆叠堆码）方式，若无法避免，则最多堆叠一块墙板。垂直运输时，应根据垂直运输机具核定载重量确定预制墙体单次运输数量。

构件现场堆放应做好避水、防水措施。

④施工检查

检查预制墙体安装作业面结构混凝土强度达到设计要求。

检查起重设备、吊具、外脚手架、临时用电设备、防风措施等是否达到安全作业条件。

检查预制墙体起吊梁及预埋吊钩是否完好无损，规格、型号、位置是否符合设计要求。

检查预埋支撑件是否完好无损，规格、型号、位置是否符合设计要求，调节部件灵活可调且紧固后牢固可靠。

施工前，核对预制墙体外观观感质量、构件的尺寸、拼缝防水构造、结构分隔带、预留拉结筋是否符合要求。如发现墙面破损、涂料脱落等问题应及时采取措施进行修补。

4）定位放样

①预制墙体安装结构面浇筑混凝土前，按照设计图纸放样定位连接件、支撑件位置。

②预制墙体安装作业面结构混凝土浇筑完成后复核作业面平面、高程控制线。

③复核无误后，根据设计图纸，弹设墙体偏移控制线（宜为 200mm 平行线）。

④弹设墙线。

5）预埋连接件、支撑件

①预制墙体与混凝土结构连接时采用 U 形钢卡定位连接。

②预制墙体安装结构面浇筑混凝土前，应将 U 形钢卡预埋至结构内，并满焊于结构钢筋上。

③ U 形钢卡大小应同预制墙体宽度匹配，其表面应做好防腐、防锈处理。

④预制墙体与既有结构板、结构梁的接缝处，钢卡的间距不应大于 600mm。

⑤预制墙体与主体墙、柱的接缝处，钢卡的间距不应大于 1m。

6）预制墙体安装

①预制墙体吊装

A. 吊具安装

在塔吊下连接两条钢丝绳 b，通过平衡钢梁转换，平衡钢梁下连接两条钢丝绳 a 以及安全绷带，最后通过吊具连接预制墙体。吊具安装示意图如图 5-33。

B. 试吊、试装

吊装时应根据预制墙体上预埋的吊钩数量采用两点或四点起吊，起吊时各吊点应受力均匀。正式起吊前应先进行试吊，将预制墙体构件吊离地面约 300 ~ 500mm，静置 5min，进行试吊检验，确认符合吊装要求后，方可进行正式吊装。

正式吊装前，应选择有代表性的单元构件进行试安装，并根据安装结果及时

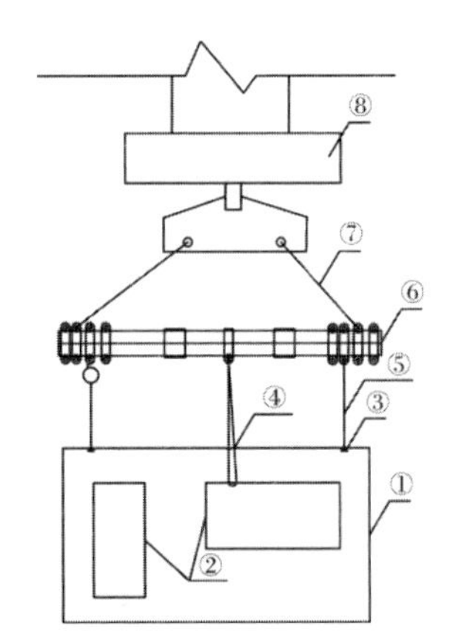

①—预制墙体；②—预制窗；③—吊钩；④—安全绷带；⑤—钢丝绳 a；
⑥—平衡钢梁；⑦—钢丝绳 b；⑧—塔吊挂钩

图 5-33　吊具安装示意图

调整完善施工方案和施工工艺。

C. 正式吊装、预制墙体就位

试吊结束后，正式吊装提升速度应均匀，应采取慢起、快升、缓放的操作方式。吊装钢丝绳与预制墙体水平夹角不宜小于 60° 。将预制墙体吊起平稳后再匀速转动吊臂，吊至作业面上方约 800mm 处，安装作业人员站在预制墙体两端扶板就位，根据预制墙体控制线调整位置，缓缓下降预制墙体置于预埋好的连接件内。

预制墙体吊装过程中应保证平稳，转向及减速应缓慢，防止预制墙体在空中摆动幅度过大，造成预制墙体碰撞构筑物、建筑物。

②安装支撑件

单位预制墙体就位后，将预埋于预制墙体上与预埋于既有结构板上的支撑件通过支撑斜杠螺栓连接，螺栓先不拧紧，根据控制线，通过支撑件调整预制墙体的水平位置、竖向标高以及垂直度，待均匀调整至误差范围内后将螺栓紧固至设计扭矩。支撑件示意如图 5-34 所示。

斜支撑两端螺栓紧固完成，并确认斜支撑安装牢固后方可解除预制墙体上的吊装荷载。

③预制墙体校正

A. 预制墙体垂直度通过斜支撑上的螺纹套筒进行调整，多根斜支撑同时调整应同步进行。

B. 预制墙体就位后应复核与既有结构竖向、水平向接缝宽度及垂直平整度，接缝应以外墙面平整为主。

C. 预制墙体调整、固定完成后，应调整预制墙体拉结钢筋及结构拉缝板位置。

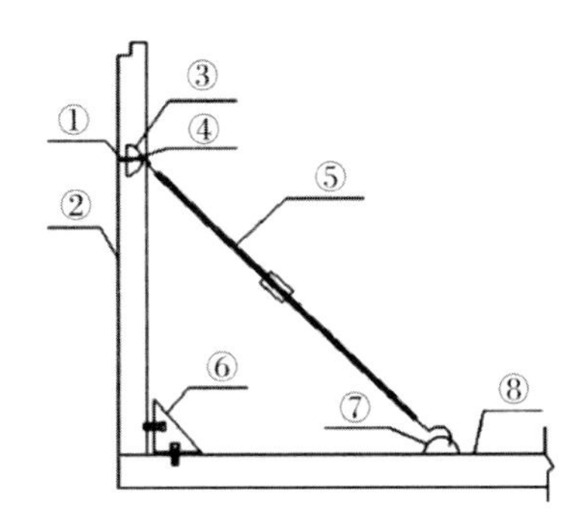

①—预埋套筒；②—预制墙体；③—紧固件；④—预埋螺栓；
⑤—支撑斜杠及垂度调节装置；⑥—紧固件；⑦—紧固件；⑧—楼板

图 5-34　支撑件示意图

④预制墙体底部防水剂填充

将预制墙体底部预留防水槽清理干净，保持通风，然后进行防水处理。在槽内嵌塞填充高分子材料，后进行打胶密封。

⑤板下坐浆、填充及接缝封堵

A. 预制墙体安装前，应在安装作业面上采用粘结石膏坐浆。

B. 预制墙体安装固定稳固后，在预制墙体底部与既有结构拼缝处浇粘结石膏，压实压紧，然后预制墙体整脚收光，做到无八字脚，填充粘结石膏密实平直。

⑥支撑件拆除

预制墙体与其相连的同层现浇结构构件混凝土浇筑时应将预制墙体预留的拉结钢筋浇筑在结构混凝土中，待结构混凝土达到设计强度后，方可拆除预制墙体支撑件。

⑦拼缝防水处理

A. 防水、堵水

预制墙体与其相连的同层现浇结构构件混凝土浇筑完成后，将预制墙体与结构拼缝的侧壁清理干净，保持通风，然后进行拼缝的防水处理。在拼缝间嵌塞填充高分子材料，后进行打胶密封。

B. 导水、排水

导水排水通过墙体中预埋的 PVC 结构拉缝板实现，PVC 结构拉缝板材料具有止水挡板及外低内高的防水导流构造。PVC 结构拉缝板示意图如图 5-35 所示。

7）预制墙体成品保护

①构件吊装时的成品保护

预制墙体吊装采用的预埋吊钩，在其预埋处布置螺旋箍筋，以加强与预制墙体的连接性能，吊装时配置与吊钩匹配的专用吊扣。为了避免预制墙体吊装时，

图 5-35 PVC 结构拉缝板示意图

因受力不均而造成墙体构件损坏，预制墙体中宜设置起吊梁与框架梁。预制墙体在吊运过程中，为了避免预制墙体局部受力不均（如门、窗洞口位置），造成预制墙体损坏，预制墙体在工厂内利用槽钢将预制墙体门、窗洞口位置进行加固处理，确保预制墙体在吊运过程中，不出现损坏。

②构件安装完成后成品保护

预制墙体安装完成后，为了避免后续结构、装饰装修施工对预制墙体门、窗洞口转角位置造成破坏，现场采用废弃木模板制成 C 形框，对预制墙体门、窗洞口转角位置进行成品保护。预制墙体转角成品保护措施示意图如图 5-36 所示。

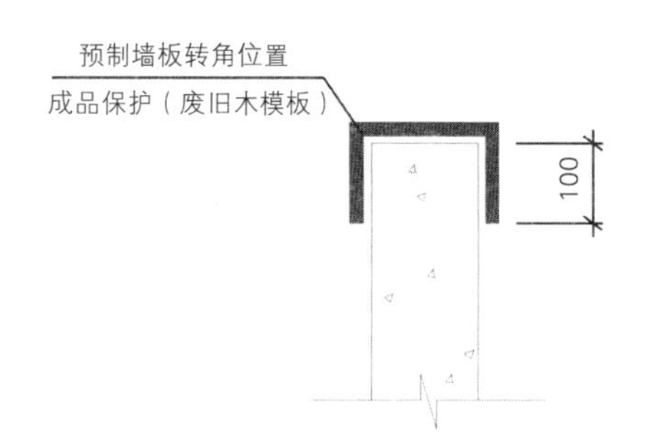

图 5-36 预制墙体转角成品保护措施示意图

5. 材料与设备

以 $100m^2$ 预制墙体（200mm 厚）为例，本工法实施涉及的施工材料和机具设备分别如表 5-12 和表 5-13 所示。

改性磷石膏轻质内隔墙施工材料表 表 5-12

序号	材料名称	规格 / 型号	数量	用途
1	磷石膏（β 石膏）	符合《磷石膏》GB/T 23456—2018 要求	$15m^3$	预制墙体主材
2	混凝土	C20	$6m^3$	吊钩梁及预制墙体框架梁
3	泡沫混凝土	/	$5m^3$	结构自防水层
4	防水砂浆	/	$2m^3$	建筑墙体防水层
5	保温砂浆	/	$3m^3$	建筑墙体保温层

续表

序号	材料名称	规格 / 型号	数量	用途
6	PVC 横向结构拉缝板	200mm 宽	50m	结构隔离带
7	PVC 竖向结构拉缝板	200mm 宽	20m	结构隔离带
8	钢筋	HRB400；ϕ16	1t	预制墙体与现浇结构拉结筋
9	连接件（U 形钢卡）	热镀锌	80 个	固定预制墙体
10	支撑件	包含预埋套筒、紧固件、预埋螺栓；支撑斜杠、垂度调节装置；紧固件	25 套	预制墙体临时支撑及垂直度调节件

本工法实施涉及的机具设备以人员准备中的一个施工小组为例，如表 5-13 所示。

机具设备表　　表 5-13

序号	设备名称	型号规格	数量	用途
1	钢丝绳	根据预制墙体规格设计	2	吊装预制墙体
2	螺栓			
3	平衡钢梁			
4	起重设备			
5	索具			
6	墨斗	/	1	放线
7	卷尺	5m	3	测量
8	角尺	/	3	测量
9	对讲机	/	5	吊装通讯
10	人字梯	/	1	预制墙体安装作业
11	运板车	/	1	转运预制墙体
12	铁锤	/	1	敲击木楔、校正
13	靠尺	2m	1	检测、调校
14	凿子	/	1	缺陷修补
15	预制构件加工流水线	/	1	制备预制墙体
16	激光水平仪	/	2	放样、检测、调校
17	水准仪	/	1	放样、检测、调校
18	全站仪	/	1	放样、检测、调校

6. 质量控制

（1）施工质量控制标准

《磷石膏》GB/T 23456—2018

《工程测量规范》GB 50026—2007

《建筑装饰装修工程质量验收标准》GB 50210—2018

《建筑工程施工质量验收统一标准》GB 50300—2013

《磷石膏建筑材料应用统一技术规范》DBJ 52/T093—2019

《建筑材料放射性核素限量》GB 6566—2010

《装配式混凝土建筑技术标准》GB/T 51231—2016

《装配式混凝土结构技术规程》JGJ 1—2014

《装配式住宅建筑设计标准》JGJ/T 398—2017

（2）施工质量控制措施

1）预制墙体构件加工完成后应全数检查外观质量，对存在的露筋、蜂窝、麻面、孔洞、夹渣、疏松、裂缝等质量缺陷进行修补。

2）吊装质量的控制重点在于施工测量的精度控制方面。为达到构件整体拼装的严密性，避免因累计误差超过允许偏差值而使后续构件无法正常吊装就位等问题的出现，吊装前须对所有吊装控制线进行认真的复检，构件安装就位后须由项目部质检员会同监理工程师验收构件的安装精度。安装精度经验收签字通过后方可进行下道工序施工。

3）轴线、柱、墙定位边线及 200mm 控制线、结构 1m 线、建筑 1m 线、支撑定位点在放线完成后及时进行标识。

4）安吊装前对外墙分割线进行统筹分割，尽量将现浇结构的施工误差进行平差，防止预制构件因误差累积而无法进行。

5）吊装就位后应用靠尺核准墙体垂直度，调整斜向支撑，固定斜向支撑，临时支撑完成后才可解除起重吊装荷载。

（3）施工质量验收标准

整体墙顶标高允许偏差 ±10mm，用水准仪和尺量检查。

质量验收标准详见表 5-14。

验收标准　　表 5-14

序号	项目	允许偏差（mm）	检验方法
1	长度	±4mm	尺量
2	宽度、高（厚）度	±4mm	钢尺量一端及中部，取其中偏差绝对值较大处

续表

序号	项目		允许偏差（mm）	检验方法
3	表面平整度		±3mm	2m 靠尺、塞尺
4	翘曲		L/1000	调平尺子、在两端测量
5	门窗洞	中心线位置	5mm	尺量检查
		宽度、高度	±3mm	
6	预埋件	锚板中心线位置	5mm	尺量检查
		锚板与混凝土面平面高差	±5mm	
		螺栓中心线位置	2mm	
		螺栓外露长度	+10mm，−5mm	
		套筒、螺母中心线位置	2	
		套筒、螺母与混凝土面平面高差	0，+5mm	
		吊环在构件平面的中心线位置偏差	10mm	
		吊环与构件表面混凝土高差	10mm	
7	预留插筋	中心线位置	3mm	尺量检查
		外露长度	±5mm	

7. 安全措施

（1）吊点位置的布置及吊具的安全性必须经过严格设计与验算，吊点的刚度和强度必须符合设计要求；起重吊装设备应具有特种设备证，操作人员、指挥人员应持特种作业证上岗；吊装作业区域内进行临时隔离，非作业人员不得入内；起重吊装设备选型应满足吊装墙体的构件吊装需求；五级以上大风天气禁止吊装作业，严格遵守“十不吊”原则。

（2）吊装就位、吊钩脱钩前，墙板临时支撑体系应处于做工状态，斜撑杆与地面夹角为 45° ~ 60° ，上支撑点易设置在不低于墙体高度 2/3 位置处；临时支撑拆除应严格按照专项施工方案实施，须于墙体连接的现浇混凝土达到设计强度后才可拆除。

（3）墙体未吊装前，因同一分类专门设置构件堆存区；堆存区位置应便于起重吊装设备对构件的一次起吊就位，尽量避免构件在现场的二次转运；堆存区的地面应平整、排水通畅，并具有足够的地基承载力；构件应放置于专用存放架上以避免构件倾覆；严禁安装未采取任何侧向支撑措施防止预制墙体构件倾覆。

（4）高处作业人员必须配备和正确使用劳动保护用品；预制墙体构件吊装就位后，摘钩作业时，应使用工具室才做平台，不能无防护登高作业；墙体安装临边应设置防护栏或防坠水平兜网。

8. 环保措施

（1）应建立完善的环境保护组织和保障体系，严格遵守国家和地方政府下发的有关环境保护的法律、法规和规章制度，加强对粘结石膏、墙板等施工废弃物的管理，并接受有关部门的监督。

（2）在施工过程中严格控制起重吊装及小型机具等设备施工产生的噪声，对噪声进行实时监测与控制。使用低噪声、低振动的机具，采取隔声与隔振措施，避免或减少施工噪声和振动。

（3）墙体废料或切割形成下脚料不得随意弃置，应对其集中收集后回收利用。

（4）预制加工厂所采用的机械设备应进行噪声检测，噪声超标的机具不得违规使用。夜间施工严禁使用噪声超标的机具。

（5）预制墙体及相关辅料等运输时，必须加盖篷布进行封闭，严禁散漏，以免在运输过程中产生扬尘污染。

9. 工法实例照片（图 5-37 ~图 5-40）

墙身支模

结构分隔带（PVC 结构拉缝板）

墙身拉结筋、结构分隔带安装

墙身起吊梁、框架梁混凝土浇筑

图 5-37　工法施工图片（一）

墙身起吊梁、框架梁浇筑完成

结构自防水层浇筑

墙身与结构自防水层复合

图 5-38　工法施工图片（二）

墙身与结构自防水层复合

预制墙板试吊

预制墙板试吊

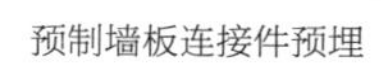

预制墙板连接件预埋

预制墙板进场试吊

图 5-39　工法施工图片（三）

预制墙板吊装

预制墙板就位

支撑件调节

预制墙板安装完成、解除起重吊装荷载

预制墙板当层现浇混凝土浇筑完成后，整体成墙

图 5-40　工法施工图片（四）

5.2.4 磷石膏墙体镶贴瓷砖施工技术

1. 工艺工法特点

（1）磷石膏基陶瓷砖胶粘剂凝结时间短，使用磷石膏基陶瓷砖胶粘剂镶贴瓷砖后可以更快地进行勾缝，减短瓷砖镶贴施工工期。

（2）磷石膏基陶瓷砖胶粘剂粘结性能好，具有更好的粘合力，相较传统水泥砂浆镶贴瓷砖施工，粘结材料使用更少，完成施工后不易空鼓脱落。

（3）使用磷石膏基陶瓷砖胶粘剂可以适用于多种基体镶贴瓷砖，对于磷石膏基层有着水泥砂浆无法达到的良好粘结性能。

（4）采用磷石膏基陶瓷砖胶粘剂，不仅提高了磷石膏渣的综合利用率，化害为利，而且保护环境，节约建筑能耗。

2. 适用范围

本工法适用于混凝土墙面、各类砌块墙面及轻质隔墙面，尤其是镶贴基层为磷石膏基材料墙体的瓷砖镶贴施工。

3. 工艺原理

本工法主要利用磷石膏基陶瓷砖胶粘剂初凝时间快、粘结性能好、适用于多种基体的特点，使用较少的粘结材料进行瓷砖镶贴施工并更快地进行瓷砖勾缝，相较于传统水泥砂浆瓷砖镶贴施工可达到减短工期、节约材料、瓷砖无脱落空鼓的效果。

4. 施工工艺流程及操作要点

（1）施工工艺流程（图 5-41）

（2）操作要点

1）施工准备

①施工材料准备

A. 轻质磷石膏砂浆原材料：原材料进场有出厂合格证和检测报告、复检报告及材料说明书，材料的放射性核素限量需满足相关省的相关要求，并且符合国家有关标准。

B. 磷石膏基陶瓷砖胶粘剂：原材料进场有出厂合格证和检测报告、复检报告及材料说明书，材料的放射性核素限量需满足相关省的相关要求，并且满足《陶瓷砖胶粘剂》JC/T 547—2017 C 类标准以及国家有关规范要求。

C. 白水泥：材料进场有出厂合格证和检测报告、复检报告及材料说明书，且

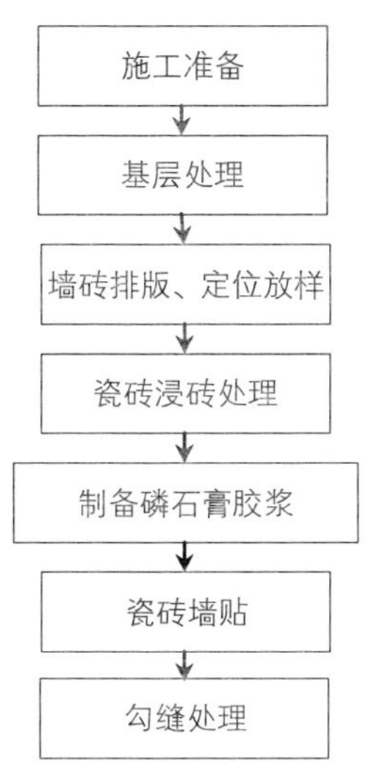

图 5-41　施工工艺流程图

符合国家有关标准。

D. 陶瓷墙面砖：施工前必须对陶瓷墙面砖进行挑选，选择色泽一致的砖，对规格尺寸应严格检查，尺寸偏差大、翘曲变形和面层上有杂质、缺陷的均应挑出。配套的腰线、收口线等准备齐全，质量符合要求。

②施工机具准备

面砖切割机、切砖刀、胡桃钳、手凿、水平尺、墨斗、灰起子、靠尺板、木锤、尼龙线、薄钢片、铁板、手推车、大小水桶、平锹、扫帚、磷石膏胶粘剂专用工具等相关工具。

③施工人员准备

根据施工进度计划要求，每个作业面设置一个施工小组，每个小组选用四个熟练的施工工人，1 人负责制备磷石膏基陶瓷砖胶浆，2 人负责铺贴，1 人负责检测、调校。对施工人员进行有针对性的工程交底和培训，对操作方法、质量目标、技术要点、环保要求、安全措施进行交底，使每一位施工人员都明确自己的任务和目标。

④施工技术准备

施工前熟悉图纸，结合工程特点和现场条件，做好施工计划。施工人员进场前要进行书面的技术交底和安全交底。施工操作前施工人员要熟悉磷石膏基陶瓷砖粘结剂的特性，结合产品材料说明，能熟练使用符合《行星式水泥胶砂搅拌机》JC/T 681—2005 要求的搅拌机制备胶粘剂。

⑤基层准备

A. 所有基面应坚实、干燥、清洁，不晃动，无油污、蜡渍、混凝土养护剂和其他松散物。

B. 墙体基层为磷石膏基材料时，基层处理必须使用轻质磷石膏砂浆原材料。

C. 新混凝土基面，应至少养护 28d 才可铺砖。

D. 旧混凝土或抹灰基面可使用工业洗涤剂或去油污剂清洁，然后用高压水龙头冲洗干净。其表面经晾干 24h 后方可铺砖。

E. 清除混凝土表面的残余物，包括混凝土平板上所残留的脱模剂。

F. 在吸水率大的底材或者在高温、干燥的环境下，施工前需先润湿基面。

G. 检查墙体垂直平整度，符合施工规范要求。

2）墙砖排版、定位放样

根据施工作业面及设计要求进行墙砖排版及定位放样，弹设墙面 500mm 标高控制线及 200mm 偏移控制线，并在门窗洞口位置按照弹设排砖控制线，对墙面的垂直度进行检查。不能满足要求必须修补，调整合格后方可施工。

3）瓷砖浸砖处理

墙砖粘贴前应放入清水中浸泡 2h 以上，然后取出晾干，至手按砖背无水迹时方可粘贴。砖墙要提前 1 天湿润好，以避免瓷砖大量吸收粘结材料中的水分，导致胶浆强度受到影响。

4）制备磷石膏胶浆

将磷石膏胶粘剂和所需的水按规范要求混合（水胶比：0.3 ∶ 1），加入到符合 JC/T 681—2005 要求的搅拌机中，在低速下进行搅拌制备磷石膏胶浆，视安装情况调节粘结石膏拌和量，粘结石膏应随拌随用。

①将水倒入搅拌锅中；

②将磷石膏干粉均匀地撒入水中，当磷石膏干粉和水两者接触时开始计时；

③静置 1min，然后搅拌 3min，将磷石膏瓷砖胶搅拌均匀，得到均匀的浆料。

5）瓷砖镶贴

①预铺：首先应在图纸设计要求的基础上，对地砖的色彩、纹理、表面平整等进行严格的挑选，依据现场弹出的控制线和图纸要求进行预铺。对于预铺中可能出现的尺寸、色彩、纹理误差等进行调整交换，直至达到最佳效果，按铺贴顺序堆放整齐备用，要求不能出现破损或者小于半块砖，或把半砖排到非正视面。

②正式镶贴：镶贴应自下而上进行，从最下一层砖下口的位置线先稳好靠尺，以此上向作一垂直吊线，作为镶贴的标准。在面砖背面均匀涂抹磷石膏基陶瓷砖胶粘剂，胶粘剂厚度为 6 ~ 10mm，贴上后用灰铲柄轻轻敲打，使之附线，再调整竖缝和垂直度。

6）勾缝处理

贴完墙面砖待达到一定强度后，用棉丝擦干净砖面，在 48h 后用白色水泥浆勾缝，可以用干净钢丝碾压实勾成凹缝，勾好后凹进面砖外表面 2 ~ 3mm。勾缝水泥浆硬化后用棉丝清理干净。注意勾缝一定要仔细不能出现毛茬和黑边影响美观。

7）清理

墙面贴砖完成后对施工作业面进行清理，将遗留的材料、施工用具及其机配件等清理出作业面并清扫干净，施工现场做到工完料尽场地清。

5. 材料与设备

施工 100m^2 单位墙体工作面配置，本工法主要施工材料和机具设备如表 5-15 和表 5-16 所示。

施工材料　　表 5-15

序号	材料名称	型号 / 规格	备注
1	磷石膏基陶瓷砖胶粘剂	符合《陶瓷砖胶粘剂》JC/T 547—2017 C 类要求	初凝时间不小于 25min 终凝时间不大于 120min
2	陶瓷砖	/	
3	水	/	满足搅拌水要求

机具设备表　　表 5-16

序号	设备名称	型号规格	单位	数量	用途
1	面砖切割机	/	台	1	切割陶瓷砖
2	切砖刀	/	把	2	切割陶瓷砖
3	胡桃钳	/	把	2	加工陶瓷砖
4	手凿	/	个	2	处理基层
5	水平尺	1m	个	2	检查水平度
6	墨斗	/	个	1	弹线
7	靠尺板	2m	个	2	检查垂直度
8	塑料锤	/	把	2	固定陶瓷砖
9	尼龙线	/	个	2	/
10	手推车	/	/	1	运输陶瓷砖
11	大小水桶	/	个	2	浸泡陶瓷砖
12	扫帚	/	把	2	清理卫生

6. 质量控制

（1）施工质量控制标准

《磷石膏》GB/T 23456—2018

《建筑装饰装修工程质量验收标准》GB 50210—2018

《建筑工程施工质量验收统一标准》GB 50300—2013

《磷石膏建筑材料应用统一技术规范》DBJ 52/T 093—2019

《建筑材料放射性核素限量》GB 6566—2010

《陶瓷墙地砖胶粘剂施工技术规程》DB 11/T 344—2017

《陶瓷砖填缝剂》JC/T 1004—2017

《建筑工程饰面砖粘结强度检验标准》JGJ 110—2017

《石膏基陶瓷砖胶粘剂》Q/LTJC 01—001—2019

（2）施工质量控制措施

1）原材料进场需严格把关，墙面砖的品种、规格、颜色、图案必须符合设计要求和现行行业标准规定。

2）贴砖完成墙面应平整、洁净、颜色协调一致；接缝应填嵌密实、平直、宽窄一致，颜色一致，花纹一致，阴阳角处的砖压向正确，非整砖套割吻合，边缘整齐；墙裙、贴脸等出墙厚度一致、坡向正确。

3）使用前应对磷石膏基陶瓷砖胶粘剂进行相关检查，根据出厂质量证明书、性能检验报告说明书等，进行机械操作，掌握磷石膏基陶瓷砖粘结剂的凝结时间。

4）磷石膏基陶瓷砖胶粘剂原材在运输储存和使用时应防止受潮、雨淋等。基层处理磷石膏抹灰层要防止在终凝前快干、暴晒、淋水。

5）水电、通风、设备应安装在墙面施工前完成管线等敷设，防止安装时损坏面砖。

（3）施工质量验收标准

磷石膏基陶瓷砖胶粘剂墙砖允许偏差与检验方法标准，见表5-17。

允许偏差与检验方法　　表5-17

项目	允许偏差（mm）	检验方法
立面垂直度	[0，2]	托线板检查
表面平整度	[0，2]	靠尺和楔形塞尺检查
阴阳角方正	[0，2]	直角检查尺检查
接缝正直	[0，2]	拉5m小线，不足5m拉通线和尺量检查
墙裙上口平直	[0，2]	拉5m小线，不足5m拉通线和尺量检查
接缝高低	[0，5]	用钢板短尺和楔形塞尺检查

7.安全措施

（1）落实安全教育制度，对进入工地的作业人员必须进行入场教育，定期进行安全意识教育、上岗教育、操作规程教育。

（2）加强临时用电管理，严格按照《施工现场临时用电安全技术规范》JGJ

46—2005 施行，施工现场电缆敷设规范化，严禁随地铺设。

（3）铺贴墙砖在高处作业时，施工人员必须做好防护措施，且符合《建筑施工高处作业安全技术规范》JGJ 80—2016 的要求。

8. 环保措施

（1）施工过程中应建立完善的环境保护组织和保障体系，严格遵守国家和地方政府下发的有关环境保护的法律、法规和规章制度，加强对磷石膏基陶瓷砖胶粘剂、陶瓷砖等施工废弃物的现场管理，并接受有关部门的监督和检查。

（2）磷石膏基陶瓷砖胶粘剂、磷石膏抹灰砂浆材料要让防尘网遮盖，并集中堆放，不得露天存放；在施工过程中对于散落在地上的磷石膏基陶瓷砖胶粘剂、磷石膏抹灰砂浆材料应及时清理并洒水降低扬尘。

（3）清理施工现场的建筑粉尘垃圾是严禁从窗口、洞口、阳台等处抛洒，以免造成粉尘污染，对可回收利用的包装袋、半成品应及时收集回收，提升现场文明施工水平。

9. 工法实例照片

定位放样

瓷砖切割

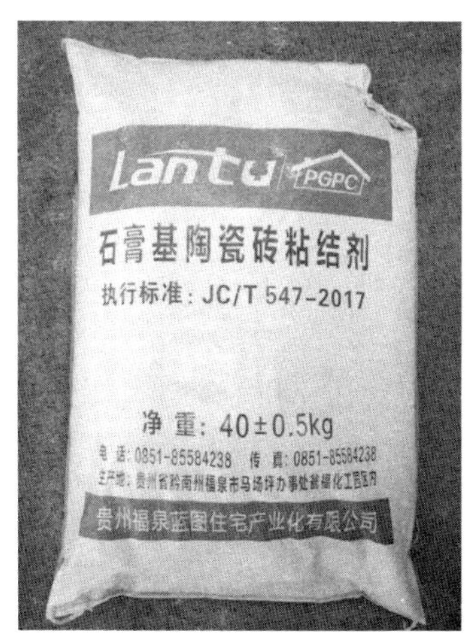

磷石膏基陶瓷砖粘结剂

涂抹磷石膏胶浆

图 5-42　工法施工图片（一）

瓷砖镶贴

瓷砖镶贴　　白水泥勾缝

效果图

图 5-43　工法施工图片（二）

5.2.5　磷石膏砂浆机械喷涂抹灰施工技术

1. 工艺工法特点

（1）轻质磷石膏砂浆机械喷涂抹灰采用机械喷涂操作方便，省时省力。

（2）轻质磷石膏砂浆机械喷涂抹灰凝结时间短，施工速度快。

（3）轻质磷石膏砂浆机械喷涂抹灰干缩收缩小，不易空鼓、开裂。

（4）采用轻质磷石膏砂浆，有效利用废弃磷渣，化害为利，绿色环保，节能减排效果好。

2. 适用范围

本工法适用于抹灰基层垂直平整度好的室内无防水要求墙面抹灰层施工。

3. 工艺原理

本工法主要利用磷石膏基陶瓷砖胶粘剂初凝时间快、粘结性能好、适用于多种基体的特点，使用较少的粘结材料进行瓷砖镶贴施工并更快地进行瓷砖勾缝，相较于传统水泥砂浆瓷砖镶贴施工可达到减短工期、节约材料、瓷砖无脱落空鼓的效果。

4. 施工工艺流程及操作要点

（1）施工工艺流程（图 5-44）

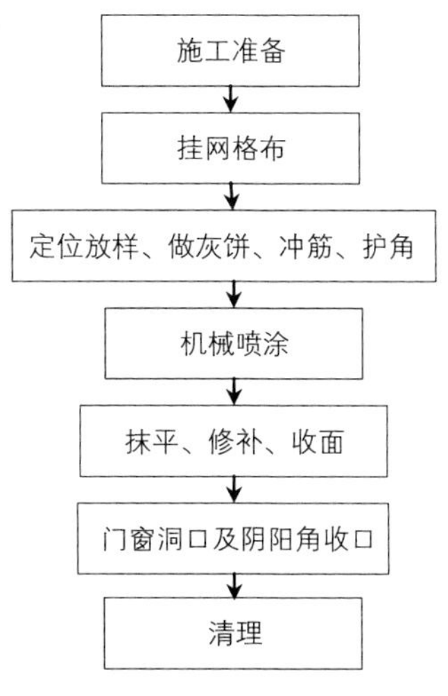

图 5-44　施工工艺流程图

（2）操作要点

1）施工准备

①施工材料准备

A. 轻质磷石膏砂浆原材料进场必须具备材料质量合格证、检验检测报告进厂验收记录、复检报告及材料说明书，原材料进场应按需分批进场，控制材料进场积存量，避免材料囤积不当导致材料性质变异，材料运输、储存、堆放应防雨、防潮。

B. 轻质磷石膏砂浆原材料（石膏、集料、改性添加剂）物理、化学性质须满足设计及规范要求，特别是材料放射性核素限量须满足相关省地方标准要求。

C. 轻质磷石膏抹灰砂浆冬季施工与传统水泥砂浆抹灰的要求基本一致，室内温度应在5℃以上，磷石膏抹灰砂浆及涂抹层不得发生冰冻现象。

②施工机具准备

进场机具须具备出厂合格证明、检修标定证书及使用说明书，涉及特种机械设备的应按照国家《特种设备安全监察条例》及相关办法进行管理。

③施工人员准备

施工操作人员进场前须进行安全教育和安全技术交底，涉及特种作业人员须持特种作业证书上岗。施工作业前作业人员须接受技术交底，熟悉工序流程、工艺要点。

机械化施工必须采取流程化的施工，以设备为核心，一台设备一个施工小组。施工小组采取组长负责制，每个小组指定组长一名，负责协调施工中的各环节，施工人员各司其职，通力合作。

一个小组配置5～6名熟练的操作人员，具体安排如下：

小工1名，负责填料拌料运料，保证在设备正常运行期间材料的供应不间断，并协助喷枪手移动料管和架板等；喷枪手1名，负责执行喷涂操作，按照既定的施工顺序，逐一喷涂，尽量保障不间断喷料；刮平工2～3名，负责材料喷涂上墙后的刮平及压光工作，在喷枪手后面执行操作；质检和修补1名，负责过程质量管理和后期墙面的修补。

每个施工小组均需严格执行机械化施工的操作规范，并接受技术人员的监督。同传统的手工施工相比，机械化施工除了要严格执行上述技术规程外，施工时的团队配合十分重要。在团队内应该严格分工，相互合作，以设备为核心，一台设备配备一个施工小组。

④施工技术准备

施工前熟悉图纸，结合工程特点和现场条件，做好施工计划。施工人员进场前要进行书面的技术交底和安全交底。施工操作前施工人员要熟悉轻质磷石膏砂浆材料的特性，结合产品材料说明，能熟练使用喷涂机械调制搅拌砂浆。

⑤基层准备

A. 基层墙体施工过程中要严格按照规范要求施工，垂直度控制在 3mm 内、平整度控制在 5mm 内、方正性控制在 5mm 内，合格率应控制在 95% 以上。

B. 抹灰施工前应对抹灰基层上的凹凸部分及非预留洞口等基底缺陷采用磷石膏基材料封堵。

C. 水电预埋等隐蔽工程验收完成。管线、盒边修补采用磷石膏基材料。

D. 基层界面上的尘土、污垢、油渍等必须清理干净。

E. 使用油性脱模剂的混凝土墙面应进行预处理，清除脱模剂余料。

F. 非混凝土基层施工前应对基层进行洒水润湿，洒水润湿应根据基层材料含水率、吸水速率和气候条件等实际情况进行。

G. 预埋件保护到位。

2）挂网格布

A. 不同基层材料交界应铺设耐碱玻纤网格布，耐碱玻纤网格布与各基层搭接宽度不小于 150mm。

B. 根据设计要求在楼梯间和人行通道等部位满挂耐碱玻纤网格布。

C. 采用 2mm 厚轻质磷石膏抹灰砂浆涂抹粘贴耐碱玻纤网格布。

3）定位放样

严格按照施工图纸尺寸要求，根据建筑平面控制线放样抹灰控制线，宜为 200mm 墙体偏移线。

4）做灰饼

①采用磷石膏抹灰砂浆材料做灰饼，灰饼用料应按照磷石膏抹灰砂浆水灰比进行配置；

②灰饼施工时须拉通线，灰饼控制面平面误差应处于 ±1mm 以内，灰饼宜为正方形，边长尺寸不小于 20mm；

③应先抹上部灰饼，再抹下部灰饼，然后用靠尺检查垂直与平整度；

④灰饼间距不得大于 1500mm，以 1200mm 为宜。

5）冲筋

①灰饼初凝后，在竖向灰饼间采用磷石膏抹灰砂浆进行冲筋，筋条用料应按照磷石膏抹灰砂浆水灰比进行配置；

②筋条间距不得大于 1500mm，以 1200mm 为宜，筋条宽不宜小于 20mm；

③当墙面高度小于 3.5m 时，宜做竖筋；当墙面高度大于等于 3.5m 时，宜做横筋；

④阴角两侧小于 200mm 位置必须放置筋条、内墙与外墙内保温交界处应距外墙 300mm 处设置筋条；

⑤冲筋接头部位须留置斜口以便接筋；

⑥冲筋、接筋施工时、完成后须进行垂直度检查，其垂直度偏差应控制于±2mm。

6）护角

①基层阳角应在抹灰前采用比面层磷石膏砂浆高一等级的轻质磷石膏砂浆做护角，护角施工前，阳角处浇水湿润基层；

②护角高度为自楼地面高程以上 2m，护角突出基层高度面与抹灰完成面一致，护角宽度不小于 50mm。

7）机械喷涂

①机械喷涂流程

A. 试机：喷涂作业前应对所使用的机械喷涂设备进行试运转检查，连续试运转时间不得少于 2min，如有异常，不得使用。轻质磷石膏抹灰砂浆泵送前，应先泵送浆液润滑输浆管道及设备，润滑浆液为清水或石膏净浆，也可采用专用润滑剂润滑管道；

B. 试喷：正式喷涂施工前，应将喷枪置于试喷桶内试喷，喷出枪管内杂质且喷浆喷涂动作正常后方可进行正式喷涂作业；

C. 混凝土界面预涂刷：当喷涂基层为混凝土时，在正式喷涂前应于喷涂区域喷涂适量磷石膏砂浆并抹平，抹平厚度 2 ~ 4mm，待终凝后方可进行下一工序，避免最终完成面起泡；

D. 正式喷涂：喷涂时应保证喷嘴与基层墙体垂直，距基层墙体距离宜为 100 ~ 200mm，喷涂单位区域按冲筋分格均匀喷涂填充完整，喷涂顺序应为从左至右、从上至下，不得交叉，单次喷涂厚度宜为 5 ~ 10mm。

②加入料斗中的轻质磷石膏抹灰砂浆干混料应均匀、无结块、未受潮。

③喷浆机械宜保持连续运转，按照小组分工，在每一道冲筋分格喷涂填满后，刮平人员应在轻质磷石膏砂浆初凝前将喷涂面初步找平，对漏浆部位及时喷涂补平，再用刮尺对喷涂面找平。

④轻质磷石膏抹灰砂浆施工设计有铺设耐碱网格玻纤布时，应待刮尺对喷涂面找平后，立即压入耐碱网格玻纤布，其应尽可能接近表面。

⑤喷涂机械中浆料滞留时间不得超过 20min。喷涂结束后，应及时将设备、输送管和喷嘴清洗干。

⑥喷涂施工过程中严禁使用人工加水拌制的浆料。

8）抹平、修补、收面

①在轻质磷石膏砂浆涂抹层初凝后终凝前（喷涂结束后 10min），进行抹平、提浆、收光工序。

②用铝合金靠尺根据冲筋分格区域由下往上抹平，用刮下的料对凹陷处进行找补，尽量做到一杆抹平。

③喷抹过程中，对出现的空鼓、气泡以及裂纹等质量问题应及时修补处理。

④用 2m 靠尺检查墙面平整度，2m 垂直检测尺检查墙面垂直度，调整抹平面。

⑤表面处理：

A. 轻质磷石膏砂浆涂抹层终凝后干燥前，批刮面层磷石膏抹灰砂浆；若抹灰层表面已干燥，应洒水湿润后再涂抹面层磷石膏抹灰砂浆；

B. 轻质磷石膏砂浆涂抹层终凝后干燥前，表面微干不粘手时，将表面用清水打湿，用海绵抹板做打磨提浆处理；打磨提浆后用刮刀做收光处理；

C. 轻质磷石膏砂浆涂抹层终凝后干燥前，用电动打磨机打磨；打磨完成后，应及时清除表面浮尘；

D. 轻质磷石膏砂浆涂抹层终凝硬化后，室内应保持适当通风，严禁用液态水（冷凝水、雨水等）润湿、冲洗、浸泡。

9）门窗洞口及阴阳角收口

①室内墙面、柱面的阳角和门洞口的阳角抹灰线角应清晰，并防止碰坏。

②门窗洞口抹灰前，应先在门窗洞口墙、顶侧面用钢筋卡子夹上铝合金收边靠尺，用线坠吊垂直，再手工抹灰。

10）清理

①墙面抹灰完成后对施工作业面进行清理，将遗留的材料、施工用具及其机配件等清理出作业面并清扫干净，施工现场做到工完料尽场地清。

②抹灰完成后应将室内建筑、结构控制线恢复。

5. 材料与设备

按施工 $100m^2$ 单位墙体工作面为例，磷石膏砂浆机械喷涂抹灰施工材料和机具设备分别如表 5-18 和表 5-19 所示。

磷石膏砂浆机械喷涂抹灰施工材料　　表 5-18

序号	材料名称	型号 / 规格	备注
1	轻质底层机械喷涂抹灰石膏	25kg/ 袋	初凝时间不小于 1h，终凝时间不大于 8h
2	耐碱玻纤网格布	1000mm 宽	孔径 5mm × 5mm
3	水	/	满足混凝土拌合水要求

机具设备表　　表 5-19

序号	设备名称	型号 / 规格	单位	数量	用途
1	激光扫平仪	/	台	1	定位检测
2	铝合金刮尺	2m	把	10	冲筋、抹灰刮平

续表

序号	设备名称	型号 / 规格	单位	数量	用途
3	腻子刮刀	/	把	2	冲筋
4	磷石膏砂浆喷涂机	8kW	台	1	搅拌喷涂磷石膏砂浆
5	木抹子	/	个	2	磷石膏砂浆涂抹
6	阴阳角抹子	/	把	2	磷石膏砂浆涂抹
7	线锤	2m	个	2	检查筋条垂直度
8	靠尺	2m	把	2	检查墙面平整度
9	垂直运输设备	/	台	1	转运材料
10	手推车	/	台	2	转运材料
11	阴阳角捋角器	/	把	1	护角

6. 质量控制

（1）施工质量控制标准

《建筑装饰装修工程施工质量验收标准》GB 50210—2018

《建筑工程施工质量验收统一标准》GB 50300—2013

《抹灰石膏》GB/T 28627—2012

《抹灰砂浆技术规程》JGJ/T 220—2010

《抹灰石膏应用技术规程》T/CECS 594—2019

《磷石膏建筑材料应用统一技术规范》DBJ 52/T093—2019

（2）施工质量控制措施

1）原材料进场需严格把关，控制每批材料凝结时间的差异性。

2）基层要处理干净，保障抹灰层与基体之间粘结牢固、无脱层、空鼓、面层无爆灰和裂缝（风裂除外）等缺陷。

3）喷涂前应对轻质磷石膏砂浆进行相关检查，根据出厂质量证明书、性能检验报告说明书、水灰比（质量比）等进行机械操作，掌握机喷轻质磷石膏砂浆的凝结时间和强度情况。

4）轻质磷石膏砂浆机械搅拌完成后需在砂浆初凝前完成墙面刮平修补工作。

5）轻质磷石膏砂浆原材在运输储存和使用前应防止受潮、雨淋等。

6）抹灰完成后应及时的做好成品保护措施，同时完成自检资料，做好工序交接。

（3）施工质量验收标准

磷石膏砂浆抹灰允许偏差与检验方法同一般抹灰验收标准，见表 5-20。

允许偏差及检验方法　　表 5-20

项目	允许偏差（mm）	检验方法
立面垂直度	[0，4]	用 2m 垂直检测尺检查
表面平整度	[0，4]	用 2m 靠尺和塞尺检查
阴阳角方正	[0，4]	用 200mm 直角检测尺检查
房间方正	[0，10]	用激光测距仪检查
门窗洞口高宽	±5	用激光测距仪检查
房间开间进深	±10	用激光测距仪检查

轻质磷石膏砂浆机械喷涂抹灰墙面根据设计装饰装修要求可分为两类墙面。一类为压实光滑的不做饰面要求的成品墙面；另一类为压实毛糙的需做饰面要求的成品墙面。

7. 安全措施

（1）落实安全教育制度。对进入工地的全体职工必须进行入场教育，定期进行安全意识教育、上岗教育、操作规程教育等。

（2）加强临时用电管理，严格按照《施工现场临时用电安全技术规范》JGJ 46—2005 执行，施工现场电缆敷设规范化，严禁随意铺设。

（3）喷浆机械的操作必须符合《建筑机械使用安全的技术规程》JGJ 33—2012 的规定，同时必须按操作规程进行使用，严防伤及自己和他人。

（4）轻质磷石膏砂浆抹灰在高处作业时，施工人员必须做好防护措施，符合《建筑施工高处作业安全技术规范》JGJ 80—2016 的要求。

8. 环保措施

（1）施工中严格遵守国家和地方政府下发的有关环境卫生的法律、法规和规章制度，加强管理，接受相关单位及部门的监督和检查。

（2）轻质磷石膏原材要用防尘网遮盖，集中堆放，不得露天存放。

（3）清理施工现场时严禁将建筑垃圾从窗口、洞口、阳台等处抛洒，以造成粉尘污染。

（4）对可回收利用的轻质磷石膏包装袋及时收集、回收，不得到处乱扔乱放。

9. 工法实例照片（图 5-45 ~图 5-47）

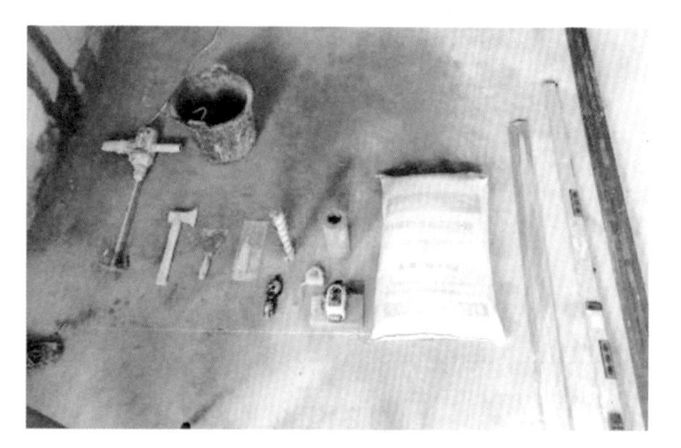

材料、机具准备

清理基层

做灰饼

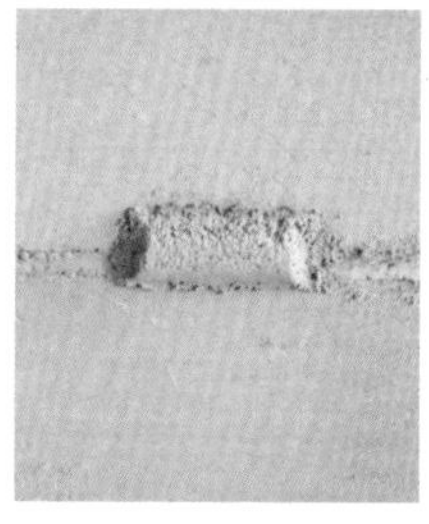

灰饼效果

冲筋铝合金刮尺

冲筋上料

冲筋

图 5-45 工法施工图片（一）

筋条垂直、平整度检查

挂玻纤耐碱网格布

喷浆机械

机械试喷

供料

混凝土界面预涂刷

喷浆

图 5-46　工法施工图片（二）

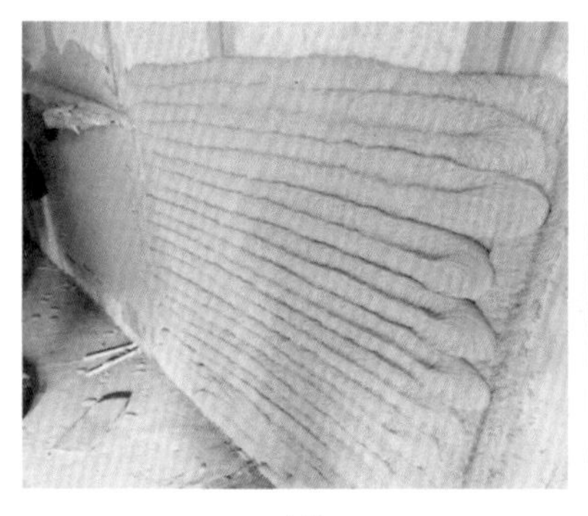

喷浆

刮尺收平

完成面效果

图 5-47　工法施工图片（三）

第 6 章　磷石膏工程应用案例

6.1　自流平砂浆的应用

磷石膏自流平砂浆是一种可替代混凝土、水泥砂浆等传统地面找平材料的颠覆性新型地坪材料，能够实现楼地面回填、抬高、找平“三位一体”一次性完成，可广泛应用于地暖回填、地面抬高、精确找平等工业和民用工程。

1. 地暖回填

用试块（40mm×40mm×160mm）检验石膏自流平的稳定性。将自流平石膏置于 50℃的热环境中来检测其强度及热力学性能的变化。在标准条件（温度 20℃，相对湿度 65%）下养护 7d，然后直接置于烘箱中，在 50℃的条件下分别放置 7d、28d 和 194d 之后进行检测。检测结果见表 6-1。

石膏基自流平的热力学性能　　表 6-1

热力学性能	7d	28d	194d
收缩（mm/m）	-0.24	-0.27	-0.27
重量损失（%）	12.6	12.6	12.6
抗折、抗压强度（MPa）	—	10.8/36.8	10.8/38.2

从上表的结果看，自流平石膏在 50℃的条件下，热力学性能基本保持稳定，如 28d 和 194d 收缩值及抗折、抗压强度几乎保持一致。基于热力学性能的检测，石膏基自流平非常适合应用于地暖系统。

石膏基自流平最初在欧洲是配合地暖系统产生的地面材料。1909 年英国人利用混凝土和石膏管道制作了辐射采暖系统，并申请了专利，成为最早的地暖产品。20 世纪 30 年代地暖技术已经在发达国家开始使用，中国在 20 世纪 50 年代已将该技术应用于人民大会堂和华侨饭店等工程中。

我国传统地暖的填充层多采用细石混凝土现场搅拌进行施工，如果采用石膏基自流平进行填充，可以使施工质量得到很大提高，细石混凝土地暖与石膏基自流平地暖的对比见表 6-2。

自流平砂浆地暖与细石混凝土地暖性能比较　　表 6-2

自流平砂浆	普通细石混凝土
干混砂浆在工地易于堆放，有利于文明施工	工地现场堆放水泥、砂石易造成粉尘污染等脏乱现象
工厂化生产的干混砂浆配方科学计量准确	工地现场配料，原材料的计量 / 配比难以保证
在工地只需按相应的加水量直接用机械搅拌均匀施工	水泥、砂石搅拌均匀难以保证
自流平砂浆有很好的流动性，能用自身流动性均匀分布流到地暖管道间的空隙中	没有流动性，靠施工人员将砂浆平摊到地暖管间隙中
自流平砂浆具有很好的抗离析能力，硬化后砂浆分布均匀，具有致密的砂浆结构	此形式的砂浆由于施工不当易造成离析，即粗骨料易分布在底层，细骨料和粉料则分布在上层
致密的砂浆结构有利于热量均匀地向上传导，从而保证最大的热效应	由于骨料的颗粒匹配未能最佳优化，砂浆中含有较多的空隙，这样的结构不利于热传导，易造成热损失

石膏基自流平砂浆与高柔性粘结砂浆组成地暖系统，可以解决目前国内地暖系统中水泥砂浆开裂、导热率偏低、易损坏热水管道等难题。它以整个地面作为散热面，均匀地向室内辐射热量，相对于其他采暖方式（空调、暖气片、壁炉等）具有热感舒适、热量均衡稳定、节能、免维修等特点，是营造舒适居住环境的较好供暖方式。另外，作为地暖系统，石膏材料本身的多孔性，可以起到隔声保温的作用。石膏基自流平密度低，可以降低建筑物承载重量，是绿色环保的节能型产品（图 6-1）。

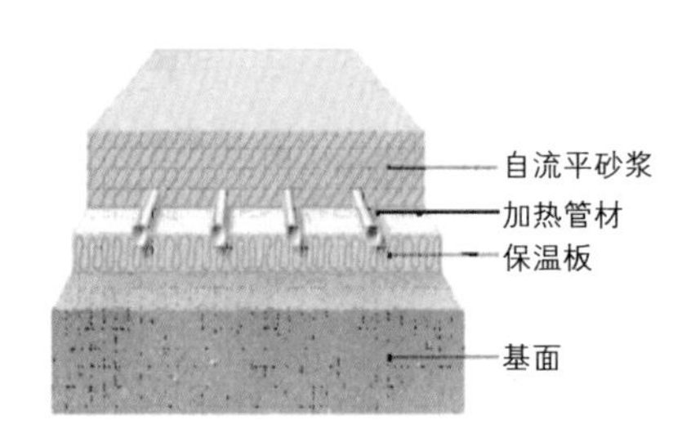

图 6-1　磷石膏砂浆应用于地暖系统石膏

2. 磷石膏自流平找平

磷石膏自流平作为地面找平层，具有其他材料无法比拟的优点。根据国家统计局的数据，我国近几年每年住宅房屋竣工面积约 8 亿 m^2 左右，北方住宅面积占 50% 左右，其中若 60% 的地面采用石膏基自流平，每平方米约需 20kg，每年就有 500 多万吨的市场需求量。自流平石膏是在我国建材市场上，所有石膏产品中，唯一一个没有大规模产业化生产的产品。自流平石膏作为替代水泥、减少我国碳排放的重要产品，与政府已出台政策推广的“石膏干粉砂浆”相比，同样具有节能减排的社会效益和经济效益（图 6-2）。

（a）自流平生产设备

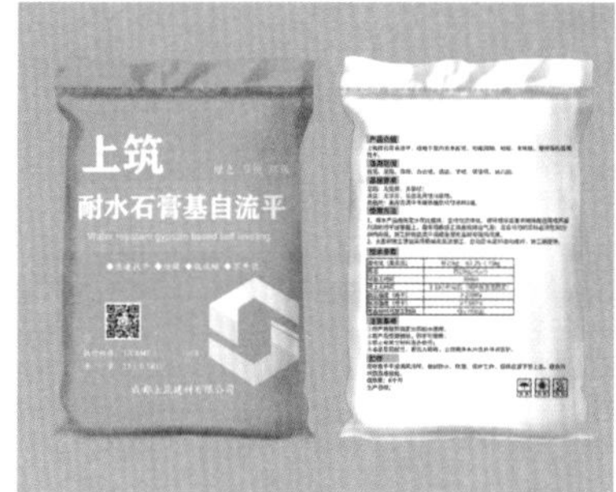

（b）自流平成品包装

（c）自流平施工设备

（d）自流平施工效果

图 6-2　磷石膏自流平技术

3. 磷石膏应用在抹灰石膏的技术

自 2013 年来随着机械喷涂抹灰石膏的发展，抹灰石膏在国内得到了较快速的发展。2018 年全国抹灰石膏的用量已达到 340 万 t 左右，预计 2022 年我国抹灰石膏的实际需求量将达到 600 万 t 左右。抹灰石膏的市场极限容量预估为 1200 万 t 左右，目前抹灰石膏正处于快速发展阶段（图 6-3）。

图 6-3　石膏在抹灰石膏领域的应用

4. 应用工程列表

磷石膏自流平砂浆市场发展前景非常广阔，目前已在多个项目中得到应用，部分应用项目如表 6-3 所示。

磷石膏应用工程项目　　表 6-3

项目名称	面积	使用材料	施工厚度
雄安新区政务中心	$20000m^2$	高强石膏基厚层自流平砂浆	40mm（塑胶地板）
济南万科城市之光	$46000m^2$	石膏基厚层自流平砂浆	20mm（木地板）
济南鲁能领秀城	$74000m^2$	石膏基厚层自流平砂浆	40mm（木地板）
泰安光电小区	$110000m^2$	石膏基厚层自流平砂浆	50mm（木地板）
烟台・万科海云台	$12000m^2$	石膏基厚层自流平砂浆	60mm（地暖、瓷砖）
开封市文化馆、图书馆	$12000m^2$	石膏基自流平砂浆	12mm（塑胶地板）
河南农业大学图书馆	$15000m^2$	石膏基自流平砂浆	10mm（塑胶地板）
新郑市丁庄安置区	$60000m^2$	石膏基自流平砂浆	10mm（地面找平）
郑州玫瑰青年旅社	$1200m^2$	石膏基自流平砂浆	60mm（地毯）
郑州 CBD 移动大厦	$12000m^2$	石膏基自流平砂浆	8mm（环氧树脂）

6.2　磷石膏内墙板的应用

6.2.1　磷石膏内墙板特点

磷石膏的处理和应用随着墙板关键技术的研发，在越来越多的装配式建筑中得到了应用。改性磷石膏轻质条板，以其轻质、高强、体积稳定、生产便捷高效、绿色环保并具有呼吸性等优势迅速受到建筑界的广泛关注与推广应用，成为世界公认的优质建材。经过改性的石膏条板性能突出、优势明显，主要体现在：

（1）干燥收缩值小、墙体不开裂。

（2）是钢结构建筑的最佳配套内隔墙材料。

（3）密度小，节省成本造价。

（4）多孔吸声材料，隔声性能高，舒适性高。

（5）全无机 A 级防火不燃，耐火极限 3h，提升安全性能。

（6）装配式的干法拼接施工，既有利于现场的安全文明施工解决二次污染，同时提高施工效率。据统计，改性石膏条板平均为 2 ~ 3 人一组，人均施工可达 $25m^2/d$，较传统的砌筑体材料而言施工效率可提高 3 ~ 4 倍。

（7）根据性能指标，100mm 厚的改性石膏轻质条板可替代传统砖砌体

180mm、200mm 厚的墙体，大大增加实际使用面积。

据不完全统计，改性石膏轻质条板完成项目类型包含了钢筋混凝土框架结构、框剪结构、钢结构、排架结构等，涵盖了住宅、酒店、医院、学校、商业、工厂、物流仓储、军工建设等各大领域。全国每年有上千万平方米的内隔墙选用改性石膏轻质条板，其应用十分广泛。本节将阐述改性的石膏条板在商业住宅、公共建筑、工业建筑、钢结构建筑、酒店学校医院等五个领域应用案例。

6.2.2　磷石膏内墙板应用案例

1. 成都市武侯区金茂府住宅项目磷石膏应用项目

（1）工程概况

武侯金茂府住宅项目位于成都市三环路武侯大道旁，由北京首都开发控股（集团）有限公司和中国金茂控股集团有限公司联合投资，具有较高的科技含量，原创 12 大科技系统，被英国绿色建筑评价体系评为绿色建筑，营造理想的温度、湿度、氧气、水、声音的生活环境，本项目由中国建筑第八工程局承建，总建筑面积 27 万 m^2，由 12 栋板式大平层住宅构成，地上 12 层，地下 1 层，结构形式为框架剪力墙结构，总平面示意图、鸟瞰图如图 6-4、图 6-5 所示。

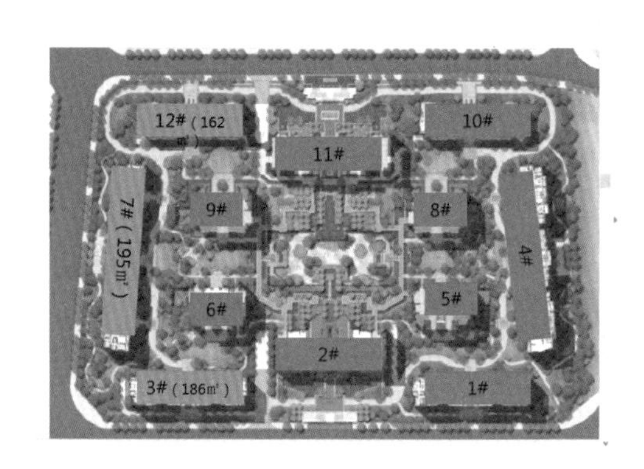

图 6-4　金茂府总平面示意图

图 6-5　金茂府鸟瞰图

（2）内隔墙工程介绍

分户墙、分室墙（含厨房及卫生间）、过道、楼梯间、管道井隔墙均采用上筑建材改性石膏轻质隔墙板，其 200mm 厚隔墙均采用 100mm 厚双拼，隔墙安装高度有 2250mm、2350mm、2600mm、2880mm 四种，施工周期 8 个月，完成量 11.8 万 m^2。

（3）内隔墙工程效果图（图 6-6 ~图 6-13）

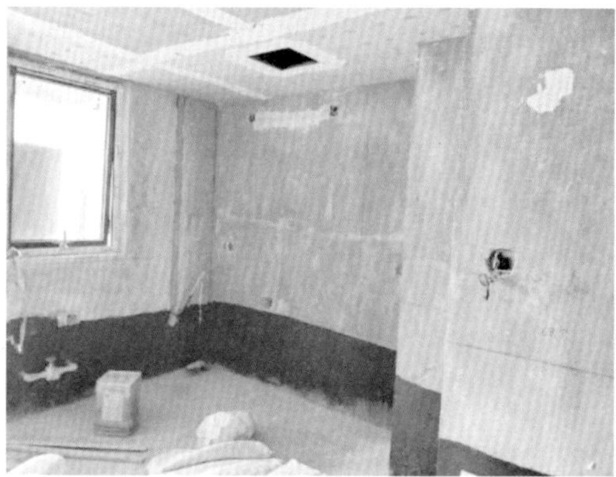

图 6-6　使用于卫生间、厨房等有水房间

图 6-7　毛细管系统与墙体结合

图 6-8　墙体表面制作木饰面

图 6-9　墙体安装强弱电箱

图 6-10　墙体与轻钢龙骨连接

图 6-11　粘贴瓷砖

图 6-12　贴墙纸

图 6-13　装修完成效果

（4）效益分析

使用改性石膏轻质隔墙板替代传统砌体材料，采用装配式施工方式，工序简单，节约了工期及管理成本；利用石膏材料独特的呼吸功能完美契合毛细管网辐射系统，调节室内空气湿度，营造舒适的居住环境；墙体材料采用绿色建材，减少了能源消耗，为固废利用、环境治理作出了贡献，且应用效果良好；装配式的绿色建材是建筑工程发展的必然趋势，社会效益显著。

2. 贵州省地质资料馆暨地质博物馆建设项目磷石膏应用项目

（1）工程概况

贵州省地质资料馆暨地质博物馆建设项目，位于贵阳市观山湖区兴筑西路南侧、云潭南路西侧，交通条件良好，周围无重要建筑及地下重要管线等。结构形式包括现浇钢筋混凝土框架剪力墙结构和钢框架 - 中心支撑结构，设计使用年限为 100 年，总建筑面积 39561.7m^2，其中地上 26791.5m^2，地下面积

12770.2m^2（含车道 711m^2）。地上 7 层、地下 2 层，建筑高度 33.3m，项目总投资 21587 万元。项目建成后将成为贵州省的地标性建筑，是贵州古生物化石王国对外的地质和文化名片。

（2）内隔墙工程介绍

该工程墙体应用 120mm 厚磷石膏内隔墙板进行建设，应用面积 16250m^2，节约直接经济成本 20.8 万元，节约工期 130d（图 6–14）。

图 6–14　项目效果图

3. 国际山地旅游联盟总部项目磷石膏应用项目

（1）工程概况

项目规划用地面积 1131300m^2，建设用地面积 39963.60m^2，总建筑面积 24959.18m^2。其中：地上建筑面积 17198m^2，地下建筑面积 7392m^2。地上建筑分为南北两栋建筑，其中：北区建筑面积 8954m^2，南区建筑面积 8243m^2。地下建筑分为两部分，其中：配套设施面积 2544m^2，设备用房与地下车库面积 4848m^2（图 6–15）。

图 6–15　项目效果图

（2）内隔墙工程介绍

该工程墙体应用120mm厚磷石膏内隔墙板进行建设，应用面积23100m²，节约直接经济成本22.3万元，节约工期113d。

（3）内隔墙工程效果（图6-16）

图6-16　项目效果图

4.成都市七一城市森林住宅公园应用磷石膏项目

（1）工程概况

七一城市森林花园为西南首座第四代建筑，利用清华大学建筑新技术，每户都有独立大庭院，占地88.79亩，总建筑面积约44.23万m^3，由8栋住宅和1栋5A甲级写字楼围合而成，项目住宅部分由8栋第四代绿色建筑组成，其中1号楼为29层，其余均为30层高度，结构形式为框架剪力墙结构，总平面示意图如图6-17所示。

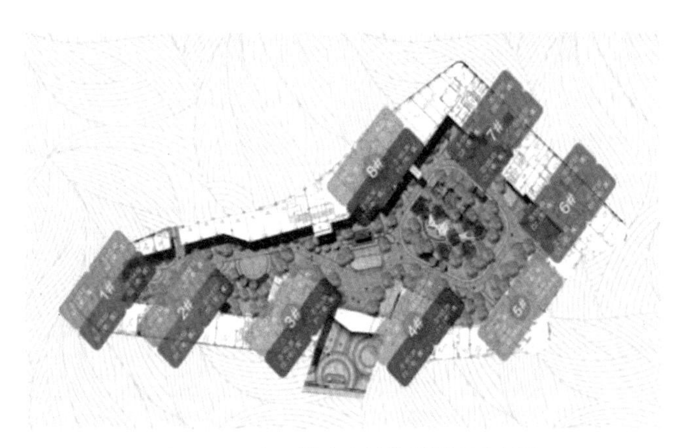

图6-17　七一城市森林花园平面示意图

（2）内隔墙工程介绍

分户墙、分室墙（含厨房及卫生间）、过道、楼梯间、管道井隔墙均采用上筑建材改性石膏轻质隔墙板，使用材料型号有：2950×600×100、

2760×600×100、2500×600×100（mm×mm×mm），施工周期 4 个月（2018 年 3 月—2018 年 6 月），共计完成量 7.3 万 m^2。

（3）内隔墙工程效果图（图 6-18 ~图 6-24）

图 6-18 改性石膏轻质隔墙板用于厨房、卫生间

图 6-19 墙体免抹灰

图 6-20 使用于楼梯间

图 6-21 水电开槽

图 6-22 敷设、修补

图 6-23　墙面腻子

图 6-24　厨房、卫生间防水处理

（4）效益分析

使用改性石膏轻质隔墙板替代传统砌体材料，采用装配式施工方式，工序简单，现场干法作业，文明施工，墙厚 100mm，增大了实际使用面积，降低了建设成本；绿色建材搭配第四代绿色建筑，更好地体现了绿色环保、节能降耗的理念。

5. 成都市成华区梧桐栖磷石膏应用住宅项目

（1）工程概况

城投置地梧桐栖住宅项目位于成都市成华区青龙场区域，作为成都市首批重点建设的人才公寓项目，本项目净用地面积约 10 万 m^2，总建筑面积 37 万 m^2，包括地上建筑面积 26.3 万 m^2，地下建筑面积 10.7 万 m^2，“栽得梧桐枝，自有凤来栖”这是为成都市政府引凤筑巢政策所打造的主题，同时作为对成都市蓉漂人才的一份献礼，项目的施工工艺也引入了一些新的技术，采用了装配式建筑施工管理，预制构件装配率达到 30%（图 6-25）。

图 6-25　梧桐栖项目整体效果图

（2）内隔墙工程介绍

此项目共分为多个标段，其中中国五冶集团有限公司标段采用上筑建材改性石膏轻质隔墙，其技术成熟、工艺完善，100mm 墙板应用于分户墙、分室墙、过道、楼梯间，施工周期 9 个月（2019 年 1 月—2019 年 9 月），共计完成量 2.9 万 m^2。

（3）内隔墙工程效果图（图 6-26 ~图 6-28）

图 6-26　改性石膏板用于厨房，贴砖后挂吊柜

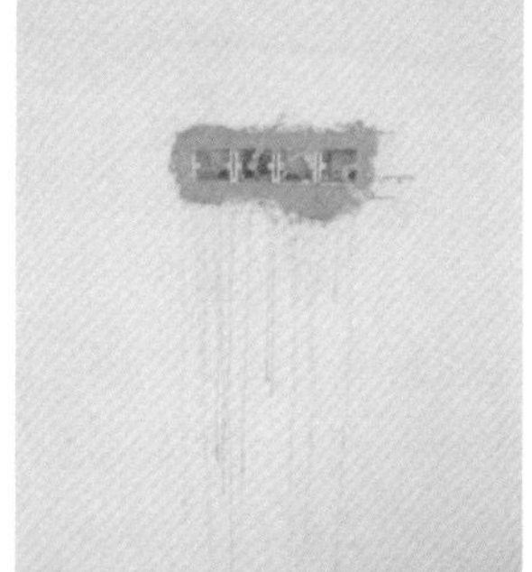

图 6-27　插座安装

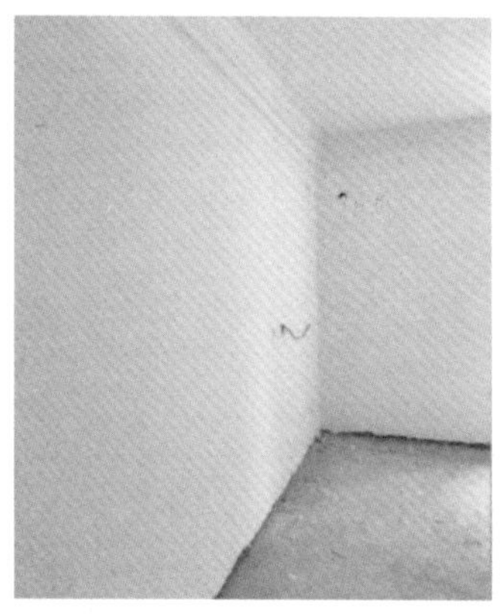

图6-28　墙体刮白处理

6. 双龙永乐标准厂房磷石膏应用项目

（1）工程概况

双龙永乐标准厂房一期项目位于贵阳市南明区贵阳绕城高速永乐收费站右侧。项目由厂房、仓储、食堂、宿舍、办公楼组成，总建筑面积为：46081m^2，框架：4775m^2，其中厂房为钢结构，食堂及办公楼为框架结构，宿舍为框架结构。一期工程含厂房：41306m^2，宿舍：4280m^2，食堂：495m^2。其中厂房6栋，2层，建筑高度约15m，为全钢结构施工，无底板；宿舍2栋5层框架，高度约18m，食堂及办公楼1栋2层框架（图6-29）。

图6-29　项目效果图

（2）内隔墙工程介绍

该工程墙体应用 120mm 厚磷石膏内隔墙板进行建设，应用面积 13000m^2，节约直接经济成本 18.4 万元，节约工期 59d。

（3）内隔墙工程效果图（图 6-30）

图 6-30　项目效果图

7. 贵州省双龙大数据项目磷石膏应用项目

（1）工程概况

项目位于贵州双龙航空港经济区贵龙大道与 G60 沪昆高速交汇处，“打造贵阳首座垂直绿化休闲办公楼”作为设计主旨，通过建筑自身的现代风格，屋顶绿化的布置，让人感受到一种自然、绿意、艺术、和谐、舒适的办公环境。贯彻“以人为本”的思想，以建设可持续发展的办公环境为规划目标，满足办公的舒适性、安全性、耐久性和经济性。创造一个布置合理、交通便捷、环境优美的现代办公楼（图 6-31）。

图 6-31　项目效果图

（2）内隔墙工程介绍

该工程墙体应用 120mm 厚磷石膏内隔墙板进行建设，应用面积 19000m^2，节约直接经济成本 20.8 万元，节约工期 66d。

（3）内隔墙工程效果图（图 6-32）

图 6-32　工程效果图

8. 恒大地产・曹家巷广场

（1）工程概况

恒大曹家巷广场是恒大集团成都有限公司建设的包含高层住宅、大型购物中心，老成都风情商业街、商务写字楼、精品商办、住宅于一体的综合体项目，由四川华西集团第十二公司承建，项目位于成都市北一环路，占地面积约 173 亩，总建筑面积约数 73 万 m^2，住宅部分由两栋超高层住宅建筑组成总面积近 20 万 m^2（图 6-33）。

图 6-33　恒大曹家巷广场图

（2）内隔墙工程

恒大曹家巷广场项目继恒大·望江华府使用改性石膏轻质隔墙板之后再次选用 100mm 改性石膏轻质条板，应用于非承重内隔墙，包括分户墙、卫生间、厨房等部位，墙体总面积近 8 万 m^2，于 2019 年 6 月正式进场投入施工，目前正在施工中。

（3）内隔墙工程效果图（图 6-34、图 6-35）

图 6-34　工程效果图

图 6-35　水电开槽、厨、卫有水房间及精装修成品图

（4）效益分析

恒大地产于 2017 年在占地 3000 亩，集高层住宅、公寓及联排别墅于一体的国际化高端居住区——天府门廊攀成钢·望江华府项目选用改性石膏轻质条板作

为配套的内隔墙材料，经过交房两年之久的观察，改性石膏轻质条板无任何问题。彻底打消了恒大地产选用装配式轻质条板的后顾之忧，对改性石膏轻质条板高度认可，在曹家巷广场项目再次选用改性石膏轻质条板并将改性石膏轻质条板纳入公司集中采购平台作为恒大地产成都公司指定选用轻质隔墙材料。用恒大地产的原话形容：选用了改性石膏轻质条板做为装配式配套内隔墙材料心里踏实。

9. 成都市新建金牛区人民医院磷石膏应用项目

（1）工程概况

新建金牛区人民医院项目位于成都市金牛区花照壁中横街，占地面积 2.3 万 m^2，建筑面积 11.2 万 m^2，地下 2 层，地上 22 层，建筑高度 99.89m。按三级医院标准修建，设置床位 700 张，是集医疗、教学、科研、预防保健、急救为一体的综合性公立医院（图 6-36、图 6-37）。

图 6-36　金牛区人民医院外景图

图 6-37　金牛区人民医院大厅

（2）内隔墙工程介绍

该项目非承重内隔墙采用 120mm 厚改性石膏轻质隔墙板施工，墙板总用量 6 万 m^2。改性石膏轻质隔墙板施工安装时间为 2017 年 7 月至 2017 年 12 月。医院项目有较高的防火、隔声要求，改性石膏轻质隔墙板优异的隔声、防火满足使用要求。改性石膏轻质隔墙板良好的吊挂性能满足医院医用设备、电视、氧气管道的吊挂及固定（图 6-38）。

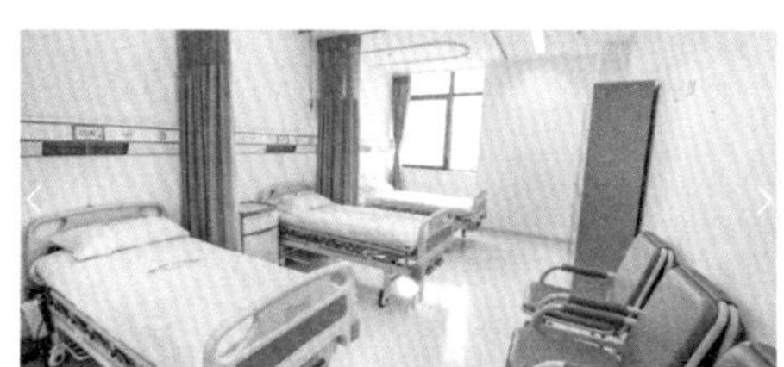

图 6-38　医院病房

（3）内隔墙工程效果图（图 6-39 ~图 6-41）

图 6-39　大跨度窗洞

图 6-40　大跨度防火门门洞

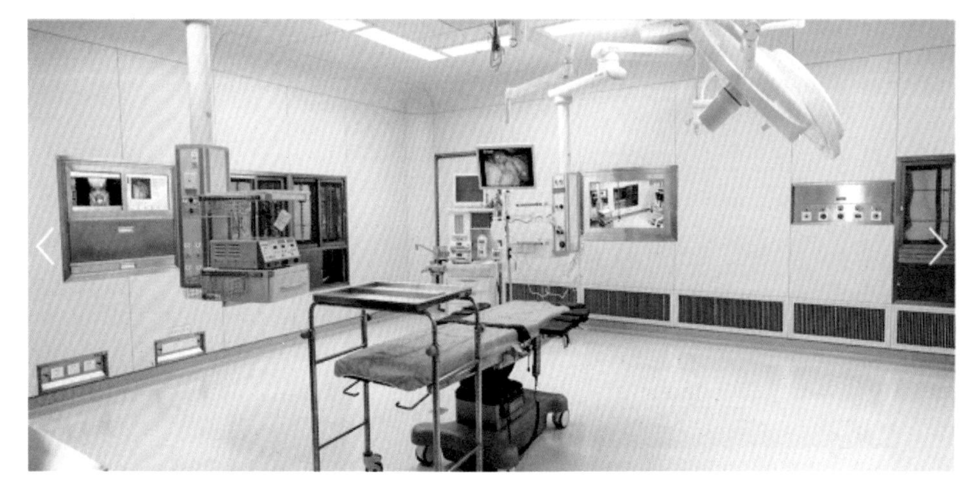

图 6-41　医用设备

（4）效益分析

该项目内隔墙采用轻质隔墙板，工期比使用传统砌筑材料节约了 2 个月左右。同时施工工艺的改进降低了建筑造价，带来了经济效益上百万元。该项目总包方中国建筑第八工程局因此获得中国建筑“全国优秀 QC 成果二等奖”及“四川省优秀 QC 成果二等奖”。

10. 新兴工业园服务中心磷石膏应用项目

（1）工程概况

新兴工业园服务中心项目是西南地区首个高层装配式框架核心筒结构体系建筑、西南地区首个装配式公共建筑、首个采用 EPC 模式的装配式建筑项目、首个全过程采用 BIM 技术的装配式建筑项目。总建筑面积约 9 万 m^2，除核心筒外所有结构构件均为工厂化预制，主要预制构件包括：预制柱、预制梁、预制叠合板、预制楼梯和预制清水混凝土外挂板，建筑内部采用一体化内装的装配式轻质内墙板，整体预制装配率达 56%（图 6-42）。

图 6-42　天科广场全景图

（2）内隔墙工程介绍

该项目非承重内隔墙全部采用装配式墙板。施工周期 8 个月（2017 年 7 月—2018 年 2 月），共计施工 5.3 万 m^2。该项目多处涉及超高超长安装，安装高度 4.6m。

（3）内隔墙工程效果图（图 6-43 ~图 6-46）

图 6-43　超高、超长安装

图 6-44　限高内接板

图 6-45　大跨度门洞加固

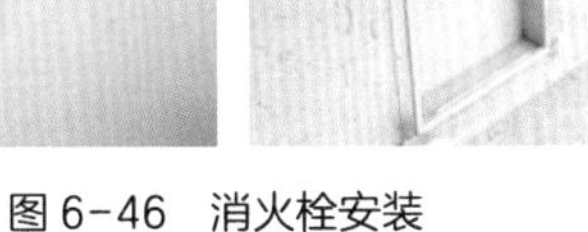

图 6-46　消火栓安装

11. 成都市锦城湖宾馆磷石膏应用项目

（1）工程概况

锦城湖宾馆项目位于成都市环城生态区内，紧邻锦城湖公园，项目总建筑面积超 6 万 m^2，建设单位是成都兴城人居地产投资集团有限公司，成都建工集团有限公司承建，该项目属于锦城湖区域的重要建筑，定位为超五星高端酒店，将成为锦城湖公园区域一道亮丽的风景线（图 6-47）。

图 6-47　锦城湖宾馆项鸟瞰图

（2）内隔墙工程介绍

锦城湖宾馆项目为精装修交付，品质要求高，墙体材料的隔声要求大于 45dB，100mm 墙板的耐火极限需大于 2.5h，改性石膏轻质隔墙在满足材料性能的要求下，施工工艺成熟，管理体系完善，企业具有多个酒店项目的施工经验，为该项目实施奠定了扎实的基础。该项目同时使用了 100mm 及 120mm 厚两种型号的材料，共计 2.9 万 m^2，2019 年 8 月底已全部安装完成。

12. 成都市新都香城体育中心磷石膏应用项目

（1）工程概况

新都香城体育中心项目位于成都市新都区兴乐北路，该项目由中国建筑西南设计研究院有限公司 EPC 总承包，总建筑面积 8.6 万 m^2，由体育馆、游泳馆、全民健身馆、室外运动场地与配套用房组成。该中心建成后将具备承接全国单项、全省综合性体育赛事和大型群众文体活动的条件（图 6-48）。

图 6-48　香城体育中心示意图

（2）内隔墙工程介绍

该项目非承重内隔墙（含卫生间）均采用 120mm 厚上筑建材改性石膏轻质隔墙板，隔墙板使用量为 2.4 万 m^2。体育馆层高在 6 ~ 12m，隔墙板安装涉及超高、超长，施工难度很大。

（3）内隔墙工程效果图（图 6-49 ~图 6-52）

图 6-49　超高超长安装

图 6-50　加设镀锌矩管构造梁、柱

图 6-51　大型风管孔洞预留

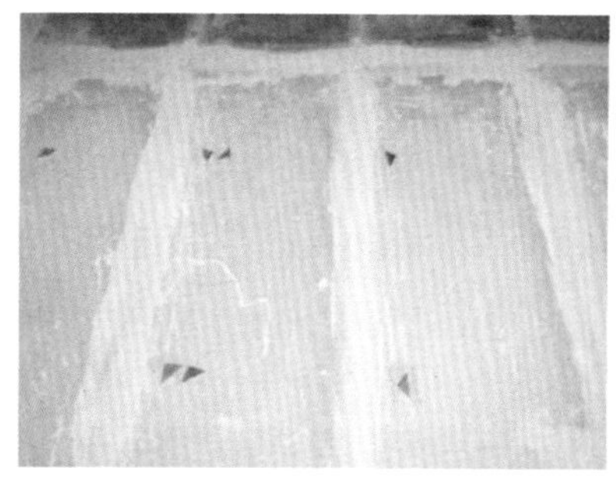

图 6-52　对穿螺杆固定大型配电箱

13. 中建科技装配式建筑 PC 构件厂

工程情况

中建科技成都有限公司隶属于中国建筑股份有限公司，是中国建筑在西南地区的首个建筑工业化试点推广企业，项目建成于 2017 年底，集装配式建筑、绿色建筑、智能建筑、未来建筑的设计、生产、施工、科研于一体。中建科技成都有限公司研发中心，作为国内第一个被动式绿色建筑三星装配式智能化建筑，建筑主体不仅符合绿色建筑、被动式建筑及智慧建筑的建造要求，且全部采用装配式结构体系，建筑整体预制率 67.85%。 该项目自保温办公楼采用改性石膏条板与建筑配套，取得了良好的效果，获得了中建领导的高度重视。成为“中德合作高能效建筑——被动式低能耗建筑示范项目”（图 6-53）。

图 6-53 中建科技成都有限公司

14. 长虹智能制造产业园项目

（1）工程概况

长虹智能制造产业园（虹创一号工程），位于四川绵阳高新区包括智慧显示终端产业、智慧能源产业及相关配套产业，是中国智能制造首批试点示范项目和西部唯一一个中德智能制造合作试点示范项目，也是绵阳市重点建设项目。项目建设于 2019 年 10 月中旬，园区总投资约 50 亿元，总占地面积约 1300 亩，一期建筑面积约 50 万 m^2，其中，智慧显示终端产业基于现代生态工业园区规划设计理念，运用 IE+AT+IT 技术，以平板电视整机制造为核心，配套相关零部件制造产业，构建智能制造系统，建立国内领先的数字化示范工厂（图 6-54）。

（2）内隔墙工程介绍

中建科技装配式建筑 PC 构件厂项目、红华实业、长虹智能产业园项目为改性石膏轻质条板具有代表性的工业建筑项目，因各自项目的使用功能不同、项目

图 6-54　红华项目、长虹智能产业园项目

的重要性和特殊性，其不约而同地选择了高端、优质的改性石膏轻质条板作为配套内隔墙材料，以保障其项目的品质。以上项目特殊节点包括：超高超长墙体安装、墙体表面干挂大理石、内嵌式消防箱、异形施工以及二次结构安装等。

（3）内隔墙工程效果图（图 6-55 ~图 6-57）

图 6-55　超高墙体安装、内嵌箱体安装、墙面腻子装饰效果

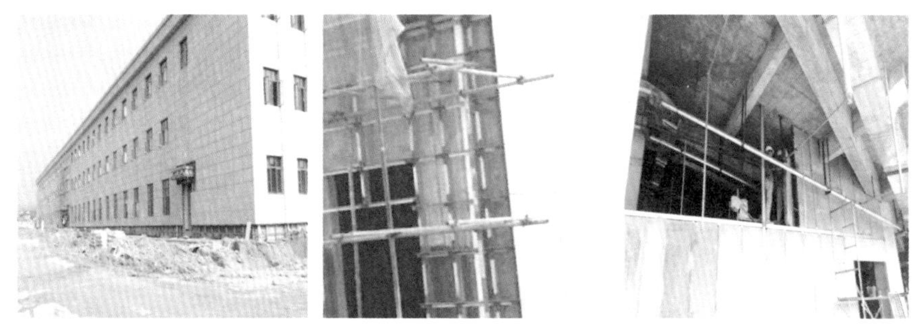

图 6-56　墙体干挂大理石完成效果、墙体异形施工

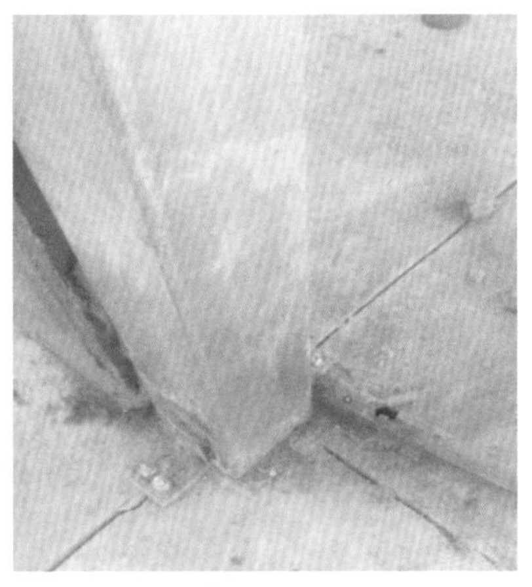

图 6-57　与钢结构连接处特殊处理、二次结构镀锌矩管立柱与地面连接

（4）效益分析

中建科技装配式建筑 PC 构件厂项目、红华实业、长虹智能产业园三个项目选用改性石膏轻质条板既满足了项目对材料的高品质要求，解决了轻质隔墙行业的通病，同时大大缩短了建设周期，为项目的后期装修争取了时间。中建科技和红华实业项目因材料的特殊要求，选材困难且价格高昂，长虹智能产业园项目工期紧张，因没有提前预订，临时生产比较困难。成都上筑建材改性石膏轻质条板解决了其根本问题的同时为项目节省了综合成本上百万元。

15. 龙泉山·丹景台项目

（1）工程概况

丹景台项目建设方为成都龙泉山城市森林公园投资经营有限公司，承建方成都建工，总面积约 955 亩。得名“城市之眼”，不仅因其为龙泉山城市森林公园首批启动示范点之一，也因为游客站于此，视野广阔满眼绿色，能一览建设中的成都天府国际机场、天府奥体公园等，此项目的成功建成真正意义上实现了成都与简阳的无缝连接（图 6-58）。

（2）内隔墙工程

丹景台项目是成都市政府重点关注项目，项目施工难度大，工期紧，最高施工高度达到 10m，经过建设方，总包方领导的实地考察，最终非承重内隔墙选择了“改性石膏轻质隔墙板”，该项目使用 120mm 厚的材料，上筑不负众望，最终定时定量完成了任务。

图 6-58　丹景台效果图

（3）隔墙应用效果图（图 6-59、图 6-60）

图 6-59　“田”自行密集的二次结构与主体钢结构相连接

图 6-60　超高超长墙体安装、超宽门洞加固、临边墙体安装

16. 西昌阳光学校项目

（1）项目概况

西昌阳光学校南山校区项目总建筑面积为51218.64m²，总投资约为2.5亿元，是一所含小学、中学于一体的九年制义务教学公立学校，可容纳学生3000人。西昌阳光学校南山校区（现更名为西昌宁远学校）是凉山州第一所以钢结构建成的学校，也是凉山州第一个完工的PPP模式项目，因此该项目从开工至完工就受到凉山州各个单位的重点关注。本项目于2018年底建成并获得“凉山州2019年度优质工程奖”“2019年度中国电建优质工程奖”（图6-61）。

图6-61　西昌阳光学校项目建设现场

（2）内隔墙工程

该项目为钢结构建筑，项目所在地抗震设防烈度为9度，目前轻质条板无9度抗震设防地区的标准规范，由于改性石膏轻质隔墙板性能优异、施工工艺完善，通过了专家组的专项论证适用于9度抗震设防地区。另西昌地区早晚温差大，普通墙体材料与钢结构配套容易出现收缩开裂，改性石膏轻质隔墙板利用石膏体积稳定的特点，接缝材料使用与墙板材性相同的专用粘结石膏，解决了开裂问题，深受西昌地区建筑企业的认可与信赖。

17. 其他项目

（1）锦城湖酒店项目

锦城湖酒店项目位于成都市环城生态区内，紧邻锦城湖公园，项目总建筑面积超6万m²，建于2018年底。建设单位是成都兴城人居地产投资集团有限公司，成都建工集团有限公司承建。该项目属于锦城湖区域的重要建筑，定位为超五星高端酒店，是锦城湖公园区域一道亮丽的风景线（图6-62）。

图 6-62　锦城湖酒店示意图

（2）湄潭圣地皇家金煦酒店项目

湄潭圣地皇家金煦酒店位于被誉为“贵州茶业第一县”和“云贵小江南”之称的遵义市湄潭县，酒店总建筑面积 65077m^2，设计单位为中国建筑西南设计研究院，是遵义市首家国际五星级奢华商务旅游酒店（图 6-63）。

图 6-63　湄潭圣地皇家金煦酒店

（3）广元剑阁廊桥酒店项目

广元剑阁廊桥酒店位于剑阁县的景观廊桥，是亚洲第二大廊桥酒店，由广元市兴和建设公司承建。因酒店建设于桥上，对其墙体材料标准要求高（图 6-64）。建设单位、承建单位全国选材对比最终确定改性石膏轻质条板作为配套内隔墙材料。其墙体材料要求达到：厚度 120mm、耐火极限 >4h、空气声隔声量 >47dB、传热系数 <1.5W/（m^2·K）、密度 <800kg/m^3。

图 6-64　广元剑阁廊桥酒店

（4）新川外国语学校项目

新川外国语学校位于成都市北四环，是西南区域首个高端民办寄宿贵族学校。占地面积约 160 亩，建筑面积超 9.3 万 m^2，是成都市重大民生项目之一，于 2019 年 9 月份开学，可以容纳学生 4000 余人。是一所集小学部、初中部、高中部、国际部于一体的高端 K12 全日制民办寄宿学校（图 6-65）。

图 6-65　新川外国语学校

（5）内隔墙工程

锦城湖酒店、湄潭圣地皇家金煦酒店、广元剑阁廊桥酒店等酒店项目均为超五星级高端酒店，精装修交付，其超五星级品质要求高，墙体材料的隔声要求大于 45dB、条板 A 级不燃耐火极限要求 3 ~ 4h，广元剑阁廊桥酒店因建设于桥上要求材料容重不大于 800kg/m^3。经过全国选材确定改性石膏轻质条板作为配套

内隔墙材料，为确保项目品质不惜近千公里的运输距离运往项目现场。

新川外国语学校经过慎重、严谨的考察与实地了解，在多种材料的对比下选择了高端优质的改性石膏轻质条板。

改性石膏轻质条板在以上标志性项目的使用中成功解决了轻质条板存在的通病及特殊节点，包括：临边安装、大跨度窗洞口预留、错缝接板、超高超长二次结构以及后期应用中大型防火门的安装等。

（6）内隔墙应用效果图（图 6-66 ~图 6-68）

图 6-66　超高、超长、临边墙体的安装

图 6-67　有水房间、大跨度窗洞的安装

图 6-68　防火门直接安装于墙板上

6.3 磷石膏外墙板的应用

1. 磷石膏挤出成型外墙板

ECP（Extruded Cement Panel，简称 ECP），是以磷石膏、水泥、纤维等主要原料，首先通过真空高压挤出成型的中空型板材，然后通过高温高压蒸汽养护而成的新型建筑水泥墙板。ECP 相比一般板材强度更高、表面吸水率低，隔声效果更好。ECP 优异的性能和丰富的表面，不仅可用作建筑外墙装饰，而且有助于提高外墙的耐久性及呈现出丰富多样的外墙效果。ECP 可直接用作建筑墙体，减少多道墙体的施工工序，使墙体的结构围护、装饰、保温、隔声实现一体化（图 6-69 ~图 6-73）。

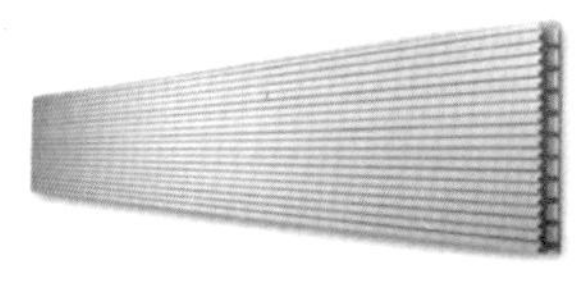

图 6-69 三种形式的挤压外墙板

图 6-70 生产车间的储藏和运输设备

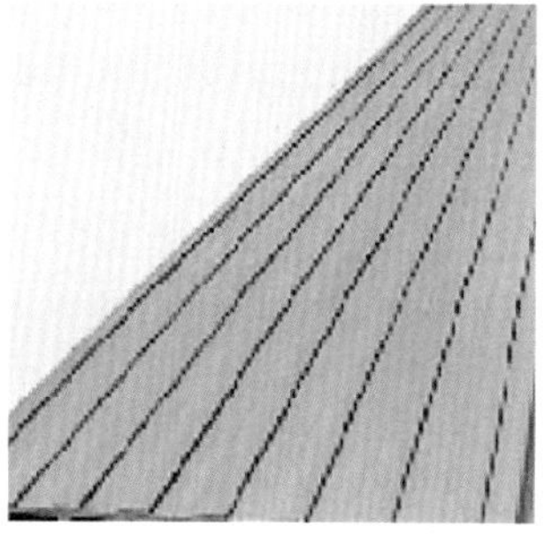

图 6-71 工厂里的挤压板

图 6-72　磷石膏外墙安装板

图 6-73　挤压板流水线和蒸养设备

2. 磷石膏挤出外墙板用作垂直绿化系统

不同于现有的垂直绿化需依托于既有墙体，绿茵板垂直绿化通过挤出成型墙板与植物的无缝结合，打造出集装饰、美观、功能性一体化的挤出墙板装饰垂直绿化。相比传统墙体垂直绿化方式，外观更加和谐美观，绿化与墙体紧密贴合，浑然一体，大大提高了建筑的美感，最大限度利用墙面有限空间，让“混凝土森林”变成真正的绿色天然森林。绿化概念实现了从二维空间向三维空间转化的趋势（图 6-74、图 6-75）。

图 6-74　外墙绿化板

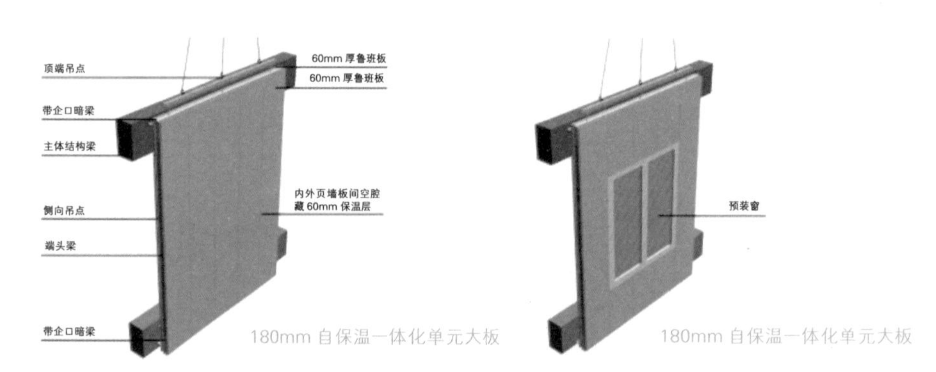

图 6-75　外墙外挂板示意图

6.4　磷石膏各种市政部品件的应用

磷石膏市政工程用的围墙立柱、围墙板、压顶、柱帽等构件均在工厂预制，现场拼装。相对传统围墙，磷石膏各种市政部品具有预制程度高、不易破损、现场湿作业少、施工快且可冬期施工、可循环利用、景观性好、抗风性强等诸多优点。围墙及立柱顶部，还可根据需要设置照明及防雾霾喷头，更好地保护了城市环境，增加了城市景观。

1. 磷石膏透水地面系统

我国许多城市每年都不同程度地发生因暴雨导致的城市洪灾，而且这种情况越来越频繁。暴雨的袭击造成城区内大部分道路积水，交通不能正常运行，海绵城市的概念也被逐渐提上日程并实施。磷石膏制作的渗水板，与其下找平（结合）层、土工布、基层和土基共同组成透水地面系统。渗水板具有渗能力优良、滞蓄功能兼备、强度高、耐候性好、可循环利用、安装方便等特点。结合其下各功能层，可在新建居民小区、道路、广场和停车场等处作为透水地面系统，达到海绵城市倡导的“渗、滞、蓄、净、用、排”功能一体化。

图 6-76　透水板图

2. 其他应用

磷石膏在市政中，还可以应用于围墙绿化一体板、城市盲道、路面铺盖、挡风墙、隔声屏障、内河治理、护堤等，如图 6-77 ~图 6-83 所示。

图 6-77　围墙绿化一体板

图 6-78 城市盲道

图 6-79 路面铺装

图 6-80 挡风墙

图 6-81 隔声屏障

图 6-82 内河整治

图 6-83 护堤

第 7 章　磷石膏制品装配式建筑的国家及地方标准和政策汇总

7.1　我国磷石膏及石膏相关标准

磷石膏及石膏技术相关标准介绍见表 7-1 ~表 7-5。

我国磷石膏相关技术标准　　表 7-1

序号	标准名称	标准号
1	磷石膏	GB/T 23456—2018
2	建筑石膏相组成分析方法	GB/T 36141—2008
3	建筑石膏单位产品能源消耗限额	GB 33654—2017
4	装饰石膏板	JC/T 799—2016
5	磷石膏的处理处置规范	GB/T 32124—2015
6	陶瓷模用石膏粉物理性能测试方法	QB 1640—2015
7	活动地板基材用石膏纤维板	LY/T 2372—2014
8	陶瓷模用石膏粉	QB 1639—2014
9	非金属矿产品词汇 第 3 部分：石膏	GB/T 5463.3—2013
10	抹灰石膏	GB/T 28627—2012
11	石膏化学分析方法	GB/T 5484—2012
12	磷石膏土壤调理剂	HG/T 4219—2011
13	石膏刨花板	LY/T 1598—2011
14	石膏装饰条	JC/T 2078—2011
15	复合保温石膏板	JC/T 2077—2011
16	接缝纸带	JC/T 2076—2011
17	嵌缝石膏	JC/T 2075—2011
18	烟气脱硫石膏	JC/T 2074—2011
19	磷石膏中磷、氟的测定方法	JC/T 2073—2011
20	石膏砌块砌体技术规程	JGJ/T 201—2010
21	石膏空心条板	JC/T 829—2010
22	石膏砌块	JC/T 698—2010
23	纸面石膏板单位产量能源消耗限额	JC/T 523—2010
24	α 型高强石膏	JC/T 2038—2010

续表

序号	标准名称	标准号
25	纸面石膏板护面纸板	GB/T 26204—2010
26	用于水泥中的工业副产石膏	GB/T 21371—2008
27	建筑石膏	GB/T 9776—2008
28	纸面石膏板	GB/T 9775—2008
29	建筑材料与非金属矿产品白度测量方法	GB/T 5950—2008
30	天然石膏	GB/T 5483—2008
31	建筑用轻钢龙骨	GB/T 11981—2008
32	吸声穿孔用石膏板	JC/T 803—2007
33	嵌装式装饰石膏板	JC/T 800—2007
34	建筑用轻钢龙骨配件	JC/T 558—2007
35	纸面石膏板护面纸板	JC/T 443—2007
36	粘结石膏	JC/T 1025—2007
37	石膏基自流平石膏	JC/T 1023—2007
38	非金属矿物和岩石化学分析方法 第 8 部分 石膏矿化学分析方法	JC/T 1021.8—2007
39	水泥生产用磷石膏	NY/T 1060—2006
40	装饰纸面石膏板	JC/T 997—2006
41	建材工业用石膏墙板（砌块）成型机	JC/T 991—2006
42	环境标志产品技术要求 化学石膏制品	HJ/T 211—2005
43	建筑石膏一般试验条件	GB/T 17669.1—1999
44	建筑石膏粉料物理性能的测定	GB/T 17669.5—1999
45	建筑石膏净浆物理性能的测定	GB/T 17669.4—1999
46	建筑石膏力学性能的测定	GB/T 17669.3—1999
47	建筑石膏结晶水含量的测定	GB/T 17669.2—1999
48	制作胶结料的石膏石	JC/T 700—1998
49	陶瓷用石膏化学分析方法	QB 1641—92

《建筑材料放射性核素限量》GB 6566—2010　　表 7-2

	226Ra（镭）	232Th（钍）	40K 钾 -40	内照射指数 I_{Ra}	外照射指数 I_r
建筑主体材料	—	—	—	≤ 1.0	≤ 1.0
空心率大于 25% 的建筑主体材料	—	—	—	≤ 1.0	≤ 1.3
A 类装饰装修材料	—	—	—	≤ 1.0	≤ 1.3

《绿色产品评价　墙体材料》GB/T 35605—2017　　表 7-3

放射性核素限量	内照射指数 IRa	—	≤ 0.6
	外照射指数 Iγ	—	≤ 0.6
可浸出重金属	汞（以总汞计）	mg/L	≤ 0.02
	铅（以总铅计）	mg/L	≤ 2.0
	砷（以总砷计）	mg/L	≤ 0.6
	镉（以总镉计）	mg/L	≤ 0.1
	铬（以总铬计）	mg/L	≤ 1.5

《室内空气质量标准》GB/T 18883—2002　　表 7-4

序号	参数类别	参数	单位	标准值	备注
1	物理性	温度	℃	22 ~ 28	夏季空调
				16 ~ 24	冬季采暖
2		相对湿度	%	40 ~ 80	夏季空调
				30 ~ 60	冬季采暖
3		空气流速	m/s	0.3	夏季空调
				0.2	冬季采暖
4		新风量	m^3/（h·λ）	30a	
5	化学性	二氧化硫 SO_2	mg/m^3	0.50	1h 均值
6		二氧化氮 NO_2	mg/m^3	0.24	1h 均值
7		一氧化碳 CO	mg/m^3	10	1h 均值
8		二氧化碳 CO_2	%	0.10	日平均值
9		氨 NH_3	mg/m^3	0.20	1h 均值
10		臭氧 O_3	mg/m^3	0.16	1h 均值
11		甲醛 HCHO	mg/m^3	0.10	1h 均值
12		苯 C_6H_6	mg/m^3	0.11	1h 均值
13		甲苯 C_7H_8	mg/m^3	0.20	1h 均值
14		二甲苯 C_8H_{10}	mg/m^3	0.20	1h 均值
15		苯并 [a] 芘 B（a）P	mg/m^3	1.0	日平均值
16		可吸入颗粒物 PM10	mg/m^3	0.15	日平均值
17		总挥发性有机物 TVOC	mg/m^3	0.60	8h 均值
18	生物性	菌落总数	cfu/m^3	2500	依据仪器定 b
19	放射性	氡 222Rn	Bq/m^3	400	年平均值（行动水平 c）

a. 新风量要求≥标准值，除温度、相对湿度外的其他参数要求≤标准值；
b. 见附录 D；
c. 达到此水平建议采取干预行动以降低室内氡浓度

国内磷石膏的放射性和重金属　　表 7-5

	Cd（镉）	As（砷）	Cr（铬）	Pb（铅）	226Ra（镭）	232Th（钍）	40K 钾-40	内照射指数 I_{Ra}	外照射指数 I_r
	μg/g	μg/g	μg/g	μg/g	Bq/kg				
川西 1 号磷石膏	未检出	1.1		2.5	170.69	21.12	170.32	0.853	0.583
川西 2 号磷石膏	未检出	3.7		2.1	102.53	90.38	613.79	0.513	0.771
湖北 1 号磷石膏	0.05	2.0	16	4.7	32.6	1.74	91.1	0.163	0.116
湖北 2 号磷石膏	0.15	4.5	30	19.0	47.3	1.16	97.8	0.237	0.156
湖北 3 号磷石膏	0.04	4.4	17	13.2	70.7	2.91	162	0.354	0.241
河沙					19.27	14.75	265.50	0.074	0.177
建筑主体材料（GB6566—2010）								≤ 1.0	≤ 1.0
A 类装饰装修材（GB6566—2010）								≤ 1.0	≤ 1.3
绿色产品评价　墙体材料（GB/T35605—2017）								≤ 0.6	≤ 0.6

（1）中国磷石膏重金属含量普遍较低。
（2）中国的磷矿石放射性普遍相对较小。
（3）根据西南科技大学、湖北省国土资源厅等提供的数据分析，全国各地磷石膏放射性指标差异较大，其中川西磷石膏的放射性指标未超过但接近标准限值。

7.2 国家层面装配式建筑及磷石膏制品相关政策

国家层面装配式建筑及磷石膏制品相关政策见表 7-6。

国家层面装配式建筑及磷石膏制品相关政策　　表 7-6

	部门	政策	相关内容
2018 年 3 月	住房城乡建设部	《住房城乡建设部建筑节能与科技司2018年工作要点》	稳步推进装配式建筑发展，充分发挥装配式建筑示范城市的引领带动作用，评估第一批装配式建筑示范城市和产业基地，评定第二批装配式建筑示范城市和产业基地
2017 年 5 月	国务院	《“十三五”节能减排综合工作方案》	到 2020 年，城镇绿色建筑面积占新建建筑面积比重提高到 50%。实施绿色建筑全产业链发展计划，推行绿色施工方式，推广节能绿色建材、装配式和钢结构建筑
2017 年 5 月	住房城乡建设部	《建筑业发展“十三五”规划》	到 2020 年，城镇绿色建筑占新建建筑比重达到 50%，新开工全装修成品住宅面积达到 30%，绿色建材应用比例达到 40%，装配式建筑面积占新建建筑面积比例达到 15%
2017 年 3 月	住房城乡建设部	《“十三五”装配式建筑行动方案》《装配式建筑示范城市管理办法》《装配式建筑产业基地管理办法》	进一步明确阶段性工作目标，落实重点任务，强化保障措施

续表

	部门	政策	相关内容
2017 年 2 月	国务院	《关于促进建筑业持续健康发展的意见》	力争用 10 年左右的时间，使装配式建筑占新建建筑面积的比例达到 30%
2016 年 10 月	工业和信息化部	《建材工业发展规划（2016—2020 年）》	绿色建材主营业务收入在建筑业用产品中占比由 2015 年的 10% 提升至 2020 年的 30%
2016 年 11 月	国务院	《“十三五”国家战略性新兴产业发展规划》（国发〔2016〕67 号）	产业规模持续壮大，成为经济社会发展的新动力。战略性新兴产业增加值占国内生产总值比重达到 15%，形成新一代信息技术、高端制造、生物、绿色低碳、数字创意等 5 个产值规模 10 万亿元级的新支柱，并在更广领域形成大批跨界融合的新增长点，平均每年带动新增就业 100 万人以上
2016 年 9 月	国务院	《国务院办公厅关于促进建筑业持续健康发展的意见》	明确提出“力争用 10 年左右时间使装配式建筑占新建建筑的比例达到 30%”的具体目标
2016 年 9 月	国务院	《关于大力发展装配式建筑的指导意见》	提出要以京津冀、长三角、珠三角三大城市群为重点推进地区，常住人口超过 300 万的其他城市为积极推进地区，其余城市为鼓励推进地区，因地制宜发展装配式钢结构等装配式建筑，标志着装配式建筑正式上升到国家战略层面
2016 年 8 月	住房城乡建设部	《2016—2020 年建筑业信息化发展纲要》	加强信息化技术在装配式建筑中的应用
2016 年 7 月	工业和信息化部	《工业绿色发展规划（2016—2020 年）》	大力推进工业固体废物综合利用。以高值化、规模化、集约化利用为重点，围绕尾矿、废石、煤矸石、粉煤灰、冶炼渣、冶金尘泥、赤泥、工业副产石膏、化工废渣等工业固体废物，推广一批先进适用技术装备，推进深度资源化利用。到 2020 年，大宗工业固体废物综合利用量达到 21 亿 t，磷石膏利用率 40%，粉煤灰利用率 75%
2016 年 2 月	国务院	《关于进一步加强城市规划建设管理工作的若干意见》	建设国家级装配式建筑生产基地，力争用 10 年时间使装配式建筑占新建建筑的比例达到 30%
2015 年 7 月	工业和信息化部	《关于推进化肥行业转型发展的指导意见》	明确指出要加大资源回收利用和废弃物综合利用，做好磷矿资源中氟、硅、镁、钙、碘等资源的回收利用以及磷石膏制高端石膏产品等
2011 年 9 月	工业和信息化部	《关于工业副产石膏综合利用的指导意见》	要完善工业副产石膏用于水泥缓凝剂生产水泥的税收优惠政策，引导企业将工业副产石膏用于水泥缓凝剂。积极制定引导、扩大工业副产石膏应用市场的鼓励政策

7.3 地方层面磷石膏制品相关政策

7.3.1 贵州省磷石膏制品相关政策（表 7-7）

贵州省磷石膏制品相关政策 表 7-7

日期	部门	政策名称	相关内容
2017 年 9 月 28 日	黔南州委	《黔南州加快工业实体经济发展若干办法（试行）》	要进一步推进工业强州战略，促进黔南工业实体经济发展，推动转型升级，实现工业“脱胎换骨”
2018 年 3 月 22 日	黔南州人民政府	《黔南州“以用定产”推动磷化工产业转型升级实施方案》	落实好磷石膏“以用定产”，推进黔南州磷化工产业质量变革、效率变革、动力变革取得新进步，守好发展和生态两条底线，实现可持续发展，保持特色优势地位，做大产业，做强企业
2018 年 4 月 4 日	贵州省人民政府	《贵州省人民政府关于加快磷石膏资源综合利用的意见》	2018 年，全面实施磷石膏“以用定产”，实现磷石膏产消平衡，争取新增堆存量为零。2019 年起，力争实现磷石膏消大于产，且每年消纳磷石膏量按照不低于 10% 的增速递增，直至全省磷石膏堆存量全部消纳完毕。到 2020 年，攻克一批不产生磷石膏的重大关键技术并尽快实现产业化，建成一批大规模、高附加值的磷石膏资源综合利用示范项目，磷石膏资源综合利用产业链基本形成，磷石膏资源综合利用规模和水平大幅提升
2018 年 10 月 8 日	贵州省住房和城乡建设厅	《贵州省住房城乡建设领域“十三五”推广应用和限制、禁止使用技术目录（第一批）》	各地磷石膏建材生产企业要加强质量管理和控制，确保为工程建设项目提供优质可靠的《技术目录》所列磷石膏建材产品
2018 年 11 月 29 日	贵阳市住房和城乡建设局等七个部门	《贵阳市磷石膏建材推广应用工作方案》	要全面实施磷石膏“以渣定产”加大磷石膏建材产品推广应用力度
2018 年 12 月 28 日	贵州省住房和城乡建设厅	《磷石膏计价定额项目（试行）》	定额编制按磷石膏建筑石膏粉体材料为建筑材料考虑的，其他建筑石膏粉体材料为建筑材料的同样适用
2019 年 4 月 10 日	贵州省住房和城乡建设厅	《关于进一步加强磷石膏建材推广应用工作》	各县（市）住房城乡建设局，都匀经济开发区规划建设局按照文件要求，统计设计阶段和在建阶段政府投资项目清单，于 2019 年 4 月 16 日前上报州住建局
2019 年 4 月 18 日	贵州省工业和信息化厅、贵州省财政厅	《贵州省磷石膏综合利用专项资金实施方案》	进一步规范财政资金管理，提高综合使用绩效，大力推动磷石膏资源综合利用，全面促进贵州省磷化工产业高质量发展

续表

日期	部门	政策名称	相关内容
2019 年 4 月 22 日		《福泉市磷石膏建材推广应用“三年行动”工作实施方案》	从 2019 年开始，启动实施金山、马场坪乐岗、龙昌棚改安置房和卫生疾控中心办公楼建设等公共项目率先使用磷石膏建材，建成一批磷石膏建材综合利用示范项目，通过示范项目及配套政策鼓励和引导，促进建设领域磷石膏建材产品的推广，推动在建筑领域使用磷石膏建材施工申报形成全省地方建设标准，在全省范围推广使用磷石膏建材
2019 年 4 月 24 日	贵州省工业和信息化厅	《磷石膏资源综合利用专项资金申报指南》	明确规定了磷石膏资源综合利用项目的申报范围、申报条件、申报材料和申报程序，为磷石膏资源综合利用项目的申报提供了重要指导

7.3.2　四川省磷石膏制品相关政策（表 7-8）

四川省磷石膏制品相关政策　　表 7-8

日期	部门	政策名称	相关内容
2017 年 7 月 12 日	四川省经济和信息化委员会	《关于推进工业固体废物综合利用工作方案（2017—2020 年）》	坚持“减量化、再利用、资源化”的原则，摸清和掌握四川省工业固废产生的基本情况。运用先进的工艺设备技术和管理运行机制，切实解决四川省工业固废存在的污染环境、利用水平低、管理体制机制不畅等各种问题，推进四川省构建系统化、集成化的工业固废综合利用模式。切实减少资源消耗、提高资源产出效率，加快四川省工业结构调整和转型升级，推动生态环境进一步改善，提升企业经济和社会效益
2017 年 7 月 14 日	德阳市人民政府	《关于加快推进磷石膏综合利用工作的实施意见》	坚持节约资源和保护环境的基本国策，以磷石膏大规模利用和高附加值利用为方向，以磷石膏资源综合利用产业链上下游相关企业为实施主体，全面提高综合利用水平和效率，促进磷石膏综合利用产业化发展

7.3.3　湖北省磷石膏制品相关政策（表 7-9）

湖北省磷石膏制品相关政策　　表 7-9

日期	部门	政策名称	相关内容
2015 年 5 月 14 日	荆门市人民政府	《荆门市加快磷化产业结构调整促进转型升级等意见》	开发新型肥料。以促根、近根施肥和提高抗逆能力为研发重点，研究螯合技术，开发新型助剂和应用活性物质，将普通磷肥改造升级为缓控释肥料。开发单质型中微量元素叶面肥、水溶性肥、有机—无机复合肥、生物肥等

续表

日期	部门	政策名称	相关内容
2017年7月14日	宜昌市人民政府	《关于促进磷石膏综合利用的意见》	鼓励技术创新和品牌建设，鼓励磷石膏综合利用企业和科研机构开展磷石膏综合利用关键共性技术系统攻关，研发磷石膏综合利用高附加值产品及生产设备，研究、试验、推广磷石膏综合利用技术和设备
2017年11月20日	宜昌市人民政府	《宜昌市人民政府关于化工产业专项整治及转型升级的意见》	招投标环节，采用综合评估法招标的项目，招标人可以在招标文件中规定，将磷石膏制品（产品）应用纳入评标内容，政府投资项目要带头采用技术可行的磷石膏制品（产品），鼓励社会投资项目采用技术可行的磷石膏制品（产品）

7.3.4 云南省磷石膏制品相关政策（表7-10）

云南省磷石膏制品相关政策　　表7-10

日期	部门	政策名称	相关内容
2017年1月13日	云南省人民政府	《云南省人民政府关于加强节能降耗与资源综合利用工作推进生态文明建设的实施意见》	资源综合利用：到2020年，工业固体废弃物综合利用率力争达到56%，万元工业增加值用水量下降到60m^3；新型墙体材料占墙体材料总产量比重提高到80%
2019年1月16日	安宁市人民政府	《安宁市加快磷石膏资源综合利用实施意见》	2025年起，在实现磷石膏新增堆存量为零基础上，磷石膏存量按每年10%以上逐年递减，并逐年加大存量消纳力度。到2023年，攻克一批不产生磷石膏的重大关键技术并尽快实现产业化，建成一批大规模、高附加值的磷石膏资源综合利用示范项目，磷石膏资源综合利用产业基本形成，磷石膏综合利用规模和水平大幅提升

7.3.5 重庆市磷石膏制品相关政策（表7-11）

重庆市磷石膏制品相关政策　　表7-11

日期	部门	政策名称	相关内容
2015年4月1日	重庆市人民政府	《重庆市环保产业集群发展规划（2015—2020年）》	到2020年，全市环保产业年销售收入达到1300亿元。培育一批年销售收入超过百亿元的龙头企业和超过五十亿元的骨干企业，一批技术装备（产品）达到国内领先或先进水平，形成龙头企业引领、产业链条完整的七大环保产业集群，环保服务业全面发展，建成国家重要的环保产业基地
2018年7月31日	重庆市南川区人民政府	《南川区加快磷石膏综合利用工作方案》	通过政策引导和扶持，以技术引进、招商引资、产品推广等为主抓手，切实引导本地区存量磷石膏消耗利用。尽快建成一批规模大、消耗快的磷石膏资源综合利用示范项目，力争在5年内将本地区存量磷石膏固废全部消耗完毕

7.4　地方层面关于装配式建筑的规划目标和补助方案

截至 2018 年全国 31 省市区（除港澳台）地方层面关于装配式建筑的规划目标和补助方案如表 7-12 所示。

地方层面关于装配式建筑的规划目标和补助方案　　表 7-12

省市区	目标	补助方案
北京	到 2018 年实现装配式建筑占新建建筑面积的比例达到 20%以上；到 2020 年，实现装配式建筑占比达到 30%以上	对于实施范围内的预制率达到 50% 以上、装配率达到 70% 以上的非政府投资项目予以财政奖励；对于未在实施范围的非政府投资项目，凡自愿采用装配式建筑并符合实施标准的，按增量成本给予一定比例的财政奖励，同时给予实施项目不超过 3% 的面积奖励；增值税即征即退优惠等
天津	到 2020 年，全市装配式建筑占新建建筑面积的比例达到 30% 以上，其中：重点推进地区装配式建筑实施比例达到 100%；其他区域商品住宅装配式建筑实施比例达到 20% 以上，实施装配式建筑的保障性住房和商品住宅全装修率达到 100%	加强装配式建筑项目的用地保障，国土部门将规划条件（选址）中明确的装配式建筑等建设要求写入土地出让公告，并在土地出让合同或划拨决定书中予以载明；结合节能减排、产业发展、科技创新、污染防治等方面政策，市财政要从建筑节能专项资金中安排资金用于装配式建筑项目奖励，滨海新区及各功能区、其他各区财政要安排专项资金支持本地区装配式建筑产业基地和项目建设；对于装配式建筑产业园区、基地、项目及从事技术研发等工作且符合条件的企业，开辟绿色通道，加大信贷支持力度；在绿色建筑、科技示范工程等评奖评优中增加装配式建筑内容，对装配式建筑业绩突出的建筑企业，在资质晋升、评奖评优等方面予以支持
上海	全市装配式建筑的单体预制率达到 40% 以上或装配率达到 60% 以上。外环线以内采用装配式建筑的新建商品住宅、公租房和廉租房项目 100% 采用全装修，实现同步装修和装修部品构配件预制化。实现上海地区装配式建筑工厂化流水线年产能小于 500 万 m^2，建设成为国家住宅产业现代化综合示范城市	对总建筑面积达到 3 万 m^2 以上，且预制装配率达到 45% 及以上的装配式住宅项目，每平方米补贴 100 元，单个项目最高补贴 1000 万元；对自愿实施装配式建筑的项目给予不超过 3% 的容积率奖励；装配式建筑外墙采用预制夹心保温墙体的，给予不超过 3% 的容积率奖励
重庆	到 2020 年，全市新开工建筑预制装配率达到 20% 以上	对建筑产业现代化房屋建筑试点项目每立方米混凝土构件补助 350 元；节能环保材料预制装配式建筑构件生产企业和钢筋加工配送等建筑产业化部品构件仓储、加工、配送一体化服务企业，符合西部大开发税收优惠政策条件的，依法减按 15% 税率缴纳企业所得税
河北	到 2020 年，全省装配式建筑占新建建筑面积的比例达到 20%以上，其中钢结构建筑占新建建筑面积的比例不低于 10%；到 2025 年装配式建筑面积占比达到 30%以上	优先保障用地；容积率奖励；退还墙改基金和散装水泥基金；增值税即征即退 50% 等

续表

省市区	目标	补助方案
山西	到2020年底，全省11个设区城市装配式建筑占新建建筑面积的比例达到15%以上，其中太原市、大同市力争达到25%以上	享受增值税即征即退50%的政策；执行住房公积金贷款最低首付比例；优先安排建设用地；容积率奖励；工程报建绿色通道等
内蒙古	2020年，全区新开工装配式建筑占当年新建建筑面积的比例达到10%以上；2025年，全区装配式建筑占当年新建建筑面积的比例力争达到30%以上	各级人民政府要优先保障装配式建筑产业基地和项目建设用地。各级金融机构对自治区内装配式建筑产业基地企业、开发项目中装配式建筑比例达到30%以上的开发企业以及装配式部品部件生产企业给予积极的信贷支持。装配式建筑项目的农牧民工工资保证金、履约保证金、投标保证金予以免交。实施装配式建筑的房地产开发项目，实行容积率差别核算，其装配式外墙预制部分建筑面积（不超过规划总建筑面积的3%）可不计入成交地块的容积率核算
辽宁	到2020年，全省装配式建筑占新建建筑面积的比例力争达到20%以上，其中沈阳市力争达到35%以上，大连市力争达到25%以上，其他城市力争达到10%以上；到2025年，全省装配式建筑占新建建筑面积的比例力争达到35%以上，其中沈阳市力争达到50%以上，大连市力争达到40%以上，其他城市力争达到30%以上	财政补贴；增值税即征即退优惠；优先保障装配式建筑部品部件生产基地（园区）、项目建设用地；允许不超过规划总面积的5%不计入成交地块的容积率核算等
吉林	到2020年，全省装配式建筑面积不少于500万m^2，长春、吉林两市装配式建筑占新建建筑面积比例达到20%以上，其他设区城市达到10%以上；到2025年全省装配式建筑占新建建筑面积的比例达到30%以上	设立专项资金；税费优惠；优先保障装配式建筑产业基地（园区）、装配式建筑项目建设用地等
黑龙江	到2020年末，全省装配式建筑占新建建筑面积的比例不低于10%；试点城市装配式建筑占新建建筑面积的比例不低于30%。到2025年末，全省装配式建筑占新建建筑面积的比例力争达到30%	土地保障优先支持装配式建筑产业和示范项目用地，招商优惠、科技扶持、财政奖补、税费优惠、金融服务、行业支持等政策
江苏	到2020年，全省装配式建筑占新建建筑比例将达到30%以上	项目建设单位可申报示范工程，包括住宅建筑、公共建筑、市政基础设施三类，每个示范工程项目补助金额约150～250万元；项目建设单位可申报保障性住房项目，按照建筑产业现代化方式建造，混凝土结构单体建筑预制装配率不低于40%，钢结构、木结构建筑预制装配率不低于50%，按建筑面积每平方米奖励300元，单个项目补助最高不超过1800万元/个
浙江	到2020年，浙江省装配式建筑占新建建筑的比重达到30%	使用住房公积金贷款购买装配式建筑的商品房，公积金贷款额度最高可上浮20%；对于装配式建筑项目，施工企业缴纳的质量保证金以合同总价扣除预制构件总价作为基数乘以2%费率计取，建设单位缴纳的住宅物业保修金以物业建筑安装总造价扣除预制构件总价作为基数乘以2%费率计取；容积率奖励等

续表

省市区	目标	补助方案
安徽	到 2020 年，装配式建筑占新建建筑面积的比例达到 15%；到 2025 年力争达到 30%	企业扶持政策；专项资金；工程工伤保险费计取优惠政策；差别化用地政策，土地计划保障；利率优惠等
福建	到 2020 年，全省实现装配式建筑占新建建筑的建筑面积比例达到 20% 以上，其中，福州、厦门 25% 以上，泉州、漳州、三明 20% 以上，其他地区 15% 以上；到 2025 年，装配式建筑占比达到 35% 以上	用地保障；容积率奖励；购房者享受金融优惠政策；税费优惠等
江西	2018 年，全省采用装配式施工的建筑占新建建筑的比例达到 10%，其中，政府投资项目达到 30%；2020 年达到 30%，其中政府投资项目达到 50%；到 2025 年力争达到 50%，符合条件的政府投资项目全部采用装配式施工	优先支持装配式建筑产业和示范项目用地；招商引资重点行业；容积率差别核算；税收优惠；资金补贴和奖励
山东	到 2020 年，济南、青岛市装配式建筑占新建建筑比例达到 30% 以上，其他设区城市和县（市）分别达到 25%、15% 以上；到 2025 年，全省装配式建筑占新建建筑比例达到 40% 以上	购房者金融政策优惠；容积率奖励；质量保证金项目可扣除预制构件价值部分、农民工工资、履约保证金可减半征收等
河南	到 2020 年，全省装配式建筑占同期新建建筑的比例达到 20% 以上	对获得绿色建筑评价二星级运行标识的保障性住房项目省级财政按 20 元 /m^2 给予奖励，一星级保障性住房绿色建筑达到 10 万 m^2 以上规模的执行定额补助上限，并优先推荐申请国家绿色建筑奖励资金；新型墙体材料专项基金实行优惠返还政策等；容积率奖励
湖北	到 2020 年，全省开工建设装配式建筑不少于 1000 万 m^2。武汉市装配式建筑面积占新建建筑面积比例达 35% 以上，襄阳市、宜昌市和荆门市达 20% 以上，其他设区城市，恩施州、直管市和神农架林区达到 15% 以上	配套资金补贴、容积率奖励、商品住宅预售许可、降低预售资金监管比例等激励政策措施
湖南	到 2020 年，全省市州中心城市装配式建筑占新建建筑比例达到 30% 以上，其中：长沙市、株洲市、湘潭市三市中心城区达到 50% 以上	财政奖补；纳入工程审批绿色通道；容积率奖励；税费优惠；优先办理商品房预售；优化工程招投标程序等
广东	珠三角城市群：2020 年装配式建筑占新建建筑面积比例达到 15% 以上，其中政府投资工程装配式建筑面积占比达到 50% 以上；到 2025 年比例达到 35% 以上，其中政府投资工程装配式建筑面积占比达到 70% 以上。常住人口超过 300 万的粤东西北地区地级市中心城区：2020 年比例 15% 以上，其中政府投资工程装配式建筑面积占比达到 30% 以上；2025 年比例 30% 以上，其中政府投资工程装配式建筑面积占比达到 50% 以上。其他地区：2020 年比例 10% 以上，政府投资工程装配式建筑面积占比达到 30% 以上；2025 年比例 20% 以上，其中政府投资工程装配式建筑面积占比达到 50% 以上	在市建筑节能发展资金中重点扶持装配式建筑和 BIM 应用，对经认定符合条件的给予资助，单项资助额最高不超过 200 万元

续表

省市区	目标	补助方案
广西	2020 年，综合试点城市装配式建筑占新建建筑的比例达到 20%以上，新建全装修成品房面积比率达 20%以上；到 2025 年全区装配式建筑占新建建筑的比例力争达到 30%	优先安排建设用地；相应的减免政策；报建手续开辟绿色通道
海南	到 2020 年，全省采用建筑产业现代化方式建造的新建建筑面积占同期新开工建筑面积的比例达到 10%，全省新开工单体建筑预制率（墙体、梁柱、楼板、楼梯、阳台等结构中预制构件所占的比重）不低于 20%，全省新建住宅项目中成品住房供应比例应达到 25% 以上	优先安排用地指标；安排科研专项资金；享受相关税费优惠；提供行政许可支持等
四川	到 2020 年全省装配式建筑占新建建筑的 30%	优先安排用地指标；安排科研经费；减少缴纳企业所得税；容积率奖励等
贵州	到 2020 年，全省新型建筑建材业总产值达 2200 亿元以上，完成增加值 600 亿元以上，装配式建筑占新建建筑比例达 15% 以上	对列入新型建筑建材业发展规划的重点园区和重大项目，优先安排土地指标，优先在城乡总体规划中落实用地布局。对投资额 5 亿元以上的项目，由省级直接安排下达年度计划指标，各市（州）政府和贵安新区管委会统筹优先保障建设用地计划指标，实行“点供”
云南	2020 年，昆明市、曲靖市、红河州装配式建筑占新建建筑比例达到 20%，其他每个州市至少有 3 个以上示范项目；到 2025 年，力争全省装配式建筑占新建建筑面积比例达到 30%，其中昆明市、曲靖市、红河州达到 40%	税费减免；优先放款给使用住房公积金贷款的购房者；优先安排用地指标等
西藏	到 2020 年，全区培育 2 家以上有一定竞争力的本土装配式建筑企业，引进 3 家以上国内装配式建筑龙头企业；建成 4 个以上装配式建筑产业基地，其中，拉萨市要完成 2 个以上装配式建筑产业基地建设，日喀则市要完成 1 个以上装配式建筑产业基地建设	将符合条件的装配式建筑企业列入招商引资重点企业，享受各项招商引资政策优惠。各地（市）应将装配式建筑产业纳入招商引资重点行业，并落实招商引资各项优惠政策。鼓励援藏中央企业优惠供应钢材等建筑材料。符合条件的装配式建筑项目按照国家及自治区相关规定免征相关建设类行政事业性收费和政府性基金；符合条件的装配式建筑企业按国家、自治区相关规定落实税收优惠政策
陕西	到 2020 年，西安市、宝鸡市、咸阳市、榆林市、延安市城区和西咸新区等重点推进地区装配式建筑占新建建筑的比例达到 20% 以上；到 2025 年，全省装配式建筑占新建建筑比例达到 30% 以上	给予资金补助；优先保障装配式建筑项目和产业土地供应；加分企业诚信评价，并与招投标、评奖评先、工程担保等挂钩；购房者享受金融优惠政策；安排科研专项资金等
甘肃	到 2020 年，全省累计完成 100 万 m^2 以上装配式建筑试点项目建设，到 2025 年，力争装配式建筑占新建建筑面积的比例达到 30%以上	按照装配式方式建造的，其外墙预制部分建筑面积可不计入面积核算，但不应超过总建筑面积的 3%；优先支持评奖评优评先；通过先建后补、以奖代补等方式给予金融支持；免征增值税
青海	到 2020 年，全省装配式建筑占同期新建建筑的比例达到 10%以上，西宁市、海东市 15%以上，其他地区 5%以上	优先保障用地；符合高新技术企业条件的装配式建筑部品部件生产企业，企业所得税税率适用 15% 的优惠政策；享受绿色建筑扶持政策

续表

省市区	目标	补助方案
宁夏	到 2020 年，全区装配式建筑占同期新建建筑的比例达到 10%；到 2025 年达到 25%	实施贴息等扶持政策，强化资金撬动作用；对以招拍挂方式供地的建设项目，在建设项目供地面积总量中保障装配式建筑面积不低于 20%；对以划拨方式供地、政府投资的公益性建筑、公共建筑、保障性安居工程，在建设项目供地面积总量中保障装配式建筑面积不少于 30%；加大信贷支持力度；增值税即征即退优惠政策
新疆	到 2020 年，装配式建筑占新建建筑面积的比例，积极推进地区达到 15% 以上，鼓励推进地区达到 10% 以上。到 2025 年，全区装配式建筑占新建建筑面积的比例达到 30%	具备条件的城市设立财政专项资金，对新建装配式建筑给予奖励，支持装配式建筑发展。对于符合《资源综合利用产品和劳务增值税优惠目录》的部品部件生产企业，可按规定享受增值税即征即退优惠政策。积极试行容积率奖励政策，指导各地根据装配式建筑发展情况，依据城市控制性详细规划，对装配式建筑项目给予不超过 3% 的容积率奖励

第8章　文献导读及专利介绍

8.1　文献导读

1. 题目:《磷石膏基水泥的开发研究》

作者: 黄赟

单位: 武汉理工大学

摘要: 磷石膏是磷化工企业湿法生产磷酸的工业副产品，每1t磷酸将产生5t磷石膏。随着我国磷化工业的快速发展，每年副产磷石膏已经超过4000万t，累计堆积磷石膏超过2亿t。由于种种原因，目前我国磷石膏的资源化利用率不足10%，剩余部分作为固体废弃物采用堆积或者填埋等方式处理，磷石膏堆积不但占用了大量土地，而且对周围环境造成严重污染，加快对磷石膏的资源化利用已经刻不容缓。本文通过大量试验，以未经煅烧处理的磷石膏为主要原料，通过添加钢铁工业的高炉水淬矿渣和少量碱性激发剂，开发出一种新型低能耗的水硬性胶凝材料——磷石膏基水泥，并通过组分设计和制备工艺优化对提高磷石膏水泥的性能进行了研究。结果表明: 使用45%的磷石膏与35%～45%的矿渣复合，添加10%钢渣或者4%的硅酸盐水泥作为碱性激发剂，可以制备出28d抗压强度超过40MPa的水硬性胶凝材料。尽管该水泥凝结慢、早期强度低，但在水中养护强度能不断增长。在钢渣激发的磷石膏基水泥中添加1%的NaOH，能显著缩短水泥的凝结时间和提高早期强度，用超细粉磨的硅酸盐水泥做碱性激发剂，磷石膏基水泥的3d抗压强度超过12MPa，接近于32.5复合硅酸盐水泥。通过XRD、SEM等对磷石膏基水泥的水化产物、水化机理、水化过程及微观结构的发展进行了研究。结果表明: 磷石膏基水泥的水化产物是C-S-H凝胶和钙矾石，磷石膏在水化过程中一部分参与水化形成水化产物钙矾石，剩余部分被水化产物所包裹起集料填充作用。磷石膏基水泥水化时，矿渣在碱性激发下溶解，并与溶解在液相中的石膏形成水化产物钙矾石和C-S-H凝胶，钙矾石和C-S-H凝胶交织在一起填充空隙，硬化浆体结构逐渐密实，强度不断发展。早期水化形成的钙矾石，起到填充空隙作用，和C-S-H凝胶一起构成硬化浆体的骨架，有利于促进水泥凝结和提高早期强度。当硬化浆体的致密性达到一定程度后，如果还形成大量结晶粗大的钙矾石，水化产物中结晶相过多，并不利于浆体结构致密度的提高，严重时还会因钙矾石的结晶压力使浆体结构产生破坏，造成水泥的后期强度降低甚至膨胀开裂。由于磷石膏基水泥中石膏是过剩的，通过控制磷石膏基水泥中碱性激发剂的适当掺量，可避免膨胀性钙矾石所造成的破坏。通过试验对磷石膏基水泥的长期强度、体积稳定性、抗碳化性能、耐水性、抗硫酸盐性能等耐久性进行了研究，结果表明:（1）磷石膏基水泥在水中长期养护时，强度能不断发展，增加到一定程度时趋于稳定，其强度发展时间和所能达到的最终强度随着矿渣掺量的增加而增加。（2）钢渣激发磷石膏基水泥在水中养护时，具有微膨胀性，膨胀到一定程度后趋于稳定，膨胀量的大小随着水泥强度的提高而减少，在空气中养护时，与普通硅酸盐水泥一样，体积出现收缩，收缩量约为普通硅酸盐水泥的一半。硅酸盐水泥激发磷石膏基水泥在水中养护时，水泥掺量少的试样出现了收缩,水泥掺量多的试样具微膨胀性,膨胀量低于钢渣激发磷石膏基水泥。（3）磷石膏基水泥的抗碳化性能劣于普通硅酸盐水泥，在碳化箱中人工碳化 28d 后，磷石膏基水泥的抗压强度为未碳化时的 65% ~ 84%，降低幅度与未碳化时的强度有关，强度越高的试样，碳化后降低的比例越少。碳化时碳酸与磷石膏基水泥的水化产物 C-S-H 凝胶和钙矾石反应，形成了方解石和石膏，使浆体结构疏松化，是磷石膏基水泥碳化后强度降低的主要原因。（4）磷石膏基水泥水化产物中含有大量剩余石膏，早期水化结构还未发展致密时，浸泡在水中有部分石膏溶解，但随着水化进行，石膏被水化产物钙矾石和 C-S-H 凝胶包裹紧密，溶解越来越慢最终停止，因此具有很好的耐水性。（5）磷石膏基水泥具有很好的抗硫酸盐性能，这是因为其水化过程中一直是在石膏过剩的条件下进行，水化产物的碱度较低，硬化浆体的结构致密，硫酸盐侵蚀介质难以与水泥的水化产物发生化学反应形成石膏或钙矾石。

2. 题目:《磷石膏品质的影响因素及其建材资源化研究》

作者: 李美

单位: 重庆大学

摘要: 磷石膏是湿法磷酸生产的副产物，生产 1t 磷酸产生约 5t 磷石膏。磷石膏的年排放量超 5000 万 t，有效利用率不足 10%，严重影响磷化工行业的可持续发展。磷石膏的晶形较差，有害杂质多，品质波动不定，缺乏质量评定标准，是制约其建材资源化的重要原因。目前磷石膏资源化的技术路线是通过预处理和改性提高磷石膏的品质，资源化成效并不显著。磷石膏的品质主要取决于湿法磷酸工艺。本文采用在实验室模拟二水法湿法磷酸工艺的方法，系统研究了湿法磷酸生产工艺与磷石膏的晶形、可溶磷、共晶磷含量的关系，通过改进和优化磷酸工艺来实现磷石膏品质的提升和磷资源的有效回收。深入研究了杂质和晶形对磷建筑石膏性能的影响规律和作用机理，在此基础上，结合国内排放磷石膏的品质情况，研究并建立定量评定磷石膏质量的指标体系，并探讨了磷石膏制备建筑石膏和粉刷石膏的技术途径，对规范磷石膏的排放和资源化有较好的指导意义。磷石膏中可溶磷的含量主要取决于过滤洗涤工艺。磷石膏的晶形、洗涤水温度、洗涤液固比和洗涤次数是影响洗涤率的主要因素。磷石膏的晶形由细针状和薄片状变为粗大的柱状和斜方板状，洗涤率提高约 3%，可溶磷的含量降低 42%；洗涤水温度由 40℃提高到 80℃，洗涤率提高 1.6%，磷石膏中可溶磷的含量降低 36%；洗涤液固比由 1.5∶1 提高到 2.5∶1，洗涤率提高 2.2%，磷石膏中可溶磷的含量降低 47%；洗涤次数由 1 次增加到 3 次，洗涤率提高 1.8%，磷石膏中可溶磷的含量降低 32%。通过实验优化了过滤洗涤工艺，使磷石膏中可溶磷的含量与现有工艺相比降低了约 40%。磷石膏中共晶磷的含量与二水石膏的析晶过饱和度呈正相关。提高反应温度和液相 SO_3 浓度或降低液相 P_2O_5 浓度，都可降低析晶过饱和度。当析晶过饱和度控制在 1.4 以下时,磷石膏中共晶磷的含量可降到 0.4% 以下。萃取反应过程的析晶过饱和度是影响磷石膏晶形的主要因素。通过研究湿法磷酸的萃取反应工艺，结果表明:（1）磷矿粉的细度、液相 SO_3 浓度和液相 P_2O_5 浓度对磷石膏的晶体形貌和大小都有影响。液相 SO_3 浓度提高，析晶过饱和度降低，磷石膏的晶体由薄片状和细针状变为粗大的柱状和斜方板状，再向聚晶转变，平均粒径变大；磷矿粉的比表面积增大、液相 P_2O_5 浓度提高，析晶过饱和度升高，晶体由粗大的板状变为柱状，再向细针状转变，平均粒径变小。（2）反应温度、料浆液固比、养晶时间和养晶温度仅影响磷石膏的晶体大小。提高反应温度、减小料浆液固比、延长养晶时间和提高养晶温度，都可使析晶过饱和度降低，晶体尺寸变大，晶形均为柱状或板状。可溶磷降低了磷石膏的脱水温度，特别是对一次脱水温度影响较大；在建筑石膏水化时，使其凝结时间延长，液相过饱和度降低，晶体粗化，硬化体强度降低；三种形态可溶磷的影响程度为 H_3PO_4 > $H_2PO_4^-$ > HPO_4^{2-}。共晶磷在石膏煅烧过程中不发生变化，在水化过程中从晶格中释放出来转变为可溶磷 HPO_4^{2-} 溶解在浆体中，其电离出的 PO_4^{3-} 迅速与溶液中大量存在的 Ca^{2+} 结合，转变为难溶性 $Ca_3(PO_4)^2$ 覆盖在晶体表面，阻碍了石膏的进一步水化，电离出的 H^+ 使浆体的 pH 值降低。磷石膏的晶体形貌和晶体尺寸对磷建筑石膏的物理力学性能有很大影响。粗大的斜方板状结晶对磷石膏胶结材的性能最为不利，长径比较大的棱柱状次之，长径比较小的短柱状结晶的性能最好；当磷石膏晶形为斜方板状时，晶体的长宽比越大，厚度越大，越接近棱柱状，磷石膏胶结材的性能越好。与现有的标准按照磷石膏的品位进行分级不同，论文以“磷石膏是否需要经过预处理生产出合格品建筑石膏”为分级原则，将可溶磷、可溶氟、共晶磷、有机物以及 pH 值、细度加入磷石膏质量评定指标体系，以国内排放的磷石膏的品质情况和杂质、pH 值、细度对磷石膏性能的影响规律为依据，设立了评价指标的相应限值，将磷石膏分为两级。一级磷石膏可直接生产出合格品建筑石膏，二级磷石膏经过简单的非水洗预处理可生产出合格品建筑石膏。按照指标体系的分级方法，国内排放的磷石膏约 75% 达到二级以上标准，其中符合一级标准的约 20%。其余约 25% 不符合指标体系要求的磷石膏的生产企业，可通过改进磷酸生产工艺，生产出满足指标体系要求的磷石膏。磷石膏制备建筑石膏的煅烧制度与天然石膏不同，煅烧温度随可溶磷含量的增多而降低。一级磷石膏的煅烧温度应控制在 150 ~ 160℃，恒温 1.5 ~ 2.0h，可制备出优等品建筑石膏；二级磷石膏的煅烧温度应降低 20 ~ 30℃，可制备出合格品建筑石膏。采用粘结剂、缓凝剂和保水剂对二级磷石膏制备的磷建筑石膏加以改性，配制的磷石膏基粉刷石膏性能优良，有良好的应用前景。

3. 题目:《杂质对不同相磷石膏性能的影响》

作者: 杨敏

单位: 重庆大学

摘要: 磷石膏是生产磷酸所产生的一种工业废渣，其 $CaSO_4 \cdot 2H_2O$ 含量非常高，但目前未能得到有效利用，主要原因在于杂质对其应用性能会产生不利影响。杂质的影响随着石膏相的不同存在差异，因此，探究杂质对不同相磷石膏性能的影响是磷石膏预处理及资源化应用的一项重要工作。通过常规化学分析并结合采用原子吸收光谱（AAS）、X 射线衍射光谱（XRD）、扫描电镜分析（SEM）和差示扫描量热分析（DSC）等微观测试手段结合物理力学性能试验，对原状磷石膏的性质进行了研究，结果表明: 由于形成条件的不同，二水磷石膏的晶体形貌和颗粒分布与天然石膏存在较大差异；由于杂质成分的不同，磷石膏和天然石膏的溶解性存在一定差异；可溶杂质和有机物等的存在使磷石膏从二水相转变成半水相的第一次脱水温度较天然石膏低 20 ~ 35℃不等。磷石膏用作缓凝剂对水泥性能的影响主要是由于杂质对磷石膏溶解和脱水性能的影响引起的。溶解性试验结果表明磷石膏在饱和石灰溶液中的溶解速率和溶解度随着温度升高而降低，因此当掺磷石膏的水泥水化温度变化时，溶液中溶解的硫酸钙浓度随之改变，磷石膏的缓凝作用受到影响。磷石膏在 70 ~ 130℃的水泥粉磨温度范围内会出现明显的二水相向半水甚至无水相的转变。将磷石膏置于不同温度烘箱内恒温 30min 处理后取出进行相分析，结果显示磷石膏在 70℃的处理温度下脱水产生了 4% 左右的半水相，天然石膏中则未能见半水或无水相；随着温度的升高，半水相含量增加到 130℃时磷石膏中半水相含量已经达到 55% 左右，并出现了少量无水相；天然石膏中半水相含量在 7% 左右。半水石膏的存在会造成水泥发生闪凝现象，因此二水石膏的脱水不利于水泥的凝结硬化。常规的预处理如水洗和石灰中和无法消除磷石膏中的共晶磷，共晶磷在温度升高时发生分解，降低二水石膏脱水温度，即使经过水洗处理后，磷石膏在 90℃仍部分脱水生成 3% 左右的半水石膏，到了 130℃时半水石膏生成量约为 11%，因此预处理或原样磷石膏在用作水泥缓凝剂时必须注意石膏的溶解和脱水问题。通过对比试验，研究了天然石膏和磷石膏制备的半水石膏在相同石膏相组成条件下的性能。半水天然石膏初凝时间一般在 7min 左右，而半水磷石膏中由于杂质的存在，凝结时间延缓且硬化体强度降低，杂质对半水磷石膏的影响主要是可溶性杂质与钙离子在水化时生成难溶物质覆盖在二水石膏晶体表面，降低二水石膏的析晶饱和度，即杂质具有半水石膏常用缓凝剂的作用。对于纯半水石膏，杂质的延缓作用因其含量的不同而异，在本研究中杂质对凝结时间可延缓 1 倍以上。对凝结非常迅速而不利于施工的半水石膏而言，杂质的缓凝具有利用价值。与建筑石膏常用缓凝剂柠檬酸相比，在对强度影响程度相当的情况下，杂质的缓凝效应相对要小一些。对比试验结果显示，杂质对无水磷石膏的水化硬化影响较小，原因在于无水石膏水化非常缓慢，而杂质与钙离子的中和反应则非常迅速，因此无水石膏水化时，水化生成物有足够的时间冲破中和反应生成的难溶物质，从而其水化速率和水化产物的生长受到的影响较小。在无水和半水混合相磷石膏中，杂质对半水磷石膏水化硬化的影响对无水磷石膏的水化反而有利，磷石膏作为无水和半水混合相石膏的原料具有一定优势。本研究表明，杂质对不同相磷石膏的应用性能有不同程度的影响，虽然采用水洗和中和的预处理方式可一定程度上改善不同相磷石膏的一些特性，但从本文的研究结果来看，这些预处理手段并不能有效改善不同相磷石膏的应用性能。从不同相磷石膏的一些应用形式来看，杂质对磷石膏应用性能的不利影响是可以接受的，甚至能够加以利用，从不同角度正确认识杂质的影响机理对磷石膏的应用至关重要。

4. 题目:《化工磷石膏制备石膏胶凝材料研究及应用》

作者: 张克华

单位: 南京理工大学

摘要: 磷石膏是磷肥生产过程中所得的以 $CaSO_4 \cdot 2H_2O$ 为主要成分的副产品，每生产 1t 磷酸可得到 5t 左右的磷石膏。尽管磷石膏的利用途径较多，但实际利用效果不理想，仍然有大量的磷石膏无法得到利用，给生产企业带来巨大压力。为了开辟磷石膏新的利用途径，本课题首先提出了用磷石膏为原料制备自流平地面材料，通过对磷石膏原料的预处理，以及对 β 半水磷石膏的粉磨、陈化处理，分析研究了它们对磷石膏物理性能的影响；分析了外加剂对 β 半水磷石膏改性作用；分析了以 β 半水磷石膏为基材的复合胶凝材料的性能以及不同胶凝材料和配比对复合胶凝材料性能的影响。考虑到磷石膏的性能与天然石膏的性能差别较大，本文选用多种外加剂如缓凝剂、增强剂和减水剂进行一系列实验，找到了对 β 半水磷石膏改性效果好的外加剂及掺量；通过不同胶凝材料以及不同加入量对复合胶凝材料的性能的影响，得到了适合磷石膏基自流平地面材料的胶凝材料及其最佳配方。地面自流平材料是一种刚刚兴起新材料，用磷石膏为原料替代天然石膏制备石膏基自流平材料的研究目前国内少有开展。本研究课题不仅可以开辟磷石膏综合利用中的一个崭新的用途，对磷石膏的转化利用具有积极意义，而且对节约天然石膏资源也有着十分重大的前瞻性的战略意义。

5. 题目:《磷石膏分解特性的研究》

作者: 应国量

单位: 武汉理工大学

摘要: 磷化工业的迅速发展带来了磷石膏的综合利用和硫酸需求量增加两大问题。本文提出的磷石膏流态化分解制硫酸联产石灰工艺是符合我国国情的资源化利用磷石膏的有效途径。因此，开展磷石膏分解特性的研究具有重要的实用价值和理论意义。第一，采用 XRD、XRF、激光粒度分析、高温显微镜等方法研究了有代表性的贵州瓮福磷石膏的基本特性。结果表明，磷石膏主要矿物成分为 $CaSO_4 \cdot 2H_2O$，纯度高，干基 CaO 含量一般在 30% 左右，SO_3 含量 35% ~ 45%，是一种优质的制硫酸联产石灰原料；颗粒粒径≤ 0.075mm 的颗粒达 91.25%，因此可不用粉磨，烘干破碎后直接分解制酸；磷石膏中的杂质降低了 $CaSO_4$ 的熔点，1200℃以后有可能产生液相，磷石膏熔点在 1280℃左右，随杂质含量的变化而略有不同。第二，采用 HSC 热力学计算软件，经过热力学计算，研究了磷石膏在还原分解的过程中可能发生的反应，并进行了理论热耗的计算。结果表明，CO 和焦炭均能降低 $CaSO_4$ 的起始分解温度和理论热耗，但是低温条件下易发生副反应生成 CaS，应避免低温预热过程中形成 CaS。第三，采用热综合分析法，对比研究了化学分析纯石膏在空气和氮气中的分解特性、化学分析纯石膏掺不同剂量的焦炭在氮气气氛保护下的分解特性、磷石膏在空气和氮气中的分解特性、磷石膏掺焦炭分别在氮气气氛保护下和在空气中的分解特性。结果表明，磷石膏中所含杂质降低了 $CaSO_4$ 的起始分解温度，对分解有促进作用；在 N_2 气氛下焦炭掺量对还原分解 $CaSO_4$ 的最终产物有重要影响，掺量为 C/S=0.5 时主要产物为 CaO，当 C/S=2 时主要产物为 CaS，CaS 在 1100℃以上约 1200℃左右、3%O_2 浓度的高温低氧条件下能被缓慢氧化为 CaO 并释放出 SO_2。第四，采用分散态磷石膏的高温气氛炉模拟试验研究了分散态磷石膏的分解特性。结果表明，温度和气氛是影响磷石膏分解的最重要因素，还原气氛有利于磷石膏的分解，在高温气氛炉模拟试验条件下，适合磷石膏的分解条件是 1000 ~ 1100℃，CO: 3% ~ 5%，CO_2 体积分数为 25% ~ 30%，反应时间 20min，预计流态化条件下分解时间仅需 15 ~ 30s，分解率达到 95% 左右，脱硫率 85% 左右。最后，综合分析磷石膏分解特性的研究结果，就磷石膏分解制硫酸联产石灰的工艺提出了建议。

6. 题目:《磷石膏基胶凝材料的制备理论及应用技术研究》

作者:茹晓红

单位:武汉理工大学

摘要:磷石膏是湿法生产磷酸过程中排出的硫酸钙固体废弃物，通常以二水硫酸钙的形式存在，生产 1t P_2O_5 约排放 4.5 ~ 5.5t 磷石膏。与天然石膏相比，磷石膏中通常含有磷、氟、有机物等成分影响其使用性能，并增加其利用成本，目前主要采用堆存处理。随着我国磷化工行业的迅速发展，2011 年，我国磷石膏的新增年产量接近 7000 万 t，利用率不到 20%，累计堆积量已经超过 3 亿 t，不仅占用大量的土地、浪费资源，而且其中的有害组分还对周围土壤、植被、水系和空气造成严重的污染。2006 年国家环保总局将磷石膏列为危险固体废弃物，磷石膏问题已经成为严重制约磷化工行业可持续发展和环境保护的世界难题。国内外利用磷石膏代替天然石膏制备胶凝材料方面存在的主要问题有:(1)磷石膏基胶凝材料的生产成本较高，尽管磷石膏中的 $Ca_2SO_4 \cdot 2H_2O$ 含量很高，但其中的有害杂质对其应用性能影响很大，一般都需要预处理后才能使用，经预处理后的磷石膏与天然石膏相比不但价格方面没有任何优势，而且产品性能也存在一定的差异;(2)使用性能优异、附加值高的高强 α 半水石膏类胶凝材料要在高温高压的蒸压气氛中制备，存在工艺复杂、能耗高、操作控制不便、性能不稳定、生产成本高的问题，从而限制了其广泛应用;(3)常压水热电解质溶液中制备 α 半水石膏具有反应条件温和、便于操作的特点，但目前的研究主要还集中在实验室和理论研究阶段，且限于天然石膏、脱硫石膏等杂质含量较少的原料。本研究依托“十二五”国家科技支撑计划项目“低成本、低能耗建筑节能技术集成研究与示范”(2011BAJ03B03)、湖北省重大科技专项计划项目“磷化工副产物高效资源化利用与产业化”(DZS0005)以及湖北省研究与开发计划项目“磷石膏的综合利用”(2009BCB030)，针对磷石膏制备高强度石膏胶凝材料的理论及工艺技术难题，探讨了磷石膏基石膏胶凝材料(Phosphogypsum Based Gypsum Plaster，简称 PBGP)的制备体系设计与选择、原料预处理对 PBGP 形成及晶体形态调控的影响、杂质对 PBGP 水化硬化性能的影响以及 PBGP 制备工艺优化及应用技术，揭示了 PBGP 组成—结构—性能之间的相关规律，并形成了 PBGP 的制备工艺、晶形调控、性能优化及工业化应用的关键理论与技术。主要工作及成果如下:(1)PBGP 的体系设计与选择在 85 ~ 100℃水热环境中，分别以 NaCl、$CaCl_2$ 及其混合物为活度剂，研究了活度剂种类和浓度、固液比以及反应温度和时间对产品性质的影响，结果表明:磷石膏在 NaCl 溶液中水热反应一定时间可以发生相变反应，但固相产物 α 半水石膏中含有其同质异构的杂质相 omangwaite[$Na_2Ca_5(SO_4)_6 \cdot 3H_2O$]，因而 NaCl 不适合作为磷石膏相变制备 PBGP 的活度剂；而磷

石膏在 $CaCl_2$ 溶液中水热反应一定时间后的固相产物为 α 半水石膏；在 24%Ca-Na-Cl 溶液中，随着 NaCl 含量从 0 增加到 4%，磷石膏相变为半水石膏的时间从 240min 缩短为 50min，且固相产物均为 a- 半水石膏，但随着水热反应介质中 NaCl 含量的增加，产物中 Na_2O 含量也呈增加的趋势，从半水石膏晶体各晶面发育的完整和规则性降低；NaCl 增大磷石膏的溶解度并促进 α 半水石膏晶体的成核生长，$CaCl_2$ 则是由于同离子效应降低了磷石膏的溶解度，但 Ca_2^+ 的活度仍比较高，表面扩散和吸附能够极大地促进 α－半水石膏晶体长大。（2）原料预处理对 PBGP 的形成及晶形调控的影响。研究了酸性杂质、可溶盐、不溶性杂质对磷石膏相变过程、产物形态和强度的影响，并选用常用媒晶剂对 PBGP 的晶体形态进行调控，结果表明：原料磷石膏中可溶磷、氟为磷石膏的相变反应提供了必需的酸性环境，同时使 PBGP 晶体的长径比变大、晶体直径减小；自制媒晶剂 NS 和 EN 对 PBGP 晶习有明显的调控作用，可以得到长径比接近 1 的短柱状晶体，产物抗压强度在 35MPa 以上，其合适掺量分别为 0.15% 和 0.4%；可溶性酸性杂质使媒晶剂的合适掺量增加，产品强度降低；可溶性钠盐使高强石膏晶体中出现细小的颗粒，强度降低；可溶性盐类杂质和有机物使 PBGP 晶体变得细碎，产品强度降低；不溶性杂质则使产物 α 半水石膏晶体向短棒状发展，晶体发育不均齐，强度增大；原状磷石膏不适合直接作为 PBGP 的原料使用，经水洗处理后可以大幅降低媒晶剂的使用量，优化晶体形态，提高产品强度；当 PBGP 晶体直径大于 8μm、长径比 1～3 且发育相对均齐时，产品的绝干抗压强度与晶体体积呈线性相关关系。（3）杂质对 PBGP 水化硬化性能的影响。研究了不同 pH 值的 H_2SO_4、HCl、H_3PO_4 以及中性环境下不同 $CaCl_2$ 含量对高强石膏的凝结时间、强度变化的影响与相应机理，并对影响 PBGP 性能的主要因素进行了归纳，结果表明：三种酸均对高强石膏的初凝、终凝均起促进作用，且对初凝时间、终凝时间的影响规律大致相同，在不同 pH 值的同种酸和相同 pH 值的不同酸对高强石膏的凝结性能影响不同；当 pH 值小于 3.0 时，H_2PO_4、H_2SO_4、HCl 和 H_3PO_4 均会显著降低 2h 强度和绝干强度，当 pH 值为 3～7 时，抗压强度性能因酸根离子的种类与含量不同而出现不同的变化；活度剂 $CaCl_2$ 也会使高强石膏早凝，其对高强石膏强度尤其是绝干强度的损失随含量的增加而增强；这几类杂质均延长了加速期的反应时间，增大结晶相变热；水化产物中二水石膏相的含量只是影响产物强度的一个因素，而杂质离子 H_2PO_4、H^+、Cl^- 改变了结晶接触点的性质，对产物绝干强度起重要的影响；$CaCl_2$ 抑制了高强石膏的水化，$CaCl_2$ 含量越高，高强石膏未水化的比例越高，绝干强度下降越明显。（4）PBGP 的制备工艺优化及应用。在实验室范围内扩大了试验规模，测试了 PBGP 粉的凝结时间、强度性能，并对 PBGP 制备工艺进行优化，结果表明：原料水洗预处理时产生的部分废水经处理后可以循环利用；PBGP 浆体经洗涤、干燥后，产物的晶体边界清晰程度有所下降，但抗压强度仍能超过 40MPa；PBGP 浆体滤液经沉淀剂处理后循环利用 4 次制备出 PBGP 的抗压强度在 35MPa 以上，循环利用 5 次制备出 PBGP 的抗压强度在 25MPa 以上；水热反应过程中，磷石膏中部分硅、铝、铁等不溶性杂质从原料中析出，从而提高了 PBGP 的纯度；PBGP 制备工艺经优化后可以分为原料的预处理工艺、常压水热反应工艺、浆体制备工艺、PBGP 粉及石膏制品的生产工艺四个过程。

7. 题目:《发泡石膏轻质墙体材料的制备与性能研究》

作者: 张卫豪

单位: 济南大学

摘要: 本文重点研究了发泡磷石膏材料的制备、改性以及其在内隔墙板中的应用。利用 X 射线衍射分析（XRD）、化学成分分析等测试手段分析了原料的主要组分构成，通过物理发泡的方式向石膏料浆内引入泡孔结构制备发泡石膏材料，利用多种改性组分对发泡石膏材料进行了改性研究。通过扫描电子显微镜（SEM）等测试手段探讨了相应的改性机理，最终通过纤维增强制备了发泡石膏轻质保温内隔墙条板,并对条板进行了性能指标测试。主要研究的内容分为以下几部分:（1）利用市场常见的几种发泡剂分别对磷建筑石膏进行发泡研究，并对不同发泡剂的发泡效果进行对比分析。试验表明，与磺酸盐类发泡剂、动物发泡剂相比，植物发泡剂发泡倍数为 18.7，发泡能力强，泡沫大小适中，其制备的发泡石膏材料性能较好，最适于制备发泡石膏材料。向石膏中掺加缓凝剂以改善其凝结时间过短的问题，比较了四种缓凝剂对石膏的缓凝效果。试验表明，明胶掺入量为 0.2wt% 时，石膏初凝时间由 5min 延缓至 31min，而且与其他缓凝剂相比，明胶掺入后对石膏材料强度的影响较小，故本实验最终选用明胶作为缓凝剂。（2）研究了泡沫的掺量对试样性能的影响，并通过掺加稳泡剂改善了泡沫的稳定性和泡孔结构，探讨了稳泡剂的作用机理。试验表明: 与未经发泡的空白石膏试样对比发现，经过发泡工艺制得的发泡石膏试样富含大量均匀分散的泡孔，降低了材料的导热系数和表观密度，提高了材料的轻质保温性能。制备发泡石膏试样过程中掺入 0.8wt% 稳泡剂时，与未掺加稳泡剂的试样相比，泡沫的消泡率降低 18%，发泡石膏试样内部封闭的泡孔增多、泡孔大小更均匀；制备发泡石膏材料的泡沫最佳掺量为 100g 粉料掺加 150ml 泡沫，在此掺量下，发泡石膏材料的表观密度和导热系数达到一个较优的值，与空白石膏试样相比，试样的密度由 1205kg/m^3 降为 517kg/m^3，导热系数由 0.217W/（m·K）降为 0.121W/（m·K）。试样的力学性能和耐水性能相对较好，仍能满足制备发泡石膏材料的要求。（3）针对发泡石膏材料力学、耐水性能较差的问题，通过掺加粉煤灰、水泥、复合防水剂等改性组分对其进行了改性研究，探讨了改性剂对石膏材料性能影响的规律及作用机理。试验发现，粉煤灰的掺加可改善石膏料浆的和易性，掺入水泥和复合防水剂可以提高石膏制品的力学、耐水性能。试验确定最佳改性方案为：内掺 15wt% 水泥、20wt% 粉煤灰，外掺 6wt% 复合防水剂。改性后制得发泡石膏试样标准稠度用水量为 44%，抗折强度为 1.98MPa，抗压强度为 3.90MPa，吸水率 18.6%，软化系数为 0.67。与未改性试样相比，试样标准稠度降低 5%，抗折强度提高 44.5%，抗压强度提高 38.3%，吸水率降低 58.6%，软化系数提高 45.7%。(4) 掺加聚丙烯纤维对发泡石膏材料进行增强，并制备了纤维增强的发泡石膏轻质保温内隔墙条板。试验表明，纤维的加入保证了发泡石膏材料的抗折防裂性能，当掺加纤维的长度为 10 ~ 16mm，掺量为 1.0wt% 时，按后掺法制备的纤维增强发泡石膏材料的综合性能较好，与未掺纤维试样相比，抗折强度提高 55.9%，抗压强度提高 18.1%，其他性能也均能满足制备发泡保温隔墙材料的要求。研究了纤维增强发泡石膏轻质保温内隔墙条板的生产工艺流程及应用技术，制备的纤维增强发泡石膏轻质保温内隔墙条板轻质、保温、隔声等性能突出，条板的各项性能均达到了国家相应标准的要求。

8. 题目：《磷石膏基水泥组成与性能的研究》

作者：殷小川

单位：武汉理工大学

摘要：本文将水泥工业的节能减排和磷石膏的资源化利用结合起来，以磷石膏为主要原料，通过添加适量矿渣粉、石灰石和少量硅酸盐水泥熟料，制备出具有较高性能的磷石膏基水泥，并通过大量实验对磷石膏基水泥的性能进行了研究。结果表明：在磷石膏基水泥中，熟料主要起碱性激发剂的作用，其最佳掺量为 4%；磷石膏除了作硫酸盐激发剂外，大部分未反应的磷石膏以集料的形态存在于水泥中；矿渣是主要的胶凝组分，在熟料与石膏的碱性激发和硫酸盐激发双重激发下进行水化，使水泥浆体不断密实，强度不断增长。通过使用 2% 钢渣预处理磷石膏和采用熟料超细粉作为碱性激发剂这两种措施能有效提高磷石膏基水泥的早期性能，通过组分优化能制备出磷石膏掺量达 45%，3d 抗压强度超过 10MPa，28d 抗压强度达 49MPa 的磷石膏基水泥。对磷石膏基水泥耐久性的研究结果表明，与普通硅酸盐水泥相比，磷石膏基水泥的长期强度、抗淡水侵蚀性能、体积稳定性、抗硫酸盐侵蚀性能、抗冻性以及耐高温性能均较好。但是由于其碱度较低，对 CO_2 的中和能力不足，导致其抗碳化性能明显劣于普通硅酸盐水泥。通过改变磷石膏基水泥的养护制度、向磷石膏基水泥中引入可碳化物质 MgO 和 $Mg(OH)_2$ 这两种措施，可以提高磷石膏基水泥的抗碳化性能。磷石膏基水泥在钢渣泥和饱和石灰水中养护后，其抗碳化性能均有不同程度的改善。这是由于养护环境碱度提高，且富含 Ca^{2+}，使得磷石膏基水泥试块表层矿渣水化加速，从而提高了试块表层的密实度，使 CO_2 扩散速度减慢。在磷石膏基水泥中，通过加入适量的氧化镁，可以大幅提高水泥碳化后的强度，但是氧化镁的加入使水泥28d 强度大幅度降低；氢氧化镁的掺入可显著提高磷石膏基水泥的抗碳化性能，且对水泥的其他性能影响不大。氧化镁、氢氧化镁能提高磷石膏基水泥抗碳化性能的原因是：在碳化过程中，水泥石中的氢氧化镁与二氧化碳反应生成碳酸镁，阻塞了水泥石中的孔隙，使水泥石的密实度提高，降低了 CO_2 的扩散速度，从而提高了水泥的抗碳化性能。

9. 题目:《利用磷石膏制备建筑材料的研究》

作者：杨林

单位：西南科技大学

摘要：磷石膏作为一种工业副产物，其大量的排放与堆积已严重污染周边环境，危害到人类的健康。加强磷石膏综合利用的研究受到企业和政府部门的高度重视，是迫在眉睫的大事。本课题从四个方面研究利用磷石膏制备建筑材料:（1）利用磷石膏、硫铁矿烧渣制备高贝利特铁铝酸盐水泥，研究了熟料的煅烧工艺、石膏掺量对水泥性能及水化的影响;（2）直接以未经处理的原状磷石膏为原料制备免蒸压墙体砖，对原料的基本配合比和基本工艺参数进行了研究，并对相关性能进行了检测;（3）直接利用未经处理的原状磷石膏制备免蒸压加气混凝土，以试块的干密度和抗压强度为考核指标，进行了基本原料配比和基本工艺参数的研究，并对制得产品进行相关性能的检测;（4）探索了以未经处理的原状磷石膏为填料制备自流平砂浆的可行性，基于相关性能进行了原料配比的研究，并对相关机理进行了探究。在实验室内，1250℃煅烧 60min 制得了性能优异的高贝利特铁铝酸盐水泥熟料；在熟料中掺加天然石膏能明显地缩短水泥的凝结时间，当天然石膏的掺量在 5% ~ 15% 时，水泥的终凝时间皆小于 25min；天然石膏能促进铁铝酸盐水泥的早期水化，且掺量越高对早期水化的促进作用越明显、总的水化热越低；不同的天然石膏掺量对水泥不同龄期的抗压强度的影响规律不同，当天然石膏掺量为 15% 时，1d、3d、28d 的抗压强度分别为 39.3MPa、43.2MPa、53.9MPa；天然石膏掺量对不同龄期水泥膨胀率的影响规律几乎相同，当掺量从 0% 增加到 10% 时水泥的膨胀率呈下降的趋势，然而，当天然石膏掺量从 10% 增加到 15% 时水泥的膨胀率又有所提高；天然石膏的掺量是铁铝酸盐水泥水化的重要影响因素，它不仅影响水泥的水化产物且影响产物的微观结构。以原状磷石膏为原料制备免蒸压墙体砖，比较了半水石膏、粉煤灰、矿渣对砖性能的影响，得出粉煤灰比半水石膏更有利于提高砖的后期强度和抗冻性；而矿渣与粉煤灰相比，二者的后期强度接近，但掺入矿渣的砖的抗冻性较好。最佳原料配比为：水泥：磷石膏：矿渣：河砂 =10：65：10：15，采用 20MPa 压力压制成型，80℃

蒸养 8h 后自然养护 28d，砖的抗压强度达到 35MPa 以上，且具有优异的抗冻性和耐水性能。直接利用未经处理的原状磷石膏制备免蒸压加气混凝土砌块，最佳原料配比为：水泥 15%，磷石膏 55%（干基），矿渣 30%，外加生石灰 7%、$Na_2SO_4$1.6%、铝粉 0.074%，水料比 0.47，最佳发气条件为 40℃水温 50℃静停发气，最佳养护条件为 90℃蒸养 24h；制得试块的干密度 686kg/m^3，抗压强度 6.3MPa，冻后干质量损失 1.5%、抗压强度损失 12.7%，导热系数 0.15W/(m·K)，以上性能皆能满足标准《蒸压加气混凝土砌块》GB11968—2006 对 B07 级砌块的要求，但干燥收缩值远超出标准的要求，这将是今后研究中的一大挑战。以未经处理的原状磷石膏制备水泥基自流平砂浆具有可行性；当原料配比为：硫铝酸盐水泥 12%、硅酸盐水泥 8%、磷石膏 40% ~ 55%、石英砂（30 ~ 50 目：40 ~ 70 目 =1：1）25% ~ 40% 时能制得满足《地面用水泥基自流平砂浆》JC/T985—2005 性能要求的自流平砂浆；通过机理分析认为磷石膏在体系中不仅起到填料的作用，同时也参与水泥的水化反应。

10. 题目：《贵州磷石膏的理化性质分析及表征》

作者：廖霞

单位：贵州大学

摘要：本文对贵州三个磷化工企业的副产品磷石膏进行了全面的理化检测分析，并在化学成分、粒度分布、相分布、溶解性能、脱水性能、矿物学特征和晶体结构等方面与天然石膏作了对比分析。结果表明两者的 $CaSO_4 \cdot 2H_2O$ 含量比较接近。磷石膏与天然石膏的差异表现在磷石膏含有更多的杂质如氟、磷及有机物，这些杂质的存在，严重影响了磷石膏的资源再生利用，另外在粒度分布方面磷石膏近似为正态分布，在 80 ~ 105μm 范围内达到 33% 以上，且杂质含量随着颗粒大小有规律性变化：可溶性磷、总磷、有机物及氟含量随着颗粒增大逐渐增多，而共晶磷含量逐渐降低。为了降低磷石膏中共晶磷含量，尝试用水洗、硫酸洗、氨水洗或石灰中和等方式处理，但效果不明显，进一步实验表明，共晶磷的除去只能通过煅烧方法来处理，并且通过硫酸洗或石灰中和处理方式能降低煅烧去除共晶磷的温度，此外，在相分布、溶解脱水性能、矿物学特征、晶体结构等方面，磷石膏与天然石膏也有明显差异。本文还尝试用三种贵州磷石膏制备建筑用石膏，结果表明磷石膏 PG1 经水洗或筛分预处理后能制备出一等品的建筑石膏，而 PG2 经筛分除去 0.42mm 以后的磷石膏后仍然不能制备出合格的建筑石膏，PG3 筛分后也能制备出合格的建筑石膏，其主要原因是由于 PG2 中杂质含量高，因此可见磷石膏中杂质含量对其资源化应用有很大的影响。本文还对贵州磷石膏特性及应用前景作了简单描述。

11. 题目:《非煅烧磷石膏砌块的研究》

作者:俞波

单位:武汉理工大学

摘要:磷石膏是磷酸厂排出的工业废渣。由于磷石膏含有少量杂质，这些杂质的存在影响磷石膏的有效利用，致使其利用率极低，成为人们所关注的问题。同时，随着国家墙改政策的实施，黏土砖的使用受到了限制，对代替黏土砖的新型墙体材料的需求量日益增大，这对于开发磷石膏墙体材料提供了巨大的空间。无论从环境保护还是资源的有效利用，开发磷石膏墙体材料均有着重要的意义。论文以磷石膏为基本原料，在不进行预处理的情况下，采用压制工艺直接制备墙体材料。根据胶凝材料学原理，首先采用生石灰作为碱性激发剂，一方面可以中和磷石膏中的酸性物质，同时也可作为矿渣的有效激发剂，而选用的添加剂能够与体系中的其他成分发生化学反应生成钙矾石，这可以有效提高砌块的早期强度，同时对最终强度也有一定的增强作用。通过单因素实验和正交实验确定了磷石膏砌块的组成体系和最佳配比，探讨了影响磷石膏砌块性能的主要工艺参数，借助 XRD、SEM 等测试手段对磷石膏砌块的水化产物及其微观结构、水化硬化机理进行了分析，讨论了水泥与矿渣、添加剂之间发生化学反应生成水化硅酸钙凝胶和钙矾石的过程，并初步揭示了磷石膏砌块强度形成的原因。实验表明，用磷石膏制建筑砌块是完全可行的，磷石膏、水泥、矿渣和黄砂按一定比例混合，同时掺以少量的添加剂，搅拌均匀后加压成型，在一定条件下养护后可得到抗压强度不低于 15MPa 的产品。

12. 题目:《建筑磷石膏改性研究与应用》

作者:杜勇

单位:重庆大学

摘要:磷石膏是磷化工企业排放的废渣，随着磷化工企业的迅猛发展，磷石膏的产量也在急剧攀升，截至目前其年排放量已达到 5000 万 t，给社会环境带来了巨大压力，磷石膏的资源化利用迫在眉睫。磷石膏脱水制得的以 β－半水石膏为主要成分的建筑磷石膏及制品是其资源化利用的有效途径，同时能达到消耗大量磷石膏废渣的目的。但磷石膏的性能不稳定，致使这种来源广阔、建筑功能优良的资源无法得以有效利用。采用预处理和外加剂改性可以同时保证建筑磷石膏性能稳定和较高的硬化体强度。然而，由于缺乏对磷石膏特殊性的认识，往往盲目使用天然石膏外加剂，外加剂适应性差，使用效率低，磷石膏品位低下等因素极大地制约了磷石膏基材料的应用发展。本文从磷石膏自身品质切入，对外加剂与建筑磷石膏的适应性、外加剂的使用条件、掺量与磷石膏性能的关系以及外加剂对水化进程与硬化体微结构、形貌的影响等内容展开系统研究，明确了磷石膏外加剂的使用种类和范围，揭示出外加剂的作用现象与本质之间的内在关联，以指导人们更加合理科学地使用外加剂改善建筑磷石膏的性能。在认清建筑磷石膏改性规律的基础之上，进一步配制磷石膏基粉体材料。通过对磷石膏性能的主要影响因素的研究，找出了提高建筑磷石膏性能、品位的方法。通过研究不同种类缓凝剂对建筑磷石膏的凝结时间和硬化体强度的影响，找到了适合磷石膏体系的缓凝剂，确定了缓凝剂使用的最佳 pH 值范围。同时研究了缓凝剂在其最佳酸碱度环境下对建筑磷石膏水化过程的影响。通过对磷石膏硬化体晶体扫描电镜照片的观测，分析缓凝剂带来的磷石膏硬化体微形貌的改变与其强度的内在联系。通过乳胶粉和减水剂对建筑磷石膏强度的影响研究，明确了适合磷石膏的乳胶粉和减水剂的种类和掺量。通过，耐水性能和保水性能测试分别评判了有机硅憎水剂和羟丙基甲基纤维素对磷石膏性能的改善作用。在掌握了外加剂对磷石膏改性规律的基础之上，通过外加剂的复合、石膏粉颗粒级配的优化及填料的添加，运用功效系数原理开发了磷石膏基粉刷、粘结和腻子材料。结果表明：最佳 pH 值时，缓凝剂的掺加降低了磷石膏的液相过饱和度，使结晶颗粒变大，晶体间接触点减少，结晶结构网松散，导致强度有所下降；可再分散乳胶粉和改性聚羧酸醚减水剂能有效提高硬化体强度；万黏度羟丙基甲基纤维素能显著改善磷石膏浆体的保水性能；掺加有机硅憎水剂的磷石膏耐水性能大大提高；掺加柠檬酸的磷石膏基功能砂浆性能优良。分析认为，磷石膏品位相同的条件下，缓凝剂是磷石膏资源化利用的关键因素，它影响着石膏晶体的溶解、成核和长大过程，处于影响磷石膏基材料性能的本质层面。减水剂与可再分散乳胶粉起着密实硬化体和减小孔隙的作用，可分散乳胶粉还可以提高磷石膏基粉刷、粘结和腻子材料的粘结力，对磷石膏基材料性能的提高起着重要的作用，而其余外加剂只起辅助改性作用。

13. 题目:《磷石膏改良土用作路基及基层填料的试验研究》

作者: 李章锋

单位: 西南交通大学

摘要: 磷石膏是生产磷铵过程中产生的一种废料。作为一种工业废料不仅占用大量空间，制约企业发展，而且对环境有着严重污染。将磷石膏用于当地公路的建设，不仅可以解决磷铵企业废料的再生利用问题，还可解决公路建设中的筑路材料需求，对企业发展、社会发展、生态环境的保护有着重要的意义。本文以德阳市磷石膏作为研究对象，采用智源有限公司研制的固化剂对磷石膏进行改良，通过常规土工试验和室内足尺动态模型试验研究相结合的方法，研究磷石膏改良土路用性能及其填筑的路基路面结构模型的动态疲劳特性，以判定磷石膏改良土用作公路路基及基层填料的可行性和可靠性。室内常规土工试验包括击实试验、承载比（CBR）试验、无侧限抗压强度试验、干湿循环试验等，进行纯磷石膏、

2 种固化形式和 8 种不同配合比的对比试验。试验表明，纯磷石膏水稳定性差，具有较强的亲水性，遇水而变软，强度大幅度降低，引起路基的变形，未经处理不能作为路基填料。采用配合比 6 % 的 ZY1 型固体固化剂的磷石膏改良土具有良好的水稳定性，其 CBR 值和无侧限强度满足且超过公路路基设计对路基填料的要求，作为路基填料是可靠的。采用配合比 20 % 的 ZY2 型固体固化剂、0.9 % 的 ZY3 型液体固化剂改良的磷石膏的 CBR 值和无侧限强度达到了公路基层施工规范对二灰碎石基层的强度要求。以上述两种磷石膏改良土作为填料，在室内填筑了 4m × 3.5m × 1.4m 的路基路面（路面为 C30 混凝土）结构模型，利用疲劳伺服作动器模拟车辆荷载重复加载作用，加载次数超过 100 万次，重复荷载幅值超过高速公路荷载设计标准 1 倍。试验结果表明，路基受到的动应力最大值是填料本身无侧限强度的 1/30，路基路面结构的变形小，沉降稳定，这证实采用磷石膏改良土作为基层和路基填料的基层和路基具有良好的承载能力；即使在无路面情况下，基层表面也不会产生特别明显的车辙，更不会对行车的安全和舒适造成影响。

14. 题目:《水热法处理磷石膏过程研究》

作者: 杨斌

单位: 昆明理工大学

摘要: 磷石膏是湿法磷酸生产过程中产生的副产物，每生产 1t 湿法磷酸（按 100%P_2O_5 计）就会产生 4.5 ~ 5.0t 的磷石膏。在今后 5 年中世界磷肥需求量将以每年 2.7% 的幅度增长，其中中国的磷酸生产扩能将占全球一半以上，与此伴生的磷石膏的增长也将成了磷复肥生产企业实现可持续发展的负担。磷石膏中除了含有 80% 以上的 $CaSO_4 \cdot 2H_2O$ 以外，还含有少量磷酸盐、氟化物等杂质，这些杂质的存在极大地影响了磷石膏的综合性能，使其利用受到很大的限制。在水热条件下晶体生长的各种参数能进行人为的调整，晶体的生长习性能够得到充分的显露。目前，利用水热法处理磷石膏的报道还比较少见，因此，本文用水热法对磷石膏的改性处理进行了探索。利用化学分析法和 X 射线衍射对磷石膏的主要化学成分进行分析，利用光学显微镜和电子扫描电镜观察磷石膏的晶体形貌，利用差热分析仪初步确定磷石膏发生相变时的脱水温度。在利用水热法处理磷石膏的过程中，水热工艺条件的改变和添加剂的加入改变了水热体系的性质，从而影响到磷石膏的溶解和结晶习性。实验主要以 P_2O_5 脱除率、CaO 和 SO_3 的回收率、结晶水含量和磷石膏晶体形貌为主要考察指标。在实验中，利用单因素实验法系统地考察了影响磷石膏水热处理的水热温度、水热时间和固液比，确定了实验范围内的最佳水热时间、水热温度和固液比，并对磷石膏化学成分和晶体形貌有明显影响的添加剂进行了筛选。实验证明：在水热温度 140℃、水热时间为 4h、固液比为 0.60、水热溶剂为酸性时，磷石膏水热产物能获得相对较高的 P_2O_5 脱除率和较高的 CaO、SO_3 回收率，同时磷石膏水热产物的晶体形貌也较为规整；而水热体系中加入添加剂后，在获得高的 P_2O_5 脱除率和 CaO、SO_3 回收率的同时，磷石膏水热产物的晶体也朝着更为规整的长柱状生长。为了考察复合添加剂对磷石膏水热产物的影响，本文还利用正交优化实验法对添加剂组合进行筛选，确定了在最佳添加剂组合时磷石膏水热产物能够获得 99.18% 的 P_2O_5 脱除率、99.96% 的 CaO 回收率和 99.40% 的 SO_3 回收率，同时磷石膏水热产物的结晶水含量接近半水石膏理论结晶水含量 6.20%，水热产物的晶体也朝着细长柱状生长。通过实验证明在进行水热处理前对磷石膏进行水洗不利于磷石膏的 CaO 和 SO_3 的回收，同时磷石膏晶体的生长也会受到影响。

15. 题目:《磷石膏制轻质保温墙体材料的研究》

作者: 傅忠益

单位: 武汉理工大学

摘要: 磷石膏是磷酸厂排出的工业废渣。磷石膏的主要成分是二水硫酸钙及其他一些杂质，这些杂质包括磷酸、各种磷酸盐、氟化物、有机成分、铝的化合物和可溶性盐，这些物质影响磷石膏的有效利用，致使其利用率极低，成为人们所关注的问题。我国提出了一系列限制使用黏土砖与支持鼓励新型墙体材料发展的政策，加速了墙体改革的过程，这对于开发磷石膏墙体材料提供了巨大的空间，无论对环境保护还是资源的有效利用都有重要意义。论文对磷石膏轻质墙体砖的制备进行实验研究，以磷石膏为基本原料，水泥为胶凝材料，辅以矿渣，细砂为配料，采用生石灰中和磷石膏，并陈化一定时间，添加合适的激发剂对磷石膏进行预处理。激发剂使物料颗粒分散，增大反应表面，有利于提高体系的反应速度，加快硅酸三钙和硅酸二钙的水化，从而提高了对砌块的强度贡献。生石灰可以使磷石膏中的有害杂质转化为惰性物质，同时也利于矿渣的分散和溶解。水泥调节砖坯的凝结时间，矿渣的加入调节配合料的和易性，细砂则能够调节混凝体系的物料结构。通过单因素实验确定了磷石膏的砌块最佳配比，磷石膏 50%（生石灰 6%，激发剂 0.5%），矿渣 15%，硅砂 15%，水泥 20%，并得到最佳工艺条件，用水量为 20%，60℃下湿热养护 1d 标准养护 7d 的养护方式。借助 XRD、SEM 等测试手段分析磷石膏砌块的水化硬化机理，磷石膏能与水泥水化物生成大量的钙矾石，这些钙矾石与水化硅酸钙一起形成空间结构，减少了试件中的平均孔径，起到支撑孔隙的作用，同时又作为硫酸盐激发剂，促进水泥和矿渣的水化反应，提高砌块的抗压强度。本文的创新在于开发一种磷石膏合适的添加剂体系，以磷石膏为主要原料制备轻质保温墙体材料，实现磷石膏的直接利用。实验结果表明，采用浇注成型的方法用磷石膏制轻质保温墙体材料是完全可行的，在原有的基础配方上添加膨胀珍珠岩，降低磷石膏砌块的密度。在允许的抗压强度范围内，密度达到 1.2 左右，达到了预期目标。

16. 题目:《磷石膏分解特性及其流态化分解制硫酸联产石灰的工艺研究》

作者: 应国量

单位: 武汉理工大学

摘要: 磷化工的迅速发展，一方面对硫酸的需求量增大，而我国硫资源缺乏，大部分依赖进口硫磺制硫酸；另一方面，磷石膏排放量增加迅速而利用率低，大量磷石膏堆积造成严重的环境污染。为此，本文提出了磷石膏流态化分解制硫酸联产石灰的新工艺，并开展了磷石膏分解特性及其流态化分解工艺的研究。采用 RD、XRF、激光粒度分析、高温显微镜等方法研究了磷石膏的基本特性。磷石膏主要矿物成分为 $CaSO_4 \cdot 2H_2O$，纯度高达 90% 以上，干基 CaO 含量一般在 30% 左右，SO_3 含量 35% ~ 45%，是一种优质的制硫酸联产石灰原料；颗粒粒径≤ 0.075mm 的颗粒含量高达 91.25%，因此可不用粉磨，烘干破碎后直接分解制酸；磷石膏中的杂质降低了 $CaSO_4$ 的熔点，1200℃左右 H_2SO_4 开始产生液相，磷石膏熔点在 1280℃左右，随杂质含量的变化而略有不同。采用 HSC 热力学计算软件，研究了 $CaSO_4$ 在还原分解的过程中可能发生的反应，并计算了理论热耗。CO 和焦炭均能降低 $CaSO_4$ 的起始分解温度和理论热耗，但是低温条件下易发生副反应生成 CaS，应避免低温预热过程中形成 CaS。采用热分析法，研究了分析纯石膏和磷石膏在不同条件下的分解过程及相演变规律。磷石膏中所含杂质降低了 $CaSO_4$ 的起始分解温度，对分解有促进作用；在 N_2 气氛下焦炭掺量对还原分解 $CaSO_4$ 的最终产物有重要影响，掺量为 C/S=0.5 时主要产物为 CaO，当 C/S=2 时主要产物为 CaS。磷石膏在低温易与焦炭反应生产 CaS，CaS 在高于 1100℃、3%O_2 浓度的高温低氧条件下能被缓慢氧化为 CaO 并释放出 SO_2。采用高温气氛炉模拟分散态研究了磷石膏在还原气氛的分解动力学。磷石膏在 1000 ~ 1100℃，CO:3% ~ 5%，CO_2:25% ~ 30%，PCO/PCO_2=0.1 ~ 0.2，反应时间 20min，分解率达到 95% 左右，脱硫率 85% 左右。设计了红外定硫仪法研究磷石膏的分解动力学，使用红外定硫仪可以快速、方便、连续、精确地测定磷石膏的脱硫率。磷石膏热分解的脱硫率方程为：$\alpha = V_{maxt}/(k_n+t_n)$，式中 k 值为磷石膏脱硫率达到 50% 的时间，可利用 k 值判断磷石膏热分解的难易程度。在 1000℃、3%CO 反应 15min 脱硫率可达 75%，升高温度至 1150 ~ 1200℃再通入适量氧气可将副产物 CaS 进一步快速氧化脱硫，达到 90% 以上的脱硫率。最后，探讨了磷石膏的分解特性，在此基础上提出了磷石膏流态化分解制硫酸联产石灰的工艺要求，并对磷石膏分解制硫酸联产石灰工艺的可行性进行了分析。

17. 题目:《磷石膏新型墙体材料研究》

作者: 李兵兵

单位: 昆明理工大学

摘要: 磷石膏是磷化工企业排放的固体废弃物，其主要成分为 $CaSO_4 \cdot 2H_2O$，同时含有少量可溶性的 P_2O_5、SiO_2、Al_2O_3、氟化物、有机物等有害杂质，利用磷石膏中丰富的二水硫酸钙资源制造新型的墙体材料，不仅能够很好地解决天然石膏资源消耗，降低墙体材料的生产成本，减少高耗能的黏土砖的使用，又能够较好解决磷石膏的大量堆积严重污染环境等问题。本课题拟研究采用重结晶的特殊方法，对难处理的磷石膏进行固化制成新型墙体材料，找出在重结晶条件下的特殊反应规律和原理，推进磷石膏固废利用的规模化和产业化。所谓磷石膏重结晶就是采用机械球磨的工艺使磷石膏的比表面积增大，活性增强，颗粒级配分散，加水后重结晶固化成型。本课题利用重结晶的方法处理磷石膏，研究球磨时间对重结晶磷石膏强度的工艺影响，机械球磨过程中磷石膏颗粒会发生黏球和团聚，加入实验室自制的助磨剂对磷石膏助磨，预处理的结果：在球磨时间 25min，助磨剂掺量 0.02%，水灰比 0.22 下，磷石膏试块的抗折 2.1MPa，抗压 8.89MPa，强度满足墙体材料 7.5 级要求。在预处理的基础上研究激发剂对重结晶磷石膏试块强度的激发效果，研究五种激发剂 JF-1、JF-2、JF-3、JF-4、JF-5 在掺量 2% 时对磷石膏试块强度影响，实验结果显示 JF-1、JF-3 对试块强度有明显的增强作用，但是 JF-3 在掺量 2% 时试块表面出现泛白现象，激发剂加入的结果：JF-1、JF-3 混合掺入，在 JF-3 掺量为 1% 和 JF-1 为 1.5% 时，试块抗折 2.7MPa、抗压 13.4MPa，强度满足墙体材料 10 级要求。选用外加剂对重结晶磷石膏试块强度进一步的增强，试验选用半水石膏、粉煤灰、水泥，在预处理基础上加入外加剂，试验结果显示半水石膏和粉煤灰的加入使试块强度增加不明显，水泥在掺量为 15% 时，28d 抗折强度为 4.3MPa，抗压强度为 18.75MPa，强度高于墙体材料 15 级要求，试验还研究了原状磷石膏中加入水泥和本文预处理结果中加入水泥做了比较，得出预处理是试块强度提高的必要前提。为了使磷石膏墙体材料的使用范围更加广泛，采用加入发泡剂制备轻质的磷石膏墙体材料，研究磷石膏在 180℃保温 2h，对制备的半水石膏进行全分析，初凝时间为 3min，由于石膏浆体在此初凝时间内不能满足加入泡沫的工艺要求，采用加入缓凝剂使石膏浆体初凝时间延长，加入减水剂降低石膏标准需水量提高强度，实验结果显示，在加入缓凝剂掺量为 0.1%，JK 系列减水剂掺量 0.3%，初凝时间为 18min，减水率 9%，加入发泡剂掺量 0.02%，制备的墙体材料 7d 试块的抗压强度为 4.6MPa，抗折强度为 2.2MPa，体积密度为 $0.82g \cdot cm^{-3}$。作为自承重墙体材料，强度高于 MU3.5 的强度标准等级，而密度低于 $1.2g \cdot cm^{-3}$ 的标准，满足轻质墙体材料标准的要求。磷石膏预处理的固化机理研究表明，磷石膏在合理的机械球磨的作用下，磷石膏加水发生类似像半水石膏加水固化一样的重结晶，激发剂的加入使磷石膏中的晶粒更加的致密，外加剂水泥的加入使磷石膏中形成石膏结晶的晶粒和水泥水化生产的凝胶的晶胶结构，使试块的强度进一步提高。

18. 题目:《二水磷石膏粉煤灰复合胶凝材料的改性研究》

作者: 郑兵

单位: 武汉理工大学

摘要: 磷石膏是湿法磷酸生产过程中产生的副产物。随着磷肥行业的快速发展，磷石膏的排放量不断增加。目前，我国每年磷石膏的排放量已超过 5000 万 t，但是综合利用率仅达 20%。大量磷石膏的堆存，不仅占用了大量的土地资源，还严重威胁了磷石膏堆场附近的地下水、地表水以及大气环境的安全。磷石膏的资源化利用已关系到磷肥行业与社会、环境之间的和谐、可持续发展。本文以低温（<60℃）干燥处理下的二水磷石膏和粉煤灰为基本原料，在研究了不同温度、不同压榨压力、生石灰掺量下磷石膏干燥脱水的情况下，重点研究了基础配合比、粉磨时间、粉磨方式、不同掺量和种类的化学外加剂对二水磷石膏粉煤灰复合胶凝材料性能的影响及其改性机理。研究表明:（1）在 50℃以下，磷石膏主要失去其物理吸附水；温度大于 50℃时，磷石膏将逐步脱去结晶水生成半水石膏。掺加生石灰可以降低磷石膏中的物理吸附水，并提高磷石膏脱去结晶水的温度。当磷石膏中的物理吸附水含量高时可采用机械压榨的方法来去除磷石膏中的物理吸附水。压榨压力达到 33kN 时，磷石膏中的物理吸附水含量从 22.3% 下降到 12.3%，物理吸附水去除量达 44.8%。（2）二水磷石膏粉煤灰复合胶凝材料主要的水化产物是钙矾石、C-S-H 凝胶和氢氧化钙。磷石膏掺量的降低、合适的粉煤灰与生石灰的比值和水泥掺量的增加都会提高复合胶凝材料水化产物的量，降低硬化体的孔隙率并改善水化产物与磷石膏和未水化粉煤灰颗粒之间连接区域的强度，提高二水磷石膏粉煤灰复合胶凝材料硬化体的强度。生产实践中应该根据需要与所用的原材料，选择合适的基础配合比。（3）粉磨可以降低二水磷石膏粉煤灰复合胶凝材料的标准稠度用水量，粉磨 25min 后复合胶凝材料的标准稠度用水量从 35% 降低到 29%。粉磨时间从 0min 增大到 25min，试样的 28d 湿抗压强度增长了近 253%，28d 干抗压强度增长了近 176%；其 28d 湿抗折强度从 1.60MPa 增大到 2.83MPa。分开粉磨粉煤灰和磷石膏与生石灰的混合物对复合胶凝材料 28d 的改善效果优于将三者混合后粉磨的效果，但是混合粉磨的复合胶凝材料的 28d 强度要高于仅仅只粉磨粉煤灰的复合胶凝材料。而仅仅只粉磨磷石膏与生石灰混合料的复合胶凝材料 28d 强度最低。（4）四种化学外加剂在各自的试验掺量范围内，NaOH 对试样 28d 湿抗压强度提高的幅度最大，其次是

$Fe_2(SO_4)_3$和$Al_2(SO_4)_3$，$CaCl_2$对试样 28d 湿抗压强度提高的幅度最小。它们分别使试样的 28d 湿抗压强度提高至 16.36MPa、15.88MPa、15.12MPa 和 14.33MPa。（5）半水磷石膏取代二水磷石膏掺入到复合胶凝材料后，可以迅速水化生成二水石膏晶体，并形成一定强度的结晶网络结构，取代量越大，结晶网络结构越完整，从而使复合胶凝材料迅速凝结硬化，缩短复合胶凝材料凝结时间，也提高体系的强度。随着半水磷石膏的取代量从 0% 增加到 30%，复合胶凝材料的 28d 湿抗压强度、湿抗折强度和干抗压强度分别从 12.67MPa、2.30MPa 和 28.98MPa 增加到 16.94MPa、3.13MPa 和 35.63MPa。

19. 题目:《磷石膏及其混合料的工程特性研究》

作者: 徐雪源

单位: 河海大学

摘要: 本文通过对磷石膏的理化试验、级配试验、击实试验、三轴试验、固结试验等物理、化学、力学试验，对磷石膏的工程特性进行了系统的研究；通过磷石膏 - 石灰 - 粉煤灰混合料、磷石膏 - 石灰 - 粉煤灰 - 黏土混合料击实试验、无侧限抗压强度试验、水稳试验、膨胀试验、收缩试验，对磷石膏 - 粉煤灰 - 石灰混合料、磷石膏 - 石灰 - 粉煤灰 - 黏土混合料的工程特性进行了系统研究。研究表明，磷石膏具有一定的抗剪强度和水稳定性，可以单独作为地基处理时的换填或填方材料。在工程实际应用中，可根据建筑物对地基变形的要求，合理选择压实系数，从而满足工程安全的需要。在石灰 - 粉煤灰、石灰 - 粉煤灰 - 黏土混合料中可掺入磷石膏，掺入后的混合料无侧限抗压强度随着磷石膏掺入量增加，逐渐增长，当磷石膏的掺入量为 15％时，混合料的强度达到最高；之后随磷石膏掺入量的增加，混合料的强度逐渐下降。当在粉煤灰 - 黏土混合料中可掺入磷石膏时，混合料的无侧限抗压强度与有石灰的混合料相比有较大的下降，当掺入石灰时无侧限抗压强度才会提高，石灰掺入量为 8％时，该混合料的无侧限抗压强度最高，但随着石灰掺入量的增加，强度增加不明显。在石灰 - 粉煤灰 - 黏土混合料中掺入磷石膏，随着粉煤灰的掺入量的增大，混合料的无侧限抗压强度也随之增加，当粉煤灰的掺入量超过 20％后，混合料的强度开始有所下降。试验表明，磷石膏 - 粉煤灰 - 石灰 - 黏土混合料的最佳配合比（磷石膏：粉煤灰：石灰：黏土）为 15 ：20 ：6 ：59 和 15 ：25 ：8 ：52。磷石膏 - 粉煤灰 - 石灰混合料的干缩试验表明，混合料试件中的水分蒸发在开始 5d 内比较多，占总蒸发量的 90％以上。混合料的干缩应变最大量为 0.068％且主要发生在前期。磷石膏 - 粉煤灰 - 石灰 - 黏土混合料的吸水膨胀试验表明，其膨胀量随时间发展而增大，在前 3d 里达总膨胀量 95％以上，后期趋于平稳，最大膨胀应变为 2.42％。膨胀量偏高的主要因为是磷石膏本身的膨胀量比较大，但作为路面基层材料或水位以上的填料是可行的。

20. 题目:《磷石膏复合材料制新型墙体砖的研究》

作者: 王雪梅

单位: 四川大学

摘要: 磷石膏是磷酸厂排出的工业废渣。由于磷石膏含有有害物质，其回收和再利用，一直是人们关注的问题。同时，随着国家墙改政策的实施，黏土砖的使用受到了限制，对代替黏土砖的新型墙体材料的需求量日益增大。为了解决提高磷石膏的利用率和研制新型墙体材料这两个难题，本课题提出一种比较新颖的思路，研制用于墙体材料的磷石膏制品——磷石膏砖。本文通过一系列正交实验和对比实验，确定实验室条件下的较优的原材料配合比，设计了适应工业化生产的工艺流程和工艺条件，还拟合出养护时间与试件终期强度的数学关系式：y=2.6331n（x）+1.7951，以及磷石膏、水泥、复合添加材料的各自质量百分含量与试件终期强度之间的数学关系式: N=6.622X0.407Y0.201Z−0.174。在实验室试验基础上，还在砖机厂进行了中试阶段的研究，所研制出的磷石膏砖抗压强度普遍达到 10MPa。本文还揭示了磷石膏自身蒸养条件下，脱水成半水石膏，再水化重结晶生成二水石膏的规律，讨论了水泥、复合添加剂、水泥与复合添加剂之间发生化学反应生成的水化硅酸钙、水化铝酸钙以及钙钒石等水化产物的现象。从微观结构上，分析了这些水化产物相互粘结，形成致密的网状结构，强化了宏观结构。而且，本课题的突出创新性在于采用了磷石膏 - 水泥 - 火山灰材料 - 促进剂这样一个新的凝胶体系，为高强度石膏基复合材料的研究开拓了新的方向。

21. 题目:《磷石膏品质对磷石膏复合胶凝材料影响的研究》

作者: 刘路珍

单位: 西南科技大学

摘要: 磷石膏是工业生产湿法磷酸时的副产物，由于所用磷矿石不同，生产工艺条件不同，磷石膏的品质波动很大，按照国家标准将磷石膏分为两个级别。前人的实验研究结果表明，采用同一级别的磷石膏生产出来的胶凝材料或石膏产品在性能上还是有差异，本课题就从原状磷石膏本身品质（包括粒径、pH 值、杂质）着手，以磷石膏复合胶凝材料为研究对象，研究磷石膏品质对磷石膏复合胶凝材料的影响。本论文利用未经煅烧的原状磷石膏，添加其他材料制备复合胶凝材料，确定最佳原料配合比:磷石膏 60%，水泥 10%，粉煤灰 26%，生石灰 4%，聚羧酸减水剂 0.2%。最佳养护制度: 采用早期在 75℃蒸汽养护 10h，再在实验室自然条件下养护至龄期；然后对磷石膏进行改性，通过粉磨磷石膏，调节磷石膏 pH 值，调节胶凝材料的可溶磷、可溶氟含量，探索磷石膏的品质对复合胶凝材料性能的影响规律。实验结果表明: 在制备磷石膏复合胶凝材料时，磷石膏平

均粒径最好控制在 <35μm，pH 值在 5 ~ 7，可溶磷 <0.6%、可溶氟 <0.3%。但是在实际生产中要添加 4% 的生石灰，并且用到蒸汽养护，对磷石膏的 pH 值和可溶磷、可溶氟含量的要求允许适当的调整空间，可溶磷可调制 <1.0%，可溶氟可调制 <0.5%。最后采用高性能磷石膏复合胶凝材料，添加适量纤维，可以制备出比纸面石膏板断裂能提高 16 倍，吸水率降低 2/3 的纤维石膏板。并且通过调节磷石膏的细度，可以制备强度等级不同的石膏板。本研究用到的原料 60% 都是我国现阶段亟待解决的磷石膏，而且是不经预处理，不经煅烧的原状磷石膏，大大减少了能源的消耗，所以本研究无论是对实际生产还是对资源的可持续发展，都具有非常积极的作用。

22. 题目：《高掺量磷石膏免烧砖制备新工艺及机理研究》

作者：高辉

单位：中国地质大学

摘要：磷石膏是磷化工企业利用湿法磷酸生产工艺生产磷酸时排放的工业固体废弃物，主要成分为二水硫酸钙（$CaSO_4 \cdot 2H_2O$），同时含有多种杂质成分。在湿法磷酸生产过程中，通常每生产 1.0t 磷酸（以 100% 的 P_2O_5 计算）约产生 5.0t 的磷石膏副产品。目前，磷石膏的处理仍以露天堆放贮存的方式为主，存在着污染环境、侵占土地等问题。磷石膏资源化利用途径主要有四个方面：建材行业、水泥行业、化工行业和农业生产。然而，现有磷石膏资源化综合利用技术，在实际应用过程中，还存在着一些不足或缺陷，主要表现在：（1）磷石膏预处理成本和能耗较高；（2）磷石膏利用率低，消纳量小；（3）工程投资大，工业化推广困难。免烧砖是相对于普通黏土烧结砖而言的，是不经过高温煅烧处理而制备的一种新型墙体材料。磷石膏本身是一种具有胶凝属性的物质，可用于生产制备免烧砖产品。目前，磷石膏生产免烧砖工艺技术可归结为两类：一类为高压压制成型免蒸砖生产工艺；另一类为压制成型蒸养砖生产工艺。然而，现有磷石膏生产免烧砖工艺还存在着一些不足，主要表现在：（1）磷石膏掺量小，资源化利用率低；（2）磷石膏免烧砖产品强度低；（3）能耗高，动力消耗大；（4）生产成本较高。本文在充分调研现役磷石膏制砖技术的基础上，提出一项新的磷石膏制备免烧砖工艺，即“水化重结晶工艺”。该工艺的基本流程为：原料→物料配制→混合搅拌→压制成型→湿式养护→干燥脱水→浸水水化重结晶→自然养护→磷石膏免烧砖产品。具体为：磷石膏、黄沙、水泥和石灰等原料经配制和混合均匀，压制成型为免烧砖坯体；然后，将砖坯于常压和 120 ~ 180℃的温度下干燥脱水，使砖坯中的二水石膏（$CaSO_4 \cdot 2H_2O$）以气态形式脱水转变成 β-半水石膏（$\beta-CaSO_4 \cdot 0.5H_2O$），制得免烧砖干坯；接着将干坯浸没于室温水中，制得水化重结晶磷石膏免烧砖坯体。论文对新工艺进行了系统的实验研究工作，结果表明：(1)新工艺较佳工艺参数条件为：磷石膏、石灰、黄沙和水泥的掺量分别为70.0%、1.4%、20.6%和8.0%；成型压力为30MPa。湿式养护：喷水养护1d和自然干燥3d；干燥脱水温度和时间分别为170℃和3.0h；浸水时间为60min；自然养护时间28d；(2)在结论(1)较佳工艺参数条件下，制备的磷石膏免烧砖样品，其抗压强度、抗折强度、吸水率、耐水性和冻融性测试结果分别为24.1MPa、6.1MPa、10.6%、15.6MPa和18.4MPa与0.9%，完全能够满足《非烧结垃圾尾矿砖》JC/T 422—2007MU20级产品性能的质量标准要求；(3)"水化重结晶工艺"制备磷石膏免烧砖强度形成机理在于：由水泥胶凝作用赋予的、具有一定初始强度的磷石膏砖坯，在常压和80～120℃温度下干燥脱水，使砖坯中的二水石膏($CaSO_4 \cdot 2H_2O$)以气态形式脱水$1.5H_2O$转变成β-半水石膏($\beta-CaSO_4 \cdot 0.5H_2O$)，获得干坯；干坯再浸没于水中，使砖坯中β-型半水石膏晶体原位与水发生水化反应，重新转化为二水石膏晶体，即重结晶二水石膏。重结晶二水石膏具有晶体颗粒形貌完整、相互咬合、交错排列、结构致密的微观结构，从而赋予磷石膏免烧砖较高的机械强度。本文提出的"水化重结晶工艺"制备磷石膏免烧砖新工艺，充分利用了磷石膏自身的胶凝属性，以及二水石膏的干燥脱水和半水石膏的水化重结晶作用，制备出内部微观结构相互咬合的磷石膏免烧砖，为磷石膏资源化技术的工艺设计和应用研究提供了一种新的研究思路和方向。论文研究开发磷石膏制备免烧砖新工艺，不仅能够大量消纳工业固体废物磷石膏，解决磷石膏造成的环境污染，同时变废为宝，实现资源的循环利用，制备出新型建筑墙体材料——免烧砖，为解决磷石膏造成的环境污染问题提供了一条有效的资源化途径。因此，磷石膏免烧砖新技术的研究和开发，具有较高的经济、社会和环境效益。

23. 题目：《复合改性磷石膏做水泥调凝剂的研究》

作者：周丽娜

单位：武汉理工大学

摘要：磷石膏是磷酸盐复肥工业或某些合成洗涤剂产业的副产品，主要成分$CaSO_4 \cdot 2H_2O$的含量高于天然石膏。本文首先比较了磷石膏和天然石膏对水泥性能的影响。研究发现磷石膏比天然石膏配制的水泥凝结时间延长，其原因为磷石膏中含有可溶磷。本文根据材料科学原理和方法，提出用石灰—粉煤灰—磷石膏复合改性、活化的技术设想，该方案比传统的水洗磷石膏、石灰中和方案更有效。研究以掺天然石膏水泥为标准，以不同产地磷石膏的水泥为空白样，考察石灰、粉煤灰复合改性后的磷石膏(以下简称"复合改性磷石膏")的最优配方，及其配制的水泥的凝结时间、强度及熟料用量；用氟离子选择电极及ICP法(电感耦合等离子体法)测试磷石膏及复合改性磷石膏中可溶氟、可溶磷及总磷的含量；辅以 SEM 等微观测试手段，研究了复合改性磷石膏中粉煤灰的活化程度；并由非接触式电阻率法研究以 HPO_4^{2-} 形式存在的可溶磷、石灰对水泥早期水化的影响。研究结果表明：磷石膏中含有总磷、可溶磷及可溶氟等杂质。其中总磷、可溶磷延长水泥凝结时间，可溶氟对水泥凝结时间影响较小。绝大部分磷石膏不适宜直接作水泥调凝剂，必须经过改性处理。利用石灰、粉煤灰改性磷石膏的最优配比为“石灰：粉煤灰：磷石膏 =5：30：65”，其配制的水泥与其他配方相比，凝结时间掺天然石膏的水泥基本一致，强度高于后者，并减少了熟料使用量。通过粉煤灰的活化程度对复合改性磷石膏作为调凝剂的影响研究发现：养护时间增加、磨细或选用品质较高的粉煤灰、添加激活剂都可以提高粉煤灰的活化程度，增加复合改性磷石膏的强度，但是对水泥的物理性能影响较小。水泥早期水化电阻率的研究发现,可溶磷使得水泥早期的电阻率降低，水化进程推迟；并且可溶磷含量越大，电阻率各曲线代表性拐点出现时间越晚，水化亦越慢；单独添加石灰对水泥早期水化影响较小；当用石灰中和可溶磷后可消除可溶磷的有害影响。

24. 题目:《磷石膏制备 α 半水石膏墙体材料的研究》

作者: 丁萌

单位: 昆明理工大学

摘要: 磷石膏是利用磷矿石生产磷酸伴随产生的工业副产物，其主要成分为二水硫酸钙，同时含有磷酸、磷酸盐、氟化物、少量的放射性物质和脂肪酸、胺类和酮等有机物杂质。我国磷石膏利用率不高主要原因是杂质的存在对磷石膏性能产生了不利影响。磷石膏的排放占用了大量土地，对土壤、大气、水环境造成严重污染，影响人类的生存环境。目前，磷石膏的研究已收到国内外学者的广泛关注，利用磷石膏制造建筑材料是目前磷石膏资源化利用的研究方向之一，磷石膏有许多值得肯定的重要性质，主要优点是二水硫酸钙含量高，采用磷石膏替代天然石膏生产高强度的 α 半水石膏不但减少了天然石膏的消耗，又处理了如此大吨位的排放物，具有极大的发展空间。本论文研究以磷石膏为原料制备 α 半水石膏，将蒸压和干燥程序在自制的蒸压釜中一步完成，进而研究了磷石膏制备 α 半水石膏的预处理环境、工艺条件及杂质对其性能的影响规律，并用电子万能试验机、傅里叶红外光谱（TIR）、X 射线衍射（XRD）、扫描电镜（SEM）等测试手段对其原料配比、蒸压环境、力学性能、半水石膏的结构及晶体形貌进行了分析研究。研究内容主要包括以下几方面:（1）深入研究了原料配比及蒸压条件对磷石膏制备 α 半水石膏性能的影响。通过单因素实验及多因素正交试验研究预处理、制样用水量、转晶剂掺量等对磷石膏制备 α 半水石膏的影响，结果表明：在氧化钙掺量 1% 陈化 1d，制样用水量 0.4，1：1 复合掺加转晶剂 0.06%，蒸压压力为

0.17MPa的条件下制备得到的α半水石膏抗压强度为28.09MPa，标准稠度用水量为45%，凝结时间为8min，符合我国墙体材料的标准，但是石膏的耐水性不好，可以当做内墙墙体材料使用。通过正交试验分析可知氧化钙对磷石膏制备的α半水石膏影响最显著。（2）微量元素对α半水石膏性能的影响。不同石膏原料制备得到的α半水石膏的性能和微观结构都有着较大的区别，通过在二水硫酸钙中添加微量元素制备α半水石膏，研究其性能发现磷石膏中的酸性物质影响很大，在中性或弱碱性环境中有利于磷石膏制备α半水石膏。（3）对磷石膏制备得到的α半水石膏产物进行表征分析，结果可知利用磷石膏制备α半水石膏是可行的，与β半水石膏相比，α半水石膏的晶体更大，形状更规则，结晶度更完整。

25. 题目:《磷石膏基矿山胶结料开发研究》

作者: 徐军

单位: 武汉理工大学

摘要: 本文在过硫磷石膏矿渣水泥的研究基础上，重新调整配比，开发出了成本低廉、低碳环保的适用于采矿回填的磷石膏基矿山充填材料和以过硫磷石膏矿渣水泥为胶结剂，以硫铁矿尾砂或铜矿尾砂为骨料的磷石膏－全尾砂充填材料，通过物理化学方法研究分析了充填材料的强度、凝结时间等物理性能及其流动性等工作性能，用激光粒度、XRD和SEM等方法分析探讨了充填材料的微观机理，并将磷石膏－全尾砂充填材料与PC32.5水泥－全尾砂充填材料进行了性能对比，结果表明: 磷石膏基矿山充填材料，可以钢渣或硅酸盐水泥熟料为碱性激发剂。以钢渣为激发剂时，体系中磷石膏浆掺量可达67%，其最佳配比（干基）为磷石膏67%、矿渣20%、钢渣13%，聚羧酸母液0.2%，质量浓度66%～69%。以硅酸盐水泥熟料为碱性激发剂时，体系中磷石膏浆掺量可达86%，其最佳配比（干基）为磷石膏86%、矿渣9%、熟料5%，聚羧酸母液0.2%。该充填材料7d强度超过2.0MPa，满足矿山充填强度要求，28d强度较高，用于矿山充填有很大的强度富余；该充填材料的流动性能较好，可选用自流充填工艺。磷石膏－全尾砂充填材料适用于不同类型的矿山，用于硫铁矿山，以硫铁尾矿砂为骨料时，充填材料胶结剂的最佳配比（干基）为: 磷石膏23%，矿渣48%，熟料4%，钢渣25%。在胶砂比为1∶4，质量浓度62%时，该充填料的7d强度可达2.25MPa。用于铜矿山，以铜矿尾砂为骨料时，该充填材料胶结剂最佳配比（干基）为: 磷石膏28%，矿渣粉48%，熟料4%，钢渣20%。在质量浓度72%，胶砂比1∶4时，该充填料3d强度即可达到2.5MPa。实验结果表明，磷石膏－全尾砂充填材料与PC32.5水泥－全尾砂充填材料相比有更广的胶砂比范围，性能更为优越。通过微观测试方法分析磷石膏－全尾砂充填材料的胶结机理和钢渣掺量对体系结构的影响规律，结果表明：充填料的胶结剂水化产物主要为钙矾石晶体和 C-S-H 凝胶，而尾矿砂并未参与水化反应，只起骨料充填的作用。胶结剂的水化产物将尾砂胶结在一起，同时填充体系中的空隙，达到胶结的效果。充填料胶结效果与胶结剂水化产生的钙矾石含量密切相关，因此胶结剂中适量的钢渣掺量是影响充填料强度的关键因素。

26. 题目：《煅烧预处理对磷石膏基复合胶凝材料的影响》

作者：高渝棕

单位：华中科技大学

摘要：磷石膏（Phosphogypsum，简称为 PG）是湿法磷酸生产过程中的副产物，其主要成分为二水石膏（$CaSO_4 \cdot 2H_2O$），还有 Si、P、F、有机物及其他一些杂质，呈酸性。磷石膏基复合胶凝材料（Phosphogypsum-based Composite Binder，简称为 PGCB）是磷石膏用于石膏建材的一种有效资源化途径。然而，二水石膏微溶于水（溶解度为 2g/L，20℃），耐水性较差；水溶性磷会延长 PGCB 复合胶凝材料的凝结时间，降低其砂浆 PGCB 胶砂试件的强度；水溶性氟降低凝结时间，密度和强度。在课题组前期工作基础上，本论文以广西鹿寨中远化工有限公司副产磷石膏为研究对象，用煅烧预处理磷石膏制备 PGCB 复合胶凝材料，其配比为：磷石膏（80%），粉煤灰（7%），普通硅酸盐水泥（10%），消石灰（3%）及少量外加剂。主要研究内容包括以下方面：（1）煅烧预处理工艺对消除磷石膏中杂质的影响规律，以及煅烧工艺对磷石膏相变的影响规律。在实验室用马弗炉对磷石膏进行煅烧预处理。煅烧温度达到 150℃，保温时间 2h，水溶性氟低于检测限。煅烧温度达到 500℃，保温时间 2h 时，水溶性磷低于检测限。低温（低于 500℃）煅烧磷石膏形成的是一个由二水石膏，半水石膏，III 型无水石膏及少量难溶性无水石膏组成的混合物。当煅烧温度达到 500℃及以上时，石膏相则基本上由无水石膏的两个变体难溶性无水石膏和不溶性无水石膏组成。实验结果表明：煅烧预处理工艺对磷石膏具有明显的除杂效果，煅烧预处理工艺对磷石膏相具有明显的改变。（2）系统开展了不同煅烧工艺制备的 PGCB 复合胶凝材料的强度、耐水性等性能的测试。随着煅烧温度的升高，PGCB 胶砂试件的 7d 强度经过缓慢地上升，在 600℃达到峰值后开始下降。PGCB 胶砂试件 28d 的强度一直上升，在 800℃达到峰值。800℃预处理磷石膏制备的 PGCB 胶砂试件 28d 抗折强度达到 5.9MPa，抗压强度达到 30.9MPa。普通硅酸盐水泥（Ordinary Portland Cement，简称 OPC）对比试件 28d 抗折强度为 7.5MPa，抗压强度为 50.2MPa。随着煅烧温度的升高，软化系数总趋势不断升高，但 700℃以前软化系数都没有超过 0.40。800℃处理磷石膏制备的 PGCB 胶砂试件的软化系数达到了 0.66，具有一定的耐水性。PGCB 胶砂试件经过 10d 的动水溶蚀率实验，或30d的静水溶蚀率实验，800℃预处理磷石膏制备的PGCB胶砂试件外观都完好无损。实验结果表明，经过煅烧预处理工艺制备的PGCB复合胶凝材料的强度较高，耐水性能优良。（3）探讨了不同煅烧工艺制备的PGCB复合胶凝材料的强度性能和耐水性能与石膏相变化之间的相互关系。在500℃及以上煅烧温度下的水溶性磷、氟杂质几乎为零，因此杂质影响较小，PGCB复合胶凝材料的性能主要由石膏相决定。不同煅烧预处理温度下磷石膏的石膏相不同，从而制备的PGCB复合胶凝材料的性能不同。实验结果表明：半水石膏和III型无水石膏主导的PGCB胶砂试件后期强度远不如由难溶无水石膏和不溶无水石膏主导的试件的强度高。耐水性也是如此。本论文的研究成果对于磷石膏煅烧预处理工艺及磷石膏在复合胶凝材料中的应用具有一定参考价值。

27. 题目：《贵州地区磷石膏基灌浆材料的试验开发研究》

作者：付建伟

单位：重庆交通大学

摘要：磷矿是贵州省的特色优势矿产，近年来因当地磷肥企业的不断发展，特别是位于开阳县境内的开磷集团和福泉市境内的瓮福集团等产生了越来越多的磷石膏，造成了大量的工业固体废弃物堆积与存放，占用的土地资源也日趋增多，给自然环境带来了严重的污染。如何对磷石膏进行有效处置，已成为磷矿企业亟待解决的问题。因此，若能研发出一种不仅能利用较多的磷石膏，同时又可以用于公路的建设与病害治理的磷石膏基灌浆材料，将非常具有现实意义。本文依托贵州省交通运输厅科技项目《贵州地区磷石膏基（复合改性）灌浆材料的开发与应用研究》，对贵州地区磷石膏基灌浆材料的性能进行试验研究，采用正交试验法对贵州地区磷石膏基灌浆材料中各组分之间的关系进行了研究，得出其强度变化规律。首先对试验中磷石膏基灌浆材料所需要原材料的基本物化性能参数等进行了测定，以磷石膏为主要成分，粉煤灰、水泥、石灰等为胶凝材料，得到了一种新型的（路工程）灌浆材料——磷石膏基灌浆材料：为了寻找出磷石膏基灌浆材料的最优配比，提出了磷石膏基灌浆材料的初步配比设计方案，并且还通过一些相关试验测定出了其相应的无侧限抗压强度和软化系数等。然后对配比方案进行了优化，提出了磷石膏基灌浆材料的正交配比设计方案并做了大量的试验，分析了正交配比设计方案的试验结果。同时测定了磷石膏基灌浆材料的自然沉降高度和速度、流动度等其他指标，从而最终得出了磷石膏基灌浆材料的最优配比设计方案。第1种方案：60%翁新磷石膏+19%粉煤灰+15%（32.5）水泥+6%生石灰，浆体浓度为65%~70%（即水灰比为0.3~0.35）在标准湿养护条件下28d单轴无侧限抗压强度可以达到3.13MPa以上。第2种方案：60%翁旧磷石膏+18%粉煤灰+15%（32.5）水泥+7%生石灰，浆体浓度为60%~65%（即水灰比为 0.35 ~ 0.40 ），在标准湿养护条件下 28d 单轴无侧限抗压强度可以达到 4.80MPa 以上。第 3 种方案：60% 开新磷石膏 +20% 粉煤灰 +13% ~ 14%（ 32.5 ）水泥 +6% ~ 7% 生石灰，浆体浓度为 60% ~ 65%（ 即水灰比为 0.35 ~ 0.40 ），在标准湿养护条件下 28d 单轴无侧限抗压强度可以达到 4.47MPa 以上。第 4 种方案：60% 开旧磷石膏 +18% 粉煤灰 +15%（ 32.5 ）水泥 +7% 生石灰，浆体浓度为 60% ~ 65%（ 即水灰比为 0.35 ~ 0.40 ）在标准湿养护条件下 28d 单轴无侧限抗压强度可以达到 3.89MPa 以上。另外，还分析了磷石膏基灌浆材料的微观水化反应机理等，进而得出其强度变化规律，对磷石膏基灌浆材料的环境影响进行了评价。最后，再通过对公路路基沉降的各种病害和成因的分析，论述了所应该采用灌浆（ 注浆 ）技术的机理、设计和计算的方法、施工工艺以及工后的质量效果检验试验方法等。

28. 题目：《 磷石膏深耕施肥机的设计 》

作者：陈星名

单位：宁夏大学

摘要：磷酸在生产的过程中会产生称为磷石膏的固体废物，不仅污染了生态环境，而且对磷酸生产企业也造成了很大的经济负担。宁夏地区盐碱地较多，磷石膏可以作为土地改良剂对盐碱土地进行改良，使其适合农作物生长。磷石膏含水率大于一般肥料，在施肥过程中会有堵塞现象发生，目前没有针对磷石膏的施肥机。为了提高施肥的机械效率，设计一款符合磷石膏施肥农艺要求的施肥机具有十分重要的意义。针对磷石膏施肥机械化需求，依据磷石膏施肥农艺要求，参照现有颗粒肥料施肥机的工作原理，首先对磷石膏深耕施肥机进行了整体方案设计，然后对施肥箱箱体、搅拌机构、绞龙输送机构、排肥机构、开沟器、地轮、覆土器、机架、传动系统等进行设计及选型，运用 SolidWorks 软件设计出了产品三维模型。在方案设计中，对磷石膏施肥机的关键功能部件排肥装置（ 包括搅拌机构、绞龙输送机构、排肥机构 ）应用 TRIZ 理论，进行了方案设计，得到了一种精量施肥机构。在设计排肥机构时，根据磷石膏物性，提出了一种适合磷石膏排肥的刮板式排肥机构。利用离散元法建立颗粒模型，模拟其在施肥箱中的运动过程，分析是否存在堵塞现象，计算其施肥量，确定施肥机的合理参数，为施肥机的设计提供理论数据。磷石膏施肥机的排肥装置利用机械传动系统，磷石膏施肥机的开沟器、三点悬挂等利用液压系统。最终得到了一款磷石膏深耕施肥机，可以满足磷石膏施肥的农艺要求。最后，通过 ADAMS 软件对磷石膏施肥机排肥装置的机械传动系统进行了动力学仿真分析。通过仿真得到：磷石膏施肥机排肥装置机械传动系统中各轴符合设计要求。在仿真的基础上制造了排肥装置实验平台。

8.2 专利介绍

1. 专利名称:《防火复合隔墙板》

专利号: ZL 2015 1 0043320.X

发明人: 黄彬; 郑亮; 徐晓东; 黄滔; 郭骁玥

申请人: 成都上筑建材有限公司

专利介绍: 本发明公开了一种防火复合隔墙板，属于建筑装饰领域，包括受火面层和背火面层，所述受火面层和所述背火面层之间为芯板，所述受火面层与所述芯板之间设置有第一网格布，所述背火面层与所述芯板之间设置有第二网格布，所述受火面层和背火面层均为改性石膏层，所述芯板为发泡水泥板，所述防火复合隔墙板之间为粘结石膏层，所述改性石膏层由磷石膏、水泥、粉煤灰、硅铝粉、短纤维和改性剂组成，本发明得到的隔墙板具有较高的强度、优异的耐水性能和防火性能，同时，大量利用了湿法磷酸生产中的副产物磷石膏，减少了磷石膏的环境污染的同时降低了隔墙板的原料成本；另外，本发明的隔墙板结构简单，制作简单，适于工业化生产，生产成本低。

2. 专利名称:《防回音墙板》

专利号: ZL 2014 1 0246541.2

发明人: 黄彬; 郑亮; 黄滔; 徐晓东

申请人: 成都上筑建材有限公司

专利介绍: 本发明公开了一种防回声墙板，包括一珍珠岩板，所述珍珠岩板内设数个空腔，所述空腔沿珍珠岩板的宽度方向设置，且在珍珠岩板的高度方向上均匀分布，珍珠岩板一面设有蜂窝状支撑件，且珍珠岩板设有蜂窝状支撑件的一面上设有数个与空腔连通的微孔，蜂窝状支撑件内壁和底面粘合有吸声材料，珍珠岩板的空腔内填充有吸声材料；珍珠岩板另一面设有氯氧镁水泥板，蜂窝状支撑件和氯氧镁水泥板相互远离的一面分别设有第一饰面层和第二饰面层。本发明充分利用了蜂窝状支撑件、珍珠岩板的空腔以及吸声材料的结合，对声波进行有效的吸收衰减，达到防止回声的目的。

3. 专利名称:《建筑石膏调凝剂及其制备方法》

专利号: ZL 2014 1 0166915.X

发明人: 黄彬; 黄涛; 庄端文; 徐晓东

申请人: 成都上筑建材有限公司

专利介绍: 本发明公开了一种建筑石膏调凝剂及其制备方法，涉及一种建筑用料，该建筑石膏调凝剂由以下两种成分组成: 比表面积为 5000 ~ 10000cm^2/g 建筑石膏和聚羧酸减水剂，所述聚羧酸减水剂重量为比表面积为 5000 ~ 10000cm^2/g 建筑石膏重量的 0.4% ~ 1.3%。与现有的相比，本发明保护的建筑石膏调凝剂缩短了制品生产时的开模时间，提高了生产效率。

4. 专利名称:《具备高抗震性能的建筑石膏粘结剂》

专利号: ZL 2014 1 0499971.5

发明人: 黄彬; 徐晓东; 郑亮; 黄滔

申请人: 成都上筑建材有限公司

专利介绍: 本发明公开了一种具备高抗震性能的建筑石膏粘结剂，属于建筑材料领域，由下述重量份的组分组成: 羟丙基甲基纤维素 50 ~ 60 份、聚乙烯醇 12 ~ 18 份、硼砂 5 ~ 9 份、木质素磺酸钠 5 ~ 8 份、丙烯酸钠 8 ~ 12 份、氢氧化钠 1 ~ 3 份，加入上述粘结剂后的砂浆，用于建筑石膏板的两侧涂抹时，拉伸粘结强度可以达到 1.2MPa 以上（涂抹 3mm 的厚度），抗折强度可以达到 3.2MPa 以上，抗压强度可以达到 7.3MPa 以上。

5. 专利名称:《一种建筑石膏缓凝剂、其制备方法及应用》

专利号: ZL 2014 1 0500421.0

发明人: 黄彬; 徐晓东; 郑亮

申请人: 成都上筑建材有限公司

专利介绍: 本发明公开了一种建筑石膏缓凝剂，属于建筑材料领域，由下述重量份的成分组成: 氨基乙酸 3 ~ 6 份、乙二胺四乙酸二钠 5 ~ 8 份、膨润土 30 ~ 40 份、磷酸二氢钠 6 ~ 8 份、氧化钙 10 ~ 15 份、聚二甲基硅氧烷 2 ~ 6 份，本发明还公开了该缓凝剂的制备方法和应用，本发明的缓凝剂缓凝效果好，并且强度损失小; 另外，成分简单易得，成本低; 制备方法简单易行; 使用时，加入本缓凝剂的量少，使得建筑成本更低，且对建筑石膏的影响降低到最小。

6. 专利名称:《一种聚乙烯阻燃防水板及其制备工艺》

专利号: ZL 2013 1 0212456.X

发明人: 杨再祥; 班大明; 张永航

申请人: 贵州蓝图新材料有限公司

专利介绍: 本发明公开了一种聚乙烯阻燃防水板，它按重量份数由聚乙烯 100 份，SBS2 ~ 8 份，滑石粉 5 ~ 20 份，硅油 1 ~ 5 份，阻燃剂 0 ~ 15 份制成。本发明还公开了这种聚乙烯阻燃防水板的制备方法。本发明通过加入膨胀型阻燃剂，使聚乙烯防水板具有阻燃功能，从而解决了聚乙烯防水板的阻燃问题。且按照本发明的制备方法制备出的聚乙烯防水板不仅阻燃效果好、防水性好，还具有加工方便、价格低廉等优点，值得推广。

7. 专利名称:《微硅粉增强聚乙烯材料及其制备方法》

专利号: ZL 2013 1 0719077.X

发明人: 石文建; 杨再祥; 吴毅; 雷勇; 魏喜苹

申请人：贵州蓝图新材料有限公司

专利介绍：本发明公开了一种微硅粉增强聚乙烯材料及其制备方法，按重量份数计算，包括40～98份聚乙烯、1～50份微硅粉、0.1～5份表面改性剂以及0.5～5份分散剂。本发明将微硅粉进行表面改性后，再聚乙烯混合，并在混合过程中加入分散剂，在设定好挤出机螺杆的转速及挤出温度下进行熔融挤出造粒，以获得性能优异的微硅粉改性聚乙烯母粒。本发明能有效解决聚乙烯拉伸强度和抗冲击性能差等缺点，改善了聚乙烯材料的抗蠕变性能和耐热性能，微硅粉改性聚乙烯复合材料综合性能优良，可进行连续生产。

8. 专利名称：《防水型磷石膏砌块及其制备方法》

专利号：ZL 2017 1 0036864.2

发明人：陈小平；陈洋；杨再祥；严国辉；雷勇

申请人：贵州龙里蓝图新材料有限公司

专利介绍：本发明公开了一种防水型磷石膏砌块及其制备方法，按质量份数计算，包括50～60份半水磷石膏、30～40份水、1～3份灰钙粉、2～5份水泥、3～7份转晶剂、1～3份聚乙烯醇、1～5份玻璃微珠、0.1～0.3份高效减水剂、0.05～0.5份有机硅油乳液、0.1～0.3份盐类防水剂及0.05～0.1份引气剂。本发明中灰钙粉起着引发剂作用，水泥、半水石膏遇水硬化，玻璃微珠起增强填充作用，盐类防水剂、聚乙烯醇、有机硅油乳液三者为混合防水剂，本发明的技术方案的优点在于：生产简单，无须特殊生产设备；工艺合理，原料添加工序简洁易行，所制得的磷石膏砌块为高强、低吸水率的石膏砌块。

9. 专利名称：《疏水防水型石膏墙体材料及其制备方法》

专利号：ZL 2017 1 0036973.4

发明人：陈洋；陈小平；杨再祥；严国辉；雷勇

申请人：贵州龙里蓝图新材料有限公司

专利介绍：本发明公开了一种疏水防水型石膏墙体材料及其制备方法，按质量份数计算，包括50～60份β－半水磷石膏、30～40份复配乳液、2～5份水泥、0.1～0.3份高效减水剂、0.1～0.3份盐类防水剂及0.01～0.1份发泡剂。

10. 专利名称：《一种可拼接的磷石膏复合平楼板》

专利号：ZL 2017 1 0261589.4

发明人：杨再祥；周泳波；雷勇；陈小平；贺勇；王涵；徐忠垚

申请人：贵州蓝图新材料股份有限公司

专利介绍：本发明公开了一种可拼接的磷石膏复合平楼板，包括钢筋混凝土框架（1）和若干磷石膏模块（2），所述磷石膏模块（2）排布于所述钢筋混凝土框架（1）内，所述钢筋混凝土框架（1）上设置有用于连接的连接端（3）。本发明的有益效果是：有效地解决了废弃磷石膏对土壤、水系及大气的严重污染的问题；既使楼板具有较好的保温性及防火性能，又提高了楼板的承重、抗折及抗弯性能；通过连接端能够将若干块尺寸较小的楼板拼接成一块尺寸较大的楼板，从而降低了起吊设备的起重量要求，而且在起吊搬运过程中不需要占用很大的空间。

11. 专利名称：《一种带有安装槽的磷石膏复合坡屋面》

专利号：ZL 2017 1 0260932.3

发明人：严国辉；周泳波；雷勇；陈小平；贺勇；王涵；徐忠垚

申请人：贵州蓝图新材料股份有限公司

专利介绍：本发明公开了一种带有安装槽的磷石膏复合坡屋面板，包括钢筋混凝土框架（1）和磷石膏模块（2），所述磷石膏模块（2）设置于所述钢筋混凝土框架（1）内，在所述钢筋混凝土框架（1）底面上设置有安装槽。本发明的有益效果：有效地解决了废弃磷石膏对土壤、水系及大气的严重污染的问题（3）；既使坡屋面板具有较好的保温性及防火性能，又提高了坡屋面板的承重、抗折及抗弯性；安装简单；承重能力强。

12. 专利名称：《一种磷石膏复合平楼板》

专利号：ZL 2017 1 0261093.7

发明人：周泳波；雷勇；陈小平；贺勇；王涵；徐忠垚

申请人：贵州蓝图新材料股份有限公司

专利介绍：本发明公开了一种磷石膏复合平楼板，包括钢筋混凝土框架（1）和若干磷石膏模块（2），所述磷石膏模块（2）排布于所述钢筋混凝土框架（1）内，在所述磷石膏模块（2）上设置有凹槽（3）。本发明的有益效果是：有效地解决了废弃磷石膏对土壤、水系及大气的严重污染的问题；楼板具有较好的保温性及防火性能的同时提高了楼板的承重、抗折及抗弯性能；承重能力强，结构简单。

13. 专利名称：《一种带拼接头的磷石膏复合墙体》

专利号：ZL 2017 1 0260930.4

发明人：周泳波；雷勇；陈小平；贺勇；王涵；徐忠垚

申请人：贵州蓝图新材料股份有限公司

专利介绍：本发明公开了一种带拼接头的磷石膏复合墙体，包括钢筋混凝土框架（1）和排布于所述钢筋混凝土框架（1）内的若干磷石膏模块（2），所述钢筋混凝土框架（1）上设置有拼接头（3）。本发明的有益效果是：降低了起吊设备的起重量的要求；起吊搬运过程中不需要占用很大的空间；在保证了墙体承重能力的同时还具有较好的保温隔声效果；结构简单。

14. 专利名称：《一种易起吊的磷石膏复合墙体》

专利号：ZL 2017 1 0261361.5

发明人：雷勇；陈小平；周矩帆；贺勇；王涵；徐忠垚

申请人：贵州蓝图新材料股份有限公司

专利介绍：本发明公开了一种易起吊的磷石膏复合墙体，包括钢筋混凝土框架（1）和排布于所述钢筋混凝土框架（1）内的若干磷石膏模块（2），所述钢筋混凝土框架（1）上设置有起吊槽（3），起吊槽（3）中分别安装有吊环（4）。在钢筋混凝土框架的外表面上设置起吊槽，且起吊槽中设置有吊环，在搬运时只需配合起吊装置就可以将墙体搬运至指定位置，不再需要其余辅助设备；与此同时，该墙体将磷石膏模块设置于钢筋混凝土框架内，使其不外露于墙体表面，具有很好的防风及防水效果；承重能力强。

15. 专利名称：《一种中分承重分户磷石膏复合墙体》

专利号：ZL 2017 1 0261675.5

发明人：陈小平；周泳波；雷勇；贺勇；王涵；徐忠垚

申请人：贵州蓝图新材料股份有限公司

专利介绍：本发明公开了一种中分承重分户磷石膏复合墙体，包括钢筋混凝土框架（1）和排布于所述钢筋混凝土框架（1）内的若干磷石膏模块（2），所述磷石膏模块（2）上设置有凹槽（3），所述钢筋混凝土框架（1）为I字型结构。本发明所提供的墙体既对磷石膏进行了利用，又保证了墙体承重能力；既适合高层建筑，又适合低层建筑。同时在磷石膏模块上还设置有凹槽，凹槽能够使磷石膏模块更为牢固地安装于钢筋混凝土框架内，进一步增强了墙体的承重能力。

16. 专利名称：《一种磷石膏复合墙体及其预制方法》

专利号：ZL 2017 1 0260935.7

发明人：王涵；周泳波；雷勇；陈小平；贺勇；徐忠垚

申请人：贵州蓝图新材料股份有限公司

专利介绍：本发明公开了一种磷石膏复合墙体及其预制方法，包括钢筋混凝土框架（1）和排布于所述钢筋混凝土框架（1）内的若干磷石膏模块（2）。本发明所提供的复合墙体在降低了墙体自重的同时提升了墙体的保温性能及防火性能，增强了墙体的承重、抗折及抗弯性能。本申请所提供的预制方法简化了现场施工工序，缩短了施工工期。

17. 专利名称：《一种预制磷石膏复合墙体》

专利号：ZL 2017 1 0261587.5

发明人：陈小平；周泳波；雷勇；贺勇；王涵；徐忠垚

申请人：贵州蓝图新材料股份有限公司

专利介绍：本发明公开了一种预制磷石膏复合墙体，包括钢筋混凝土框架（1）和排布于所述钢筋混凝土框架（1）内的若干磷石膏模块（2）。本发明所提供的技术方案将磷石膏模块排布于钢筋混凝土框架中，由钢筋混凝土框架作为主要的承重部件，解决了现有磷石膏墙板承重不够，无法适用于中高层建筑物的问题。此外，由于磷石膏模块排布于钢筋混凝土框架内，使磷石膏模块不外露，不仅增

强了墙体的防风防水性能，还具有更好地保温及隔声效果。

18. 专利名称:《一种磷石膏复合坡屋面板》

专利号: ZL 2017 1 0263141.6

发明人: 雷勇；周泳波；陈小平；贺勇；王涵；徐忠垚

申请人: 贵州蓝图新材料股份有限公司

专利介绍:本发明公开了一种磷石膏复合坡屋面板,包括钢筋混凝土框架（1）、磷石膏模块（2）和连接件（3），所述磷石膏模块（2）设置于所述钢筋混凝土框架（1）内，所述连接件（3）设置于所述钢筋混凝土框架（1）与房屋墙体接触的表面上。本发明的有益效果: 有效地解决了废弃磷石膏对土壤、水系及大气的严重污染的问题；既使坡屋面板具有较好的保温性及防火性能，又提高了坡屋面板的承重、抗折及抗弯性；安装简单；承重能力强。

19. 专利名称:《具有保温隔热功能的密肋墙体》

专利号: ZL 2017 1 0376241.X

发明人: 杨再祥；周泳波；陈小平；雷勇

申请人: 贵州蓝图新材料股份有限公司

专利介绍: 本发明公开了一种具有保温隔热功能的密肋墙体，包括肋梁（1）、肋柱（2）和模块（3），所述模块（3）填充于由所述肋梁（1）和所述肋柱（2）构成的栅格内；所述肋梁（1）和 / 或所述肋柱（2）中分别嵌有保温隔热板（4）；所述保温隔热板（4）上设置有通孔（5），所述通孔（5）内插有联结体（6）；所述联结体（6）的两端分别插入位于所述保温隔热板（4）上下表面的肋梁（1）中，和 / 或所述联结体（6）的两端分别插入位于所述保温隔热板（4）上下表面的肋柱（2）中。本发明既保证了墙体的保温隔热效果，又能使保温隔热板更稳固的嵌入于墙体内；有效防止了联结体腐化。

20. 专利名称:《一种磷石膏基装配式外墙板及其制备方法》

专利号: ZL 2019 1 0804286.1

发明人: 李军；陈小平；付伯平；刘永；杨再祥；何金泉；石吉鑫；雷勇

申请人: 贵州蓝图新材料股份有限公司

专利介绍: 本发明公开了一种磷石膏基装配式外墙板及其制备方法，该外墙体包括磷石膏组分、砂组分、水泥组分、减水剂组分、缓凝剂组分、防水剂组分、消泡剂组分和纤维组分。本发明提供的磷石膏外墙板表观密度 $<1600kg/m^3$，抗折强度≥ 9MPa，抗压强度≥ 20MPa，24h 浸泡吸水率≤ 5%，软化系数大于 0.9；本发明提供的外墙板生产简单、无须特殊生产设备，制备的墙板强度高、吸水率低、满足建筑材料相关标准；简单易行、材料来源广泛、价格低廉，对磷石膏综合利用，降低了建筑重量，提升了建筑品质和舒适度，效果十分明显，将磷石膏的综合利用推广到外墙，并满足建筑相关的技术标准。

21. 专利名称:《一种 β 磷石膏基自流平砂浆及其制备方法》

专利号: ZL 2019 1 0804283.8

发明人: 付伯平; 李军; 陈小平; 刘永; 杨再祥; 何金泉; 石吉鑫; 雷勇

申请人: 贵州蓝图新材料股份有限公司

专利介绍: 本发明公开了一种 β 磷石膏基自流平砂浆及其制备方法，该砂浆主要由 β 磷石膏组分、水泥组分、重钙组分、砂组分、缓凝剂组分、减水剂组分、消泡剂组分、保水剂组分和增强增稠剂组分组成。本发明提供的砂浆采用 β 磷石膏作为自流平砂浆的主要成分，不需要添加任何高强度的高成本的添料，只需要添加复配的添加剂，降低了石膏基自流平砂浆的成本；充分利用磷化工企业产生的工业副产石膏，减小了环境压力，增加了废物利用率，提高了磷石膏综合利用效率。

22. 专利名称:《一种石膏基水硬性灌浆材料及其制备方法与应用》

专利号: ZL 2019 1 0095781.X

发明人: 杨再祥; 吴琼; 陈小平; 王涵; 李军; 付伯平

申请人: 贵州蓝图新材料股份有限公司

专利介绍: 本发明公开了一种石膏基水硬性灌浆材料及其制备方法与应用，该灌浆材料主要由石膏组分、矿渣组分、水泥组分、砂组分、减水剂组分、促凝组分和保水剂组分组成。本发明提供的灌浆材料在石膏和矿渣的反应下生成水化硫铝酸钙，即钙矾石，使得水硬性矿物的生成量多且稳定；同时矿渣与水泥发生二次水化反应，生成 C-S-H 凝胶，使灌浆能够稳定地存在于基体中，为基体提供另一个强度来源，与钙矾石共同构成了整体结构，提升了地基基体的力学性能和软化系数；此外，石膏、矿渣、水泥三种胶凝材料的共同作用下，稳定了地基基体内的水化和矿物反应产物，避免了当地基基体遇水后，造成强度大量损失的情况；此外，掺入促凝组分，解决了石膏组分缓凝的问题。

23. 专利名称:《一种石膏基陶瓷砖胶粘剂及其制备方法》

专利号: ZL 2019 1 0804270.0

发明人: 付伯平; 李军; 陈小平; 刘永; 杨再祥; 何金泉; 石吉鑫; 雷勇

申请人: 贵州福泉蓝图住宅产业化有限公司

专利介绍: 本发明公开了一种石膏基陶瓷砖胶粘剂及其制备方法，该胶粘剂包括石膏组分、砂组分、缓凝剂组分、抗流挂组分、防水剂组分、减水剂组分、保水剂组分和增强增稠剂组分。本发明提供的胶粘剂的绝干拉伸粘结强度能达到 1.0MPa，浸水 24h 能达到 0.56MPa 以上。本发明提供的瓷砖胶粘剂利用胶凝材料为低强度石膏粉与骨料和添加剂制成达到普通水泥基瓷砖胶标准的石膏基陶瓷砖胶粘剂，有效地解决水泥基瓷砖胶的缺点；使工业副产石膏的用途更广泛，遵循国家资源循环经济的思想，扩大石膏的优势。

24. 专利名称:《一种免煅烧磷石膏粘结砂浆及其制备方法》

专利号: ZL 2019 1 0804805.4

发明人: 李军; 陈小平; 付伯平; 刘永; 杨再祥; 何金泉; 石吉鑫; 雷勇

申请人: 贵州福泉蓝图住宅产业化有限公司

专利介绍: 一种免煅烧磷石膏粘结砂浆及其制备方法，该粘结砂浆主要由免煅烧磷石膏组分、β－半水石膏组分、水泥组分、减水剂组分、缓凝剂组分、增稠剂组分和保水剂组分组成。本发明提供的砂浆使用部分免煅烧磷石膏，降低了煅烧能耗，降低了成本，增加了经济效益；此外，本发明提供的免煅烧磷石膏粘结砂浆抗折强度≥ 5MPa，抗压强度≥ 10MPa，粘结强度≥ 0.7MPa，物理力学性能满足《粘结石膏》JC/T 1025—2007 要求,提高了工业废弃物磷石膏利用率，具有节能环保、降本增效、粘结力强、生产加工方便快捷的特点。

25. 专利名称:《一种除甲醛抹灰石膏及其制备方法》

专利号: ZL 2019 1 0829282.9

发明人: 陈小平; 杨再祥; 李军; 何金泉; 付伯平; 刘永; 雷勇; 王涵

申请人: 贵州福泉蓝图住宅产业化有限公司

专利介绍: 本发明公开了一种除甲醛抹灰石膏及其制备方法，该抹灰石膏包括: 磷石膏组分、轻质骨料组分、pH 值调节剂组分、保水剂组分、改性剂组分、缓凝剂组分以及光触媒组分。本发明提供的抹灰石膏不仅具备阻燃性、绿色环保、隔热、吸声及抗冲击等传统抹灰石膏所有的性能，还具备除甲醛功能。

附件

附 1　文件汇编

（1）2016 年工信部规〔2016〕315 号《建材工业发展规划（2016—2020年）》，“专栏 4：传统建材升级换代行动：（六）化学建材和装饰装修材料。发展无污染、健康环保的装饰装修材料。”和“专栏 9：标准规范推进行动：（三）推进绿色发展”。

（2）2016 年工业和信息化部、住房城乡建设部《促进绿色建材生产和应用行动方案》，“（一）全面推行清洁生产”和“（二）强化综合利用，发展循环经济”。

（3）2016 年工信部规〔2016〕225 号《工业绿色发展规划（2016—2020 年）》，“专栏 1：十三五时期工业绿色发展主要指标，工业副产石膏利用率由 47% 提高至 60%”。

（4）2018 年 12 月 29 日国务院办公厅发布的国办发〔2018〕128 号《“无废城市”建设试点工作方案》，提出“以磷石膏等为重点，探索实施‘以用定产’政策，实现固体废物产消平衡”。

（5）2019 年 1 月 18 日发改办环资〔2019〕44 号《关于推进大宗固废综合利用产业聚集发展的通知》提出：2020 年建设 50 个大宗固废综合利用基地，基地废弃物利用率达到 75% 以上，鼓励工业副产石膏利用产业集约发展。

（6）2018 年 4 月 4 日贵州省政府黔府发〔2018〕10 号《贵州省政府关于加快磷石膏资源综合利用的意见》提出：2018 年全面实施磷石膏“以用定产”，实现磷石膏产消平衡，争取新增堆存量为零。2019 年起力争实现磷石膏消大于产，且每年消纳磷石膏量按照不低于 10% 的增速递增。

（7）2017 年 6 月 20 日四川省经信委川经信环资〔2017〕207 号《关于推进工业固体废物综合利用工作方案（2017—2020 年）》提出：全面落实全域和单个企业的“排用平衡”；对未达到“产消平衡”的磷石膏产出企业，实施限产措施。

附 2　磷石膏制品相关政策

附 2.1　国家层面磷石膏制品相关政策

附 2.1.1 《关于工业副产石膏综合利用的指导意见》(工信部 [2011] 73 号)

为提高工业副产石膏综合利用水平，促进工业副产石膏综合利用产业发展，2011 年 9 月 26 日，工业和信息化部颁发《关于工业副产石膏综合利用的指导意见》(工信部〔2011〕73 号) 提出：充分认识工业副产石膏综合利用的重要意义；工业副产石膏综合利用重点任务是：

(一) 加快先进适用技术推广应用；

(二) 大力推进先进能源建设；

(三) 加快推进集约经营模式；

(四) 加强关键共性技术研发，并围绕任务给出了保障措施。

要完善工业副产石膏用于水泥缓凝剂生产水泥的税收优惠政策，引导企业将工业副产石膏用于水泥缓凝剂。积极制定引导、扩大工业副产石膏应用市场的鼓励政策。有条件的地区应对工业副产石膏综合利用产品使用单位给予适当补贴，引导人们利用和消费工业副产石膏综合利用产品。

化肥是建设现代化农业的重要支撑，是关系国计民生的重要基础产业，对于保障粮食安全和促进农民增收具有十分重要的作用。我国化肥行业在快速发展的同时也存在许多问题，主要表现在：产能过剩矛盾突出，产品结构与农化服务不能适应现代农业发展的要求，技术创新能力不强，节能环保和资源综合利用水平不高，硫、钾资源对外依存度高等。

我国化肥行业已经到了转型发展的关键时期，只有通过转型升级才能推动行业化解过剩产能、调整产业结构、改善和优化原料结构、推动产品结构和质量升级、提高创新能力、提升节能环保水平、提高核心竞争力，努力实现我国化肥行业由大变强。

附 2.1.2 《关于推进化肥行业转型发展的指导意见》(工信部原 [2015] 251 号)

2015 年 7 月 20 日，工业和信息化部提出《关于推进化肥行业转型发展的指导意见》(工信部原〔2015〕251 号)，明确指出要加大资源回收利用和废弃物综合利用，做好磷矿资源中氟、硅、镁、钙、碘等资源的回收利用以及磷石膏制高端石膏产品等。

开发推广节能减排先进技术，重点是：节能型全循环尿素生产技术、化肥生产废水超低排放及气体深度净化技术、磷石膏无害化预处理及生产新型石膏建材产品技术、改进型磷石膏制硫酸技术、利用磷石膏和钾长石生产钾硅钙肥技术、硫酸低位热能回收技术、曼海姆法硫酸钾装置升级改造技术等。

提升磷石膏开发利用水平，到2020年，磷石膏综合利用量从目前年产生量的30%提高到50%。

附2.1.3 《工业绿色发展规划（2016—2020年）》

2016年7月11日，工业和信息化部颁发《工业绿色发展规划（2016—2020年）》指出：大力推进工业固体废物综合利用。以高值化、规模化、集约化利用为重点，围绕尾矿、废石、煤矸石、粉煤灰、冶炼渣、冶金尘泥、赤泥、工业副产石膏、化工废渣等工业固体废物，推广一批先进适用技术装备，推进深度资源化利用。到2020年，大宗工业固体废物综合利用量达到21亿t，磷石膏利用率40%，粉煤灰利用率75%。

附2.1.4 《"十三五"国家战略性新兴产业发展规划》

2016年11月29日，国务院特编制并颁发《"十三五"国家战略性新兴产业发展规划》(国发〔2016〕67号)(以下简称"《规划》")，规划期为2016—2020年。《规划》指出，到2020年，战略性新兴产业发展要实现以下目标：

产业规模持续壮大，成为经济社会发展的新动力。战略性新兴产业增加值占国内生产总值比重达到15%，形成新一代信息技术、高端制造、生物、绿色低碳、数字创意等5个产值规模10万亿元级的新支柱，并在更广领域形成大批跨界融合的新增长点，平均每年带动新增就业100万人以上。

创新能力和竞争力明显提高，形成全球产业发展新高地。攻克一批关键核心技术，发明专利拥有量年均增速达到15%以上，建成一批重大产业技术创新平台，产业创新能力跻身世界前列，在若干重要领域形成先发优势，产品质量明显提升。节能环保、新能源、生物等领域新产品和新服务的可及性大幅提升。知识产权保护更加严格，激励创新的政策法规更加健全。

产业结构进一步优化，形成产业新体系。发展一批原创能力强、具有国际影响力和品牌美誉度的行业排头兵企业，活力强劲、勇于开拓的中小企业持续涌现。中高端制造业、知识密集型服务业比重大幅提升，支撑产业迈向中高端水平。形成若干具有全球影响力的战略性新兴产业发展策源地和技术创新中心，打造百余个特色鲜明、创新能力强的新兴产业集群。

到2030年，战略性新兴产业发展成为推动我国经济持续健康发展的主导力量，我国成为世界战略性新兴产业重要的制造中心和创新中心，形成一批具有全球影响力和主导地位的创新型领军企业。

附 2.1.5 《财政部、税务总局发布关于资源综合利用增值税政策的公告》

2019 年 10 月 24 日，国家财政部、国家税务总局办颁发《财政部、税务总局发布关于资源综合利用增值税政策的公告》（财政部、税务总局公告 2019 年第 90 号），纳税人销售自产磷石膏资源综合利用产品，可享受增值税即征即退政策，退税比例为 70%，且该公告所适用的磷石膏资源综合利用产品，包括墙板、砂浆、砌块、水泥添加剂、建筑石膏、α 型高强石膏、Ⅰ型无水石膏、嵌缝石膏、粘结石膏、现浇混凝土空心结构用石膏模盒、抹灰石膏、机械喷涂抹灰石膏、土壤调理剂、喷筑墙体石膏、装饰石膏材料、磷石膏制硫酸，且产品原料 40% 以上来自磷石膏。

附 2.2 地方层面磷石膏制品相关政策

附 2.2.1 贵州省磷石膏政策梳理

1.《黔南州加快工业实体经济发展若干办法（试行）》（黔南委〔2017〕22 号）

2017 年 9 月 28 日，中共黔南州委黔南州人民政府印发了《黔南州加快工业实体经济发展若干办法（试行）》（黔南委〔2017〕22 号），该《办法》总则明确规定：要进一步推进工业强州战略，促进黔南工业实体经济发展，推动转型升级，实现工业“脱胎换骨”。本办法适用于工商注册地、税务征管关系及统计关系在黔南州范围内，具有独立法人资格、实行独立核算，且承诺 10 年内不签离注册地、不改变在本地区纳税业务、不减少注册资本的所有工业企业及工业项目；除特别说明的条款外，该办法所涉及的各类资金，由州、县（市）按 2 ∶ 8 的比例对企业进行补贴、奖励及资助。同时，该办法也明确提出关于鼓励项目落地、降低企业成本、推动转型升级、促进联动配套、落实保证政策的具体实施办法。

办法第四条对新引进投资 1 亿元以上，自注册之日起 1 年内开工建设的制造业项目，在项目建设期，三年内按每年实际固定资产（不含土地购置款）投入的 2% 给予项目企业补贴，累计补贴最高不超过 1000 万元。投资在 3000 万至 1 亿元的，补贴比例和最高金额均按以上标准的 50% 执行。

办法第七条引入社会资本，建立区域配（售）电公司，进一步降低企业用电价格。对连续 12 个月及以上不欠缴电费的重点工业企业，取消预缴电费。已取消预缴电费企业出现欠缴电费的，重新实行预缴电费制度。取消园区工业企业天然气开户费，推进天然气阶梯价格试点工作。

颁发第十五条对产值过亿元且税收超过 100 万元的工业企业，3 年内企业产值与税收年均增长不低于 25% 的，按照企业税收增量地方留成部分的 50% 对企业进行事后奖补，用于支持企业进行升级改造、技术研发、市场拓展、贷款贴息等。

办法第三十条建立县（市）四家班子主要领导招商工作责任制度，“一圈”“北翼”各县（市）四家班子主要领导每年需新引进投资 5 亿元以上工业产业项目 1 个，投资 1 亿元以上工业产业项目 5 个，并在年内开工建设。“南翼”各县四家班子主要领导每年需新引进投资 1 亿元以上工业产业项目 2 个，投资 5000 万元以上工业产业项目 2 个，并在年内开工建设。

2.《黔南州“以用定产”推动磷化工产业转型升级实施方案》（黔南府办发〔2018〕14 号）

2018 年 3 月 22 日，黔南州人民政府为落实好磷石膏“以用定产”，推进黔南州磷化工产业质量变革、效率变革、动力变革取得新进步，守好发展和生态两条底线，实现可持续发展，保持特色优势地位，做大产业，做强企业，特制定并印发了《黔南州“以用定产”推动磷化工产业转型升级实施方案》（黔南府办发〔2018〕14 号），该方案提出以下总体目标：

生态文明建设取得新成就。2018 年实现磷石膏产消平衡，2019 年起在实现磷石膏增量为零的基础上，实现不低于 10% 的速度消减存量。黄磷生产企业的副产物泥磷、磷渣、磷铁和尾气等综合利用率达到 100%；到 2020 年，攻克一批磷石膏减量化的前沿技术并基本实现产业化，建成一批规模大、附加值高的磷石膏资源综合利用示范项目，磷石膏资源综合利用产业链基本形成，磷石膏资源综合利用规模和水平较大幅度提升。

产业规模稳步壮大。力争到 2020 年，全州磷化工产业工业总产值达到 500 亿元，增加值达到 100 亿元，年均增长 12% 以上。

产品质量进一步提高，品种进一步丰富和优化。黄磷生产企业运用新技术改善生产工艺，提质量、上规模、降消耗。湿法磷酸下游布局更加合理，从传统的磷肥路线转移到“酸—肥—盐”结合的路线上来；湿法磷酸净化的规模优势得到有效发挥，磷酸品质基本满足下游各种档次磷酸盐加工需求。

磷化工产业技术装备水平、节能降耗水平、安全和环境保护水平等普遍提升。全州磷资源的可持续使用和硫资源的循环利用水平得到进一步提高，中低品位磷矿资源得到进一步开发利用，入选磷矿品位下降 2~4 个百分点，磷矿中的伴生资源基本得到回收加工合理利用。企业技术创新和自主研发能力增强，形成以创新驱动为主的产业发展态势。

3.《省人民政府关于加快磷石膏资源综合利用的意见》（黔府发〔2018〕10 号）

2018 年 4 月 4 日，为深入贯彻落实党的十九大精神和习近平总书记在贵州省代表团重要讲话精神，坚决守好发展和生态两条底线，大力推进全省磷石膏资源综合利用，促进磷化工产业绿色、创新、集约、高效发展，贵州省人民政府印发了《省人民政府关于加快磷石膏资源综合利用的意见》（黔府发〔2018〕10 号），《意见》以习近平新时代中国特色社会主义思想为指导，牢固树立新发展理念，切实抓好中央环境保护督察反馈问题整改，坚持政府引导、企业主体，实行政策激励、机制倒逼，促进全省磷化工生产企业加快技术改造升级，从源头削减磷石膏产生量，加大市场推广力度，推进磷石膏资源综合利用，促进磷化工产业绿色发展、转型发展，为我省深入实施大生态战略行动、加快建设国家生态文明试验区奠定坚实基础。《意见》指出，省人民政府关于加快磷石膏资源综合利用的主要目标是：2018年，全面实施磷石膏“以用定产”，实现磷石膏产消平衡，争取新增堆存量为零。2019年起，力争实现磷石膏消大于产，且每年消纳磷石膏量按照不低于10%的增速递增，直至全省磷石膏堆存量全部消纳完毕。到2020年，攻克一批不产生磷石膏的重大关键技术并尽快实现产业化，建成一批大规模、高附加值的磷石膏资源综合利用示范项目，磷石膏资源综合利用产业链基本形成，磷石膏资源综合利用规模和水平大幅提升。

4.《贵州省住房城乡建设领域“十三五”推广应用和限制、禁止使用技术目录（第一批）》（黔建科通〔2018〕303号）

2018年10月8日，贵州省住房和城乡建设厅在广泛征集技术提案基础上，印发了《贵州省住房城乡建设领域“十三五”推广应用和限制、禁止使用技术目录（第一批）》（黔建科通〔2018〕303号），明确规定并区分了推广部分、限制部分和禁止部分，并指出，各地磷石膏建材生产企业要加强质量管理和控制，确保为工程建设项目提供优质可靠的《技术目录》所列磷石膏建材产品；对未列入《技术目录》的产品，要加快技术研究开发，在工程试点成功后及时提出技术提案，纳入《技术目录》。

5.《贵阳市磷石膏建材推广应用工作方案》（筑建通〔2018〕484号）

2018年11月29日，贵阳市住房和城乡建设局、贵阳市工业和信息化委员会、贵阳市发展和改革委员会、贵阳市财政局、贵阳市商务局、贵阳市工商行政管理局、贵阳市质量技术监督局共七个部门颁布了《贵阳市磷石膏建材推广应用工作方案》（筑建通〔2018〕484号），《方案》提出，要全面实施磷石膏“以渣定产”加大磷石膏建材产品推广应用力度。

6.《磷石膏计价定额项目（试行）》（黔建城字〔2018〕941号）

2018年12月28日，贵州省住房和城乡建设厅印发了《磷石膏计价定额项目（试行）》（黔建城字〔2018〕941号），磷石膏计价定额项目为《贵州省建筑与装饰工程计价定额》（2016版）的补充配套定额项目。该定额编制按磷石膏建筑石膏粉体材料为建筑材料考虑的，其他建筑石膏粉体材料为建筑材料的同样适用。

7.《关于进一步加强磷石膏建材推广应用工作》（黔建科通〔2019〕47号）

2019年4月10日，贵州省黔南州住房和城乡建设局转发省住房和城乡建设厅《关于进一步加强磷石膏建材推广应用工作》（黔建科通〔2019〕47号）的通知，各县（市）住房城乡建设局，都匀经济开发区规划建设局按照文件要求，统计设计阶段和在建阶段政府投资项目清单，于2019年4月16日前上报州住房和城乡建设局。

8.《贵州省磷石膏综合利用专项资金实施方案》

2019 年 4 月 18 日，贵州省工业和信息化厅、贵州省财政厅制定了《贵州省磷石膏综合利用专项资金实施方案》，进一步规范财政资金管理，提高综合使用绩效，大力推动磷石膏资源综合利用，全面促进贵州省磷化工产业高质量发展。

9.《磷石膏资源综合利用专项资金申报指南》

2019 年 4 月 24 日，贵州省工业和信息化厅印发了《磷石膏资源综合利用专项资金申报指南》，《指南》中明确规定了磷石膏资源综合利用项目的申报范围、申报条件、申报材料和申报程序，为磷石膏资源综合利用项目的申报提供了重要指导。

10.《省住房城乡建设厅等七部门关于印发〈贵州省磷石膏建材推广应用工作方案〉的通知》（黔建科通〔2018〕276 号）

2019 年 4 月 18 日，贵州省工业和信息化厅、省财政厅印发了《贵州省磷石膏资源综合利用专项资金实施方案》（黔工信节〔2019〕7 号），《方案》中提出以下几点要求：

（一）坚持落实企业主体责任。持续推进磷石膏“以渣定产”，按照“谁排渣谁治理、谁利用谁受益”的原则，倒逼磷石膏产生企业落实主体责任，加快推进磷石膏资源综合利用。

（二）坚持高质量综合利用。按照资源化、规模化、产业化要求高标准建设一批磷石膏资源综合利用项目，加快推进全省磷石膏高质量综合利用和无害化处置。

（三）坚持绩效目标管理。以“产用平衡”和消纳磷石膏为重点，实施绩效目标承诺，开展跟踪问效、绩效评价等工作，切实提高专项资金使用效率。

（四）坚持公平公开公正。建立全省磷石膏资源综合利用评价公示机制，优化完善项目申报、承诺绩效目标上网公示制度，接受社会监督，确保专项资金使用公开透明。

11.《福泉市磷石膏建材推广应用“三年行动”工作实施方案》（福委办字〔2019〕62 号）

2019 年 4 月 22 日，中共福泉市委办公室、福泉市人民政府办公室关于印发《福泉市磷石膏建材推广应用“三年行动”工作实施方案》（福委办字〔2019〕62 号），该《方案》全面贯彻党的十九大精神，以习近平新时代中国特色社会主义思想为指导，紧紧围绕统筹推进“五位一体”总体布局和协调推进“四个全面”战略布局，牢固树立和贯彻落实新发展理念，深入贯彻习近平生态文明思想，认真落实省委、省政府磷化工企业“以渣定产”要求，通过政策引导和扶持，以搭建平台、项目示范、产品推广为主要抓手，切实推动福泉磷石膏消纳和磷石膏建材利用。

《方案》的总体目标是：从 2019 年开始，启动实施金山、马场坪乐岗、龙昌棚改安置房和卫生疾控中心办公楼建设等公共项目率先使用磷石膏建材，建成一批磷石膏建材综合利用示范项目，通过示范项目及配套政策鼓励和引导，促进建设领域磷石膏建材产品的推广，推动在建筑领域使用磷石膏建材施工申报形成全省地方建设标准，在全省范围推广使用磷石膏建材。

2019 年，市内建设项目和业主接受使用磷石膏墙体砌块和石膏砂浆，工程建设项目磷石膏材使用率不低于 30%，并在黔南州内建筑行业宣传推广使用磷石膏建材制品。

2020 年，磷石膏墙体砌块和石膏砂浆在全州得到普及，市内工程建设项目磷石膏建材使用率不低于 50%，向省内外进行推广，磷石膏作为原料的装配式建筑得到推广使用。

2021 年，市内工程建设项目磷石膏建材使用率不低于 70%。通过 3 年时间，推动磷石膏建材在全省建设领域广泛应用，促进福泉市生产的磷石膏建材在全省建设工程中成为墙体建筑主要材料，磷石膏建材产品建设规范形成并替代其他墙体砌筑材料和抹灰水泥砂浆。

《方案》的重点任务是：

（一）持续提升磷石膏建材制品市场供应能力。

（二）试点先行，稳步推进。

（三）实施重点示范项目推动磷石膏建材使用。

（四）实施建筑磷石膏砌块和抹灰材料重点推广。

（五）实施新型磷石膏建材技术推广试点。

（六）建立全面推广应用磷石膏建材产品的机制和政策。

（七）加强磷石膏建材产品质量和供应监管，营造良好的市场环境。

（八）积极开拓磷石膏建材外部市场。

附 2.2.2　四川省磷石膏政策梳理

1.《关于推进工业固体废物综合利用工作方案（2017—2020 年）》（川经信环资〔2017〕207 号）

2017 年 7 月 12 日，四川省经济和信息化委员会为贯彻落实《中共四川省委关于推进绿色发展建设美丽四川的决定》，深入推进四川省工业固体废物（以下简称“工业固废”）综合利用工作，提升四川省工业固废综合利用水平和效益，特制定并印发了《关于推进工业固体废物综合利用工作方案（2017—2020 年）》（川经信环资〔2017〕207 号）。

《方案》认真贯彻落实党中央、国务院和省委、省政府关于绿色发展、生态文明建设的一系列安排部署，坚持“减量化、再利用、资源化”的原则，摸清和掌握我省工业固废产生的基本情况。运用先进的工艺设备技术和管理运行机制，切实解决四川省工业固废存在的污染环境、利用水平低、管理体制机制不畅等各种问题，推进四川省构建系统化、集成化的工业固废综合利用模式。切实减少资源消耗、提高资源产出效率，加快四川省工业结构调整和转型升级，推动生态环境进一步改善，提升企业经济和社会效益。

《方案》的基本原则如下：

（一）坚持“减量化、再利用、资源化”的原则。在资源开采、生产消耗、废物产生、消费等环节，逐步完善和延伸产业链条，建立工业固废资源化、循环化综合利用体系，实现工业固废最大限度的转化和利用。

（二）探索工业固废系统集成综合利用。积极推进企业上下游之间完整对接，促进产业园区、多个企业实施工业固废综合利用整体系统集成方案，整体处理工业固废。

（三）着力创新驱动示范引领。积极推动工业固废技术研发、工艺创新和综合利用设备产业化利用。积极开展工业固废综合利用新模式、新机制的示范引领和推广运用。

（四）构建政府引导企业主体市场化运营的方式。加强政策引导、资金扶持，落实企业固废处置和综合利用的主体责任，以市场需求和环保要求为导向，积极实施工业固废综合利用项目，推进建立工业固废综合利用和管理长效机制。

《方案》的总体目标是：以冶炼废渣、炉渣、煤矸石、磷石膏、污泥、尾矿等四川省大宗工业固废综合利用作为重点，加强分类施策和政策资金引导，选择30~40个企业、10~15个园区，制订工业固废综合利用方案，实施一批工业固废综合利用示范项目，打造工业固废综合利用和高效利用的产业模式，确保实现2020年一般工业固废综合利用率比2015年提高8个百分点，促进环境和经济协调可持续发展。

2.《关于加快推进磷石膏综合利用工作的实施意见》（德办发〔2017〕36号）

2017年7月14日，德阳市人民政府为深入贯彻落实绿色发展的新理念新思想新战略，推进生态文明建设，促进循环经济发展，加快推进德阳市磷石膏综合利用工作，特制定了《关于加快推进磷石膏综合利用工作的实施意见》（德办发〔2017〕36号）。

《意见》的指导思想是：全面贯彻落实习近平总书记系列重要讲话精神，认真落实党中央、国务院、省委、省政府和市委关于绿色发展的各项决策部署，坚持节约资源和保护环境的基本国策，以磷石膏大规模利用和高附加值利用为方向，以磷石膏资源综合利用产业链上下游相关企业为实施主体，全面提高综合利用水平和效率，促进磷石膏综合利用产业化发展。

《意见》还指出：

磷石膏是生产高浓度磷复肥时伴生的一种工业副产石膏，由于受历史原因和生产水平制约影响，目前我市磷石膏堆存总量已超过 3000 万 m^3。2016 年，我市涉磷企业新增磷石膏综合利用率为 53.7%，计划到 2018 年达到 100%、实现“产消平衡”，并逐步消纳存量。引导磷石膏综合利用向多途径、大规模、高附加值方向发展，形成多元化产业格局。攻克一批具有自主知识产权的重大关键共性技术；建成一批大规模、高附加值利用的产业化示范项目；培育壮大 10~15 个磷石膏综合利用骨干企业。

附 2.2.3 湖北省磷石膏政策梳理

1.《关于支持磷石膏综合利用的实施意见》

《意见》明确了对磷石膏综合利用企业在产品研发创新方面的支持政策。

《意见》鼓励技术创新和品牌建设，鼓励磷石膏综合利用企业和科研机构开展磷石膏综合利用关键共性技术系统攻关，研发磷石膏综合利用高附加值产品及生产设备，研究、试验、推广磷石膏综合利用技术和设备。对磷石膏综合利用领域的关键技术、关键工艺、关键设备等开展科研攻关，每年筛选若干个课题进行招标，对中标项目给予支持 50 万元。

对当年认定的国家级、省级企业技术中心，按市政府《关于全面提升区域创新能力，加快推进国家创新型城市建设的实施意见》相关规定予以奖励；对在磷石膏综合利用获得国家发明专利，专利产品实现成果转化的，按照市政府《关于加强专利工作，加快推进知识产权强市建设的意见》相关规定予以奖励；对磷石膏综合利用企业（含科研院所）开展磷石膏研发，有省级以上认定研发成果并得到推广的，按照省政府《激励企业开展研究开发活动暂行办法》相关规定予以奖励。对磷石膏产品获得“中国驰名商标”和企业组织或参与制定磷石膏综合利用产品国家标准、行业标准的，按照市委、市政府《关于加快工业经济发展实现倍增目标的意见》相关规定予以支持。

鼓励支持企业参加各类展会。企业参加由政府部门组织的国内和国际各类相关专业展会，由同级政府对其展位费据实给予补助。

2.《宜昌市建设领域磷石膏综合利用奖励办法（试行）》

2017 年 11 月 20 日，为贯彻落实《宜昌市人民政府关于化工产业专项整治及转型升级的意见》（宜发〔2017〕15 号）、《关于促进磷石膏综合利用的意见》（宜府办发〔2018〕40 号）和《关于在建设领域推广应用磷石膏综合利用产品的通知》（〔2017〕111 号）精神，加快推进建设领域磷石膏综合利用，支持企业研究磷石膏新技术，研发新产品，结合宜昌市实际，宜昌市人民政府制定并颁发《宜昌市建设领域磷石膏综合利用奖励办法（试行）》，该办法中明确规定：在招投标环节，采用综合评估法招标的项目，招标人可以在招标文件中规定，将磷石膏制品（产品）应用纳入评标内容，政府投资项目要带头采用技术可行的磷石膏制品（产品），鼓励社会投资项目采用技术可行的磷石膏制品（产品）；对在工程项目中应用磷石膏制品（产品），取得较好示范推广效果的企业，住建部门可予以通报表扬。将磷石膏制品（产品）应用纳入建设、设计、施工、装饰装修企业的信用管理。对在工程项目中应用磷石膏制品（产品），取得较好示范推广效果的企业，住建部门可予以通报表扬；鼓励施工企业、装饰装修企业应用磷石膏制品（产品）；为磷石膏综合利用项目报建开辟绿色通道。对磷石膏综合利用项目，积极争取创建省、市级示范，并争取各类资金奖励和荣誉。对典型案例和先进经验，在工程观摩等活动中进行专题展示。

3.《荆门市磷化工企业环境执法专项检查工作方案》四个方案（荆政发〔2018〕23 号

2018 年 12 月 10 日，为加快推进荆门市磷化产业结构调整和转型升级，提高磷化产业整体发展水平，深入贯彻落实绿色发展新理念，坚定不移推进生态文明建设，全面提升荆门市磷石膏综合利用水平，认真贯彻落实湖北省长江大保护十大标志性战役推进会议精神，按照磷石膏库安全技术规程和“一库一策”要求，切实做好环保督查“回头看”发现的磷石膏库问题整改工作，贯彻落实中央生态环境保护督察组“边督察、边受理、边查处、边整改”要求，全面查处全市磷化工企业环境问题和环境违法行为，荆门市人民政府特制定并印发《荆门市磷化工企业环境执法专项检查工作方案》四个方案（荆政发〔2018〕23 号）。

附 2.2.4 云南省磷石膏政策梳理

1.《云南省人民政府关于加强节能降耗与资源综合利用工作推进生态文明建设的实施意见》（云政发〔2017〕1 号）

2017 年 1 月 13 日，云南省人民政府办公厅颁发《云南省人民政府关于加强节能降耗与资源综合利用工作推进生态文明建设的实施意见》（云政发〔2017〕1 号），旨在深入贯彻落实党的十八大和十八届三中、四中、五中、六中全会精神，全面贯彻落实习近平总书记考察云南重要讲话及省第十次党代会精神，坚持节约资源的基本国策，牢固树立和践行“创新、协调、绿色、开放、共享”的发展理念，统筹处理好资源节约与经济社会发展的关系，综合运用市场、法律、经济、标准等手段，强化目标责任落实，全面加强各领域节能降耗与资源综合利用工作，不断提高能源资源利用效率和效益，确保实现“十三五”节能、节水、资源综合利用等各项目标任务，加快建设资源节约型、环境友好型社会，争当全国生态文明建设排头兵。《实施意见》中提出以下两个主要目标：

（一）节能“双控”：到 2020 年，全省能源消费总量控制在 12297 万 t 标准煤以内，年均增长 3.5% 左右；全省万元 GDP 能耗比 2015 年下降 14% 左右。

（二）资源综合利用：到 2020 年，工业固体废弃物综合利用率力争达到

56%，万元工业增加值用水量下降到 60m³；新型墙体材料占墙体材料总产量比重提高到 80%。

此外,《实施意见》中还指出,要全面推进工业领域、建筑领域、交通运输领域、商业领域、农业和农村、公共机构等重点领域的节能降耗；同时要加快产业绿色转型升级，并要控制高耗能行业过快增长、提高清洁能源消费比重、加快淘汰落后过剩产能和加快传统产业绿色改造；也要加快推进资源综合利用和清洁生产，并深化资源综合利用、加强工业节水、深入推进工业循环经济发展、加强重点行业领域清洁生产、深入推进墙体材料革新；更要依法加强行业监管，要健全法规制度和标准体系、加强能力建设、加强节能执法监察工作；也要加大工作支持力度，切实发挥财政资金保障作用、强化税收政策支持、加大金融政策支持、建立健全节能市场化调节机制、提升节能服务能力；强化目标责任落实的同时，更进一步营造良好社会氛围。

2.《安宁市加快磷石膏资源综合利用实施意见》

2019 年 1 月 16 日，安宁市人民政府颁发《安宁市加快磷石膏资源综合利用实施意见》，指出：

2019—2024 年，逐步实施磷石膏"以用定产"，实现磷石膏产消平衡，2019 年新增磷石膏综合利用率达到 5%；2020 年新增磷石膏综合利用率达到 10%；2021 年新增磷石膏综合利用率达到 20%；2022 年新增磷石膏综合利用率达到 50%；2023 年新增磷石膏综合利用率达到 70%；2024 年新增磷石膏综合利用率达到 100%：新增堆存量为零。2025 年起，在实现磷石膏新增堆存量为零基础上，磷石膏存量按每年 10% 以上逐年递减，并逐年加大存量消纳力度。到 2023 年，攻克一批不产生磷石膏的重大关键技术并尽快实现产业化，建成一批大规模、高附加值的磷石膏资源综合利用示范项目，磷石膏资源综合利用产业基本形成，磷石膏综合利用规模和水平大幅提升。

附 2.2.5　重庆市磷石膏政策梳理

1.《重庆市环保产业集群发展规划（2015—2020 年）》（渝府办发〔2015〕50 号）

2015 年 4 月 1 日，重庆市人民政府办公厅印发了《重庆市环保产业集群发展规划（2015—2020 年）》（渝府办发〔2015〕50 号），《发展规划》明确指出：到 2017 年，全市环保产业年销售收入达到 670 亿元。培育一批在国内具有较强竞争力和知名度的大型企业，打造一批拥有自主知识产权的知名品牌，形成一批优势明显、特色突出的百亿元级工业园区，创新平台和科技服务体系更加健全，产业集群发展格局初步显现。

到 2020 年，全市环保产业年销售收入达到 1300 亿元。培育一批年销售收入超过百亿元的龙头企业和超过五十亿元的骨干企业，一批技术装备（产品）达到国内领先或先进水平，形成龙头企业引领、产业链条完整的七大环保产业集群，环保服务业全面发展，建成国家重要的环保产业基地。

2.《南川区加快磷石膏综合利用工作方案》（南川府办发〔2018〕68号）

2018年7月31日，为深入贯彻落实绿色发展的新理念新思想新战略，推进生态文明建设，促进循环经济发展，加快推进我区磷石膏综合利用工作，重庆市南川区人民政府办公室特制定并引发《南川区加快磷石膏综合利用工作方案》（南川府办发〔2018〕68号）。

《方案》的指导思想为：全面贯彻党的十九大精神，深化落实习近平总书记对重庆提出的“两点”定位、“两地”“两高”目标和“四个扎实”要求，积极担负起生态文明建设政治责任，对标对表中央决策部署和市委、市政府工作要求，加快推进磷石膏资源综合利用，切实改善大溪河流域的水生态环境。

《方案》的工作目标是：通过政策引导和扶持，以技术引进、招商引资、产品推广等为主抓手，切实引导本地区存量磷石膏消耗利用。尽快建成一批规模大、消耗快的磷石膏资源综合利用示范项目，力争在5年内将本地区存量磷石膏固废全部消耗完毕。

《方案》还指出，南川区加快磷石膏综合利用工作的重点任务是：

（一）加快推广磷石膏资源综合利用先进适用技术。

（二）加大磷石膏资源综合利用项目招商引资。

（三）加大磷石膏资源综合利用产品推广应用力度。

附3　装配式建筑相关政策

附3.1　国家层面装配式建筑政策梳理

制造业转型升级大背景下，中央层面持续出台相关政策推进装配式建筑发展。2016年9月14日，李克强总理主持召开国务院常务会议，决定大力发展钢结构等装配式建筑，推动产业结构调整升级。

此后在《关于大力发展装配式建筑的指导意见》《国务院办公厅关于促进建筑业持续健康发展的意见》等多个政策中明确提出“力争用10年左右时间使装配式建筑占新建建筑的比例达到30%”的具体目标。

2016年9月27日，国务院办公厅发布《关于大力发展装配式建筑的指导意见》，提出要以京津冀、长三角、珠三角三大城市群为重点推进地区，常住人口超过300万的其他城市为积极推进地区，其余城市为鼓励推进地区，因地制宜发展装配式钢结构等装配式建筑，标志着装配式建筑正式上升到国家战略层面。

中共十九大报告中提出四大举措，其中首先是要“推进绿色发展”，装配式建筑作为绿色建筑重要组成部分，装配式建筑的推广是推进绿色发展的一个重要途径。

2016 年以来，中央和地方政府集中出台了一系列发展装配式建筑的相关政策，营造了全面推进装配式建筑发展的政策环境氛围。

2016 年 2 月中共中央国务院发布的《关于进一步加强城市规划建设管理工作的若干意见》，提出发展新型建造方式。大力推广装配式建筑，减少建筑垃圾和扬尘污染，缩短建造工期，提升工程质量。制定装配式建筑设计、施工和验收规范。完善部品部件标准，实现建筑部品部件工厂化生产。鼓励建筑企业装配式施工，现场装配。建设国家级装配式建筑生产基地。加大政策支持力度，力争用 10 年左右时间，使装配式建筑占新建建筑的比例达到 30%。积极稳妥推广钢结构建筑。在具备条件的地方，倡导发展现代木结构建筑。

李克强总理在 2016 年《政府工作报告》中明确提出，大力发展钢结构和装配式建筑，加快标准化建设，提高建筑技术水平和工程质量。

2016 年 9 月 27 日国务院印发了《关于大力发展装配式建筑的指导意见》（国办发〔2016〕71 号）文件，明确了装配式建筑发展的指导思想、基本原则、工作目标等总体要求；列出了八项重点任务；指出以京津冀、长三角、珠三角三大城市群为重点推进地区，常住人口超过 300 万的其他城市为积极推进地区，其余城市为鼓励推进地区，因地制宜发展装配式混凝土结构、钢结构和现代木结构等装配式建筑。力争用 10 年左右的时间，使装配式建筑占新建建筑面积的比例达到 30%。同时，逐步完善法律法规、技术标准和监管体系，推动形成一批设计、施工、部品部件规模化生产企业，具有现代装配建造水平的工程总承包企业以及与之相适应的专业化技能队伍。

2016 年 11 月 19 日，住房和城乡建设部在上海市召开全国装配式建筑工作现场会，时任部长陈政高对加快推进装配式建筑工作进行了全面部署。

2017 年 2 月 21 日，国务院办公厅发布《关于促进建筑业持续健康发展的意见》（国办发〔2017〕19 号），提出推广智能和装配式建筑。坚持标准化设计、工厂化生产、装配化施工、一体化装修、信息化管理、智能化应用，推动建造方式创新，大力发展装配式混凝土和钢结构建筑，在具备条件的地方倡导发展现代木结构建筑，不断提高装配式建筑在新建建筑中的比例。力争用 10 年左右的时间，使装配式建筑占新建建筑面积的比例达到 30%。在新建建筑和既有建筑改造中推广普及智能化应用，完善智能化系统运行维护机制，实现建筑舒适安全、节能高效。

2017 年 3 月 23 日，住房和城乡建设部为全面推进装配式建筑发展，出台了《"十三五"装配式建筑行动方案》《装配式建筑示范城市管理办法》《装配式建筑产业基地管理办法》，进一步明确了"十三五"期间装配式建筑发展的阶段性工作目标，落实重点任务，强化保障措施，突出抓规划、抓标准、抓产业、抓队伍，有力地促进了我国装配式建筑的全面发展。具体指出到2020年，全国装配式建筑占新建建筑的比例达到15%以上，其中重点推进地区达到20%以上，积极推进地区达到15%以上，鼓励推进地区达到10%以上。鼓励各地制定更高的发展目标。建立健全装配式建筑政策体系、规划体系、标准体系、技术体系、产品体系和监管体系，形成一批装配式建筑设计、施工、部品部件规模化生产企业和工程总承包企业，形成装配式建筑专业化队伍，全面提升装配式建筑质量、效益和品质，实现装配式建筑全面发展。到2020年，培育50个以上装配式建筑示范城市，200个以上装配式建筑产业基地，500个以上装配式建筑示范工程，建设30个以上装配式建筑科技创新基地，充分发挥示范引领和带动作用。

经过多年研究和努力，随着科研投入的不断加大和试点项目的推广，我国装配式建筑技术体系逐步完善，相关标准规范陆续出台。

1）2014年、2015年间出台了《装配式混凝土结构技术规程》《装配整体式混凝土结构技术导则》《工业化建筑评价标准》等标准规范。

2）2017年初，住房和城乡建设部集中出台了《装配式混凝土建筑技术规范》《装配式木结构建筑技术规范》《装配式钢结构建筑技术规范》三本技术标准，并于2017年6月1日起实施。《装配式建筑评价标准》正在征求意见中。

这些技术政策的出台，标志着我国装配式建筑标准体系已初步建立，为装配式建筑发展提供了坚实的技术保障。

附3.2　地方层面装配式建筑政策梳理

近几年来，各地政府积极响应，密集出台了一系列政策文件，各地扶持政策集中落地，市场利好叠加。截至2018年1月，我国已经有30多个省市地区就装配式建筑的发展给出了相关的指导意见以及配套的措施，其中22个省份均已制定装配式建筑规模阶段性目标，并陆续出台具体细化的地方性装配式建筑政策扶持行业发展。

附3.2.1　北京市装配式建筑政策梳理

北京市于2010年4月8日颁布《关于推进本市住宅产业化的指导意见》京建发〔2010〕125号，明确“人文住宅、科技住宅、绿色住宅”的发展目标，倡导转变经济发展方式和建设资源节约型、环境友好型社会。

为建立健全住宅产业化实施体系，2012年8月13日，北京市出台了《关于在保障性住房建设中推进住宅产业化工作任务的通知》等指导性文件，分类指导，明确实施标准、细化责任分工，将实施住宅产业化落实到规划设计、土地入市、质量监管等关键环节中。鼓励采用设计、施工、采购（EPC）总承包等一体化模式招标发包，积极培育全产业链集团企业，住宅产业化实施体系得到完善。

2015 年 10 月，北京市发布了《关于在本市保障性住房中实施全装修成品交房有关意见的通知》京建法〔2015〕17 号，并同步出台了《关于实施保障性住房全装修成品交房若干规定的通知》京建法〔2015〕18 号。从 2015 年 10 月 31 日起，凡新纳入北京市保障房年度建设计划的项目（含自住型商品住房）全面推行全装修成品交房。

2017 年 2 月 22 日颁布《关于加快发展装配式建筑的实施意见》（京政办发〔2017〕8 号），明确指出作为装配式建筑的重点推进区域之一，到 2020 年实现装配式建筑占新建建筑的比例达到 30% 以上的目标，使装配式建筑建造方式成为北京市重要建造方式之一。在保障性住房和政府投资新建建筑中全面采用装配式建筑。此外，通过招拍挂方式取得本市城六区和通州区地上建筑规模 5 万 m^2（含）以上的国有土地使用权的商品房开发项目全部采用装配式建筑；在其他各区及北京经济技术开发区取得的地上建筑规模 10 万 m^2（含）以上的国有土地使用权的商品房开发项目全部采用装配式建筑。

2019 年 5 月 20 日，为全面贯彻习近平新时代中国特色社会主义思想，统筹推进“五位一体”总体布局，建设国际一流的和谐宜居之都，按照《北京市人民政府办公厅关于加快发展装配式建筑的实施意见》（京政办发〔2017〕8 号）要求，进一步强化装配式建筑质量管控，全面落实各项任务和措施，推进装配式建筑健康稳步有序发展，结合我市装配式建筑发展实际，制定并印发《北京市发展装配式建筑 2018—2019 年工作要点》（京装配联办发〔2019〕1 号），对装配式建筑下一阶段发展重点再次进行明确。北京市将加强装配式建筑项目建设各环节的监督与指导，2019 年力争实现装配式建筑占新建建筑面积的比例达到 25% 以上。

根据要点，北京市将推进装配式建筑项目采用工程总承包模式，落实两个以上的装配式建筑项目实施工程总承包示范；推广装修样板房制度，加大保障性住房装配式装修的应用，在商品住房中逐步推广装配式装修；推进京津冀部品部件生产和使用管理领域战略合作，实现规划布局、政策法规、管理模式和技术标准的协同；开展装配式建筑项目管理服务平台建设工作，建立市、区级项目建设清单和装配式建筑项目数据信息库。

据统计，自 2017 年发布《关于加快发展装配式建筑的实施意见》（京政办发〔2017〕8 号）以来，北京市始终将落实《实施意见》作为工作重点，坚持创新、协调、绿色、开放、共字的发展理念，推动建造方式革新，积极推进装配式建筑发展。2017 年北京市新开工装配式建筑面积 449 万 m^2，占全市开工建筑面积的 15%；2018 年本市新开工装配式建筑面积 1337 万 m^2，占全市开工建筑面积的 29%。本市装配式建筑在新建建筑中的比例不断提升，连续两年超额完成了年度目标。

此外，《工作要点》对装配式建筑下一阶段发展重点再次进行明确：

一是加强装配式建筑项目建设各环节的监督与指导，2019年力争实现装配式建筑占新建建筑面积的比例达到25%以上；

二是推进装配式建筑项目采用工程总承包模式，落实2个以上的装配式建筑项目实施工程总承包示范；

三是推广装修样板房制度，加大保障性住房装配式装修的应用，在商品住房中逐步推广装配式装修；

四是推进京津冀部品部件生产和使用管理领域战略合作，实现规划布局、政策法规、管理模式和技术标准的协同；

五是开展装配式建筑项目管理服务平台建设工作，建立市、区级项目建设清单和装配式建筑项目数据信息库。

附3.2.2　上海市装配式建筑政策梳理

上海市于2014年6月17日颁布《上海市绿色建筑发展三年行动计划（2014—2016）》（沪府办发〔2014〕32号），经过三年努力，初步形成有效推进本市建筑绿色化的发展体系和技术路线，实现从建筑节能到绿色建筑的跨越式发展。并于2015年6月16日印发《关于进一步强化绿色建筑发展推进力度提升建筑性能的若干规定》（沪建管联〔2015〕417号），进一步加强绿色建筑、装配式建筑发展，全面提升建筑质量。

2016年7月28日上海市住房城乡建设委发布《装配式建筑单体预制率和装配率计算细则（试行）》（沪建建材〔2016〕601号），加快上海市装配式建筑推进工作，规范装配式建筑单体预制率和装配率的计算口径。

2016年9月13日上海市出台《上海市装配式建筑2016—2020年发展规划》，明确指出到2020年，装配式建筑要成为上海地区主要建设模式之一，建筑品质全面提升，节能减排、绿色发展成效显著，创新能力大幅提升，形成较为完善的装配式建筑产业体系。具体建设目标为“十三五”期间，全市符合条件的新建建筑原则上全部采用装配式建筑。全市装配式建筑的单体预制率达到40%以上或装配率达到60%以上。外环线以内采用装配式建筑的新建商品住宅、公租房和廉租房项目100%采用全装修，实现同步装修和装修部品构配件预制化。实现上海地区装配式建筑工厂化流水线年产能不小于500万m^2，建设成为国家住宅产业现代化综合示范城市。

附3.2.3　深圳市装配式建筑政策梳理

深圳市住房和城乡建设局为了规范EPC工程总承包项目流程，于2016年5月18日印发《EPC工程总承包招标工作指导规则（试行）》，并于2017年1月12日发布《关于加快推进装配式建筑的通知》（深建规〔2017〕1号）。该通知明确了装配式建筑的定义和实施范围，完善了建设行政管理服务机制。

2017 年 1 月 20 日，深圳市人民政府印发《深圳市装配式建筑住宅项目建筑面积奖励实施细则》（深建规〔2017〕2 号），明确了奖励数量、计收地价、规划规定等原则，同时明确建设单位实施要求和违约责任。具体指出奖励建筑面积不得超过符合装配式建筑相关技术要求的住宅项目建筑面积的 3%，最多不超过 $5000m^2$，奖励建筑面积无须修改已有法定规划。奖励后的容积率不得超过《深圳市城市规划标准与准则》中规定的容积率上限。

2018 年 3 月 5 日，深圳市住房和城乡建设局颁布《深圳市装配式建筑发展专项规划（2018—2020）》（深建字〔2018〕27 号）。指出到 2020 年，全市装配式建筑占新建建筑面积的比例达到 30% 以上，其中政府投资工程装配式建筑面积占比达到 50% 以上；到 2025 年，全市装配式建筑占新建建筑面积的比例达到 50% 以上，装配式建筑成为深圳主要建设模式之一。到 2035 年，全市装配式建筑占新建建筑面积的比例力争达到 70% 以上，建成国际水准、领跑全国的装配式建筑示范城市。

参考文献

[1] 中国石油和化学工业联合会，中国磷肥工业协会 . 磷石膏安全处置及综合利用“十二五”实施方案 [J]. 磷肥与复肥，2012，27（5）: 1-5.

[2] L.Reijnders. Cleaner phosphogypsum，coal combustion ashes and waste incineration ashes for application in building materials，A review[J]. Building and Environment，2007，42(2): 1036 - 1042.

[3] 陈永松，毛健全 . 磷石膏中污染物可溶磷的溶出特性实验研究 [J]. 贵州工业大学学报，2007，36（1）: 99-102.

[4] M.S. Al-Masri，Y. Amin，S. lbrahim，et al. Distribution of some trace metals in Syrian phosphogypsum[J]. Applied Geochemitry，2004（19）: 747-753.

[5] 彭家惠，万体智，汤玲，等 . 磷石膏中杂质组成、形态、分布及其对性能的影响 [J]. 中国建材科技，2000，12（6）:31-35

[6] 纪罗军，陈强 . 我国磷石膏资源化利用的现状与发展综述 [J]. 硫磷设计与粉体工程，2006（5）: 5-10.

[7] 段付岗，王少婷 . 提高磷石膏洗涤率的措施 [J]. 磷肥与复肥，1996（3）: 34-38.

[8] 段庆奎，王立明 . 闪烧法——磷石膏的无害化处理新工艺 [J]. 宁夏石油化工，2004（3）: 13-16.

[9] 文书明 . 磷石膏浮选脱硅试验研究 [J]. 有色金属，2000（4）: 157-158.

[10] S. Manjit，G Mridul，S. s. Rehsi. Purifying phosphogypsum for cement manufacture [J]. Construction and Building Materials，1993，7(1):3- 7.

[11] S.Manjit，G Mridul,，C.L.Verma，et al. An improved process for the purification of phosphogypsum[J]. Construction and Building Materials，1996，10(8): 597- 600.

[12] S.Manjit . Treating waste phosphogypsum for cement and plaster manufacture [D]. Cementand Concrete Research，2002，32 (7): 1033-1038.

[13] 周可友，潘钢华，等 . 免煅烧磷石膏 - 矿渣复合胶凝材研究 [J]. 混凝土与水泥制品，2009（6）: 55-58.

[14] S.Manjit，G Mridul. Making of anhydrite cement from waste gypsum [J]. Cement and Concrete Research，2000，30（4）: 571-577.

[15] K.Sunil. A perspective study on fly ash-lime gypsum bricks and hollow blocks for low cost housing development[J]. Construction and Building Materials, 2002, 16 (8): 519-525.

[16] 席美云 . 磷石膏的综合利用 [J]. 环境科学与技术，2001，95 (3): 10-13.

[17] 高惠民，荆正强 . 磷石膏制备 β - 半水石膏粉试验研究 [J]. 化工矿物与加工，2007 (3): 9-11.

[18] 彭家惠，李清，等 . 磷石膏建筑腻子的配制与性能研究 [J]. 重庆建筑大学学报，2003 (4): 25-27.

[19] 陈燕，岳文海，董若兰 . 石膏建筑材料 [M]. 北京：中国建材工业出版社，2003.

[20] 罗殿元，编译 . 国外磷石膏的生产和利用 [M]. 建筑工程材料译丛，1984 (5):1-14.

[21] 余红发，裴锐，王维华 . 高强石膏的生产工艺及其改性研究 [J]. 沈阳建筑工程学院学报，1999 (4): 337-341.

[22] 徐大璋，董金道，王瑞麟 . 利用磷石膏制取 α - 型半水石膏的探索试验小结 [J]. 化肥工业，1978 (5): 29-35.

[23] 唐修仁，包文星 . 用磷石膏生产 α - 半水石膏的研究 [J]. 新型建筑材料，1994 (4): 11-14.

[24] 郑万荣，张巨松，杨洪永，等 . 转晶剂、晶种和分散剂对 α 半水石膏晶体粒度、形貌的影响 [J]. 非金属矿，2006 (4): 1-4.

[25] 张巨松，郑万荣，范兆荣，等 . α 半水石膏晶体生长习性的探讨 [J]. 沈阳建筑大学学报 (自然科学版)，2008 (2): 261-264.

[26] 刘芳，何伟，吴晓琴 . 硫酸钙在 Ca-Mg-K-CI-H20 体系转化过程中溶解度研究 [J]. 环境科学与技术，2010，33 (5): 35-38.

[27] 李林，李琳，孙元喜 . 常压盐溶液法制备 α - 半水石膏的工艺参数研究 [J]. 湖南文理学院学报 (自然科学版)，2005(1): 31-33.

[28] 胥桂萍，张婷，田君 . FGD 石膏制 α 半水石膏改性研究 [J]. 能源与环境，2007 (4): 10-12.

[29] 胥桂萍 . 媒晶剂对制备 α - 半水石膏的影响 [J]. 能源与环境，2008 (1): 23-24.

[30] A.B. 福尔任斯基，A.B. 弗朗斯卡娅 . 石膏胶结料和制品 [M]. 吕昌高，译 . 北京：中国建筑工业出版社，1980：11-17.

[31] 杨敏 . 杂质对不同相磷石膏性能的影响 [D]. 重庆：重庆大学，2008.

[32] 李逸晨，杨再银 . 磷石膏综合利用技术发展动态 [J]. 磷肥与复肥，2018，33(2):1-6.

[33] 国土资源部信息中心世界矿产资源年评 [M]. 北京：地质出版社，2015.

[34] 叶学东 . 磷石膏利用现状及“十三五”发展思路 [C]. 中国建筑材料联合会石膏建材分会全国石膏技术交流大会暨展览会，2015.

[35] 白鲜萍 . 磷石膏在碱化土壤改良中的应用及效果 [J]. 内蒙古大学学报 (自然版),

2001，22（2）: 97−100.

[36] 李小刚，曹靖，李凤民 . 盐化及钠质化对土壤物理性质的影响 [J]. 土壤通报，2004，35（1）: 64−72.

[37] 王成宝，崔云玲，郭天文，等 . 磷石膏的农业应用及其安全性评价 [J]. 土壤通报，2010，41（2）: 408−412.

[38] 席美云 . 磷石膏的综合利用 [J]. 环境科学与技术，2001，95(3): 10−13.

[39] 高惠民，荆正强 . 磷石膏制备 β − 半水石膏粉试验研究 [J]. 化工矿物与加工，2007（3）: 9−11.

[40] 彭家惠，李清，等 . 磷石膏建筑腻子的配制与性能研究 [J]. 重庆建筑大学学报，2003（4）: 25−27.

[41] 周泳波 . 磷石膏砌块生成关键技术及工艺 [J]. 新型墙材，2007（2）: 32−33.

[42] 陈燕，岳文海，董若兰 . 石膏建筑材料 [M]. 北京: 中国建材工业出版社，2003.

[43] 杨新亚，王锦华 . 硬石膏基地面白流平材料研究 [J]. 国外建材科技，2006，27（1）: 10−12.

[44] 董兵，岳文海，李明，等 . 一种石膏基自流平地面找平材料及其制备方法: 中国，200510072440，9[P]. 2005−11−09.

[45] 马振义 . 二水脱硫 α 高强石膏基自流平砂浆及其生产方法: 中国，201010122767，3[P]. 2011−09−21.

[46] 徐迅，卢忠远 . 磷石膏自流平材料: 中国，201110039548，3[P].2012−08−22.

[47] 卜景龙，李天鹏 . 自流平材料的流变学分析 [J]. 河北理工学院学报，2003，25(2): 109−114.

[48] 伍艳峰，孙振平 . 聚羧酸系减水剂用于水泥基自流平砂浆相关问题的研究 [J]. 新型建筑材料，2008（7）: 28−31.

[49] 张国防，王培铭，吴建国 . 聚合物干粉对水泥砂浆体积密度和吸水率的影响 [J]. 化学建材，2002（4）: 29−31.

[50] 蒋正武，孙振平 . 一种聚合物水泥基自流平材料及其制备方法，ZL200310108986.6，2007.11.14.

[51] 张冬梅，董静 . 矿渣微粉在自流平砂浆中的应用研究 [J]. 三明学院学报，2008，25（4）: 454−456.

[52] 李玉海，赵锐球 . 粉煤灰对自流平砂浆性能的影响 [J]. 新型建筑材料，2006（10）: 16−18.

[53] 杨敏，钱觉时，王智，等 . 杂质对磷石膏应用性能的影响 [J]. 材料导报，2007，21（6）: 104−106.

[54] 张巨松，孙蓬，鞠成，等 . 转晶剂对脱硫石膏制备 α − 半水石膏形貌及强度的影响 [J]. 沈阳建筑大学学报: 自然科学版，2009，25（3）: 521−525.

[55] 李子成，李志宏，张爱菊，等 . α－半水石膏基复合胶凝材料体系微观结构分析 [J]. 稀有金属材料与工程，2008，37（21）: 307-310.

[56] 马宪法，官宝红 . 常压 KCl 溶液中 α－半水石膏的脱水过程 [J]. 硅酸盐学报，2009，7（10）: 1654-1659.

[57] 孟凡涛，徐静，李家亮，等 . 用工矿废渣磷石膏生产纸面石膏板研究 [J]. 非金属矿，2006，29（6）: 26-28.

[58] 建潘 . 高钾钠磷石膏制备纸面石膏板的新技术研究 [J]. 上海化工，2017，42（9）:33-35.

[59] 赵士豪，王桂明，孙涛，等 . 过硫磷石膏水泥砌筑用免烧砖的制备及养护制度研究 [J]. 建材世界，2017，38（2）: 18-21.

[60] 朱大勇，王君，金旭，等 . 耐水型磷石膏砌块的制备及其防水机理的研究 [J]. 新型建筑材料，2017，44（1）: 68-70.

[61] 刘代俊，刘玉琨，杨广谱，等 . 磷资源加工研究进展 6: 利用磷石膏生产高强度砌块及储能砌块 [J]. 磷肥与复肥，2009，24（5）: 8-10.

[62] 包纬军，赵红涛，李会泉，等 . 磷石膏加压碳酸化转化过程中平衡转化率分析 [J]. 化工学报，2016，68(3):

[63] 潘志权，余露，张汉平，等 . 磷石膏制备硫酸铵的工艺 [J]. 武汉工程大学学报，2013: 35（4）: 7-9.

[64] 叶学东 ."十二五"磷石膏综合利用任重道远 [J]. 磷肥与复肥，2012，27(1): 7-9.

[65] 孙吕禹，薛志忠，王文成，等 . 磷石膏对滨海盐碱土的改良效果研究 [J]. 中国园艺文摘，2012（2）: 23-24.

[66] 迟春明，王志春 . 磷石膏改善苏打盐碱土地理化性质分析 [J]. 生态环境学报，2009，18（6）: 2373-2375.

[67] 黄照昊，罗康碧，李沪萍 . 磷石膏中杂质种类及除杂方法研究综述 [D]. 硅酸盐通报，2016，35（5）: 1504-1508.

[68] 魏大鹏，陈前林，金沙，等 . 磷石膏的工业应用及研究进展 [J]. 贵州化工，2009，34（5）: 22-25.

[69] 姜春志，董风芝 . 工业副产石膏的综合利用及研究进展 [J]. 山东化工，2016，45（9）: 42-44.

[70] 杨步雷 . 磷石膏综合利用途径探讨 [D]. 贵州化工，2010，35（1）: 28-30.

[71] 李文光 . 我国磷矿资源的分布 [J]. 地图，2000，1: 41.

[72] 何晓强，丁哨兵，朱士荣，等 . 磷石膏在建材行业应用的研究进展 [J]. 山东化工，2015，44(3): 50-51.

[73] 岳子明，李晓秀 . 用磷石膏粉煤灰生产胶结材研究 [J]. 首都师范大学学报（自然科学版），2007，28（1）: 40-43.

[74] 何志鹏，夏举佩，郑森．外加剂对磷石膏基复合胶凝材料性能的影响 [J]. 硅酸盐通报，2016，35（6）：1946-1951.

[75] 王芬．磷石膏制备墙体砖的工艺研究 [J]. 绿色科技，2012（10）：230-231.

[76] 谭明洋，相利学，李国龙．磷石膏在道路工程应用的研究现状 [J]. 广州化工，44（8）：37-38.

[77] 袁文英，郝长青，刘文生，等．磷石膏在缓凝水泥生产中的应用 [J]. 粉煤灰，2015，27（1）：29-30.

[78] 邹立，张必超，向凤英．缓凝水泥的生产实践 [J]. 四川水泥，2012（1）：100-102.

[79] 赵晓东，刘志民．磷石膏作水泥缓凝剂的实践 [J]. 新世纪水泥导报，2010，16（3）：59-61.

[80] 谭明洋，张西，相利学，等．磷石膏作水泥缓凝剂的研究进展 [J]. 无机盐工业，2016，48（7）：4-6.

[81] 董芸，张正清．磷石膏包裹制备缓释尿素的工艺研究 [J]. 云南化工，2010，37（3）：13-15.

[82] 黄力．甘肃研发磷石膏综合利用新途径可改良土壤 [J]. 中国粉体工业，2011（2）：37.

[83] 黄英华，高学顺．磷石膏晶须的制备及应用研究进展 [J]. 广州化工，2011，39（17）：11-12.

[84] 赵云龙，徐洛屹．石膏应用技术问答 [M]. 北京：中国建材工业出版社，2016.

[85] 赵云龙，徐洛屹．石膏干混建材生产及应用技术 [M]. 北京：中国建材工业出版社，2016.11.

[86] 赵云龙．建筑石膏生产与应用技术 [M]. 北京：中国建材工业出版社，2019.